青海玉树新寨嘉那嘛呢震后抢险修缮工程报告

中国文化遗产研究院
青海省文化和新闻出版厅
青海省文物局
杨　新　编著

文物出版社

图书在版编目（CIP）数据

青海玉树新寨嘉那嘛呢震后抢险修缮工程报告 / 杨新编著 . -- 北京 : 文物出版社 , 2015.11
ISBN 978-7-5010-4341-5

Ⅰ . ①青… Ⅱ . ①杨… Ⅲ . ①喇嘛宗—宗教建筑—古建筑—修缮加固—研究报告—玉树县 Ⅳ . ① TU746.3

中国版本图书馆 CIP 数据核字 (2015) 第 157903 号

青海玉树新寨嘉那嘛呢震后抢险修缮工程报告

编　　著：杨　新

责任编辑：窦旭耀
封面设计：孙　鹏
责任印制：张　丽

出版发行：文物出版社
地　　址：北京市东直门内北小街 2 号楼
网　　址：http: //www.wenwu.com
邮　　箱：web@wenwu.com
经　　销：新华书店
制　　版：北京宝蕾元科技发展有限责任公司
印　　刷：北京京都六环印刷厂
开　　本：889 × 1194 毫米　1/16
印　　张：20
版　　次：2015 年 11 月第 1 版
印　　次：2015 年 11 月第 1 次印刷
书　　号：ISBN 978-7-5010-4341-5
定　　价：380.00 元

本报告的出版得到
国家重点文物保护专项补助经费资助

目　录

勘测、设计与施工图目录

图版目录

序

由杨新老师主编的《青海玉树新寨嘉那嘛呢震后抢险修缮工程报告》的目录放在了我的桌上，读着它，我的脑海里浮现着一幕幕动人的场景。2010年4月14日，突如其来的7.1级强烈大地震，给玉树地区造成了巨大的人员伤亡和经济损失。同时，众多承载着优秀民族传统文化的文化遗产，也遭受了前所未有的破坏。地震发生后的第六天，文化部、国家文物局相继派出了工作组。单霁翔局长、董保华副局长、关强司长带领建筑、地质、文物保护等行业的专家、学者37人次奔赴救灾一线，视察在3800米以上的海拔高度、冰天雪地的震灾现场，因余震而摇摇欲坠的国保、省保单位，夜以继日，加紧工作，勒巴沟里、嘉那嘛呢、禅古寺……到处出现他们的身影。在现场，专家首先提交了全国重点文物保护单位“新寨嘉那嘛呢”的抢险修缮方案。震后一个月，国家文物局和青海省人民政府在“新寨嘉那嘛呢”联合启动灾后重建文化遗产抢救保护工程，董保华副局长、中国文化遗产研究院、清华大学和西藏、青海等地的专家参加了启动仪式。

文化遗产抢救保护工作是玉树灾后重建工作的重要组成部分，精神家园的重建，对灾区人民的心灵慰藉和精神支撑，具有非常重要的意义。来自中国文化遗产研究院及全国文物保护的专家队伍，连续奋战、夜以继日，深入现场编制方案，为抢救保护、恢复重建打下了良好的基础。高海拔产生的身体不适，生活、施工条件艰苦，语言和理念沟通的障碍，长途运输困难等给来自内地参与工程的设计、施工及监理人员增加了比一般工程难以想象的困难；对文化遗产保护工程的监管要求，也使我厅参与现场办公的同事们暂离亲人，轮换驻扎在施工现场……

三年后，“新寨嘉那嘛呢”以更加庄严、壮美的姿态呈现在人们的面前，令人感慨万千。所有参与恢复重建的人们以实际行动完成了董保华副局长代表国家文物局提出的要求：以实际行动加入到灾区人民重建家园的行列中去，为灾区经济社会的全面恢复和发展做出应有的贡献，用抢救保护的成果向党中央、国务院和玉树人民交上一份满意的答卷。

《青海玉树新寨嘉那嘛呢震后抢险修缮工程报告》是一份记录工程全过程的重要成果，是一份藏汉民族团结战胜困难的珍贵记录，同时，也是玉树灾后文化遗产重建的重要国保档案，它将与“嘉那嘛呢”一道成为留给后世的一份重要的文化遗产。

遵嘱为序！

青海省文化和新闻出版厅

曹　萍

2014年2月21日

前言

2010年4月14日，玉树发生7.1级地震，使玉树人民生命财产蒙受巨大损失，也使玉树藏族文化遗产遭到了前所未有的重创。

地震发生一个月后，省政府和国家文物局联合部署在新寨嘉那嘛呢堆现场举行了玉树地震灾区文化遗产抢救保护工程启动仪式。青海省人民政府副省长、青海省玉树地震灾后重建现场指挥部指挥长马顺清、青海省原政协副主席、省人民政府参事蒲文成，国家文物局副局长董保华，国家文物局文物保护和考古司司长关强，中国文化遗产研究院书记朱小东，以及青海省各有关厅局、玉树州各级人民政府和有关部门负责人出席仪式。中国文化遗产研究院、中国人民解放军总装备部设计研究总院参与项目的技术人员和新寨村藏族群众等也参加了启动仪式。启动仪式由青海省文化和新闻出版厅厅长曹萍主持。

董保华副局长在启动仪式上指出，党中央、国务院高度重视震区文化遗产的抢救保护工作，中央领导同志先后做出一系列重要批示。他强调，文化遗产抢救保护工作是灾后重建工作的重要组成部分，抢救保护工程既是重建物质家园，也是重建精神家园；不仅是对灾区广大人民群众的物质支援，而且具有心灵慰籍和精神支持的重要意义。他希望灾区各级文物部门和全体干部职工以对国家、对民族、对历史高度负责的态度，按照党中央、国务院的统一部署，在省委、省人民政府的领导下，遵循统筹兼顾、突出重点、分步实施、有序推进的原则，区分轻重缓急，尊重文化遗产保护的客观规律，充分发挥相关文化遗产保护技术机构和专家学者的专业优势，认真编制震后文化遗产抢救保护修复专项规划和具体工程方案，做好工程组织实施工作。以实际行动加入到灾区人民重建家园的行列中去，为灾区经济社会的全面恢复和发展做出应有的贡献，用抢救保护的成果向党中央、国务院和玉树人民交上一份满意的答卷。中国文化遗产研究院党委书记、副院长朱晓东，玉树州政府领导和新寨村村民代表先后在启动仪式上发言。

启动仪式举行后，中国文化遗产研究院项目组成员以及解放军总装备部设计研究总院技术人员来不及适应高原气候，立即投入对新寨嘉那嘛呢的全面测绘、勘察、走访调查。他们白天现场测绘、勘察记录，晚上在临时帐篷里挑灯绘制实测图、整理勘察资料，梳理抢险修缮设计思路。在紧张的五天时间里，完成了对嘛呢堆、三座经堂、十五座佛塔以及转经廊的实测图及残损状况勘察，按时提交了该项目的总体抢险修缮设计方案，保证了该项目及时顺利地纳入到国家抗震抢险项目计划中。此前中国文化遗产研究院总工侯卫东等同志曾赴现场考察，为中国文化遗产研究院承接此项目拉开序幕。

在项目实施过程中，青海省文物局和玉树州文物局给予该项目极大的重视和支持，自始至终现场派专人轮流督导、协调，国家文物局和文保司领导也在施工期间专程到现场检查、指导，设计单位的技术人员为保证项目的顺利开展，多次及时赶赴现场解决设计等协调问题，同时承接该项目两个标段的施工单位甘肃省永靖古典建筑工程总公司和北京市园林古建工程有限公司以及监理单位广东立德建设监理有限公司的相关技术人员、管理人员、施工人员在长期高原不适的背景下，在施工现场经常面临停水断电和协调困难的条件下，坚守承诺，为该项目的顺利完成付出了艰辛的努力和特别的贡献。

前后历时三年的抢险维修工程于2013年全面告竣，实现了国家文物局提出的预期目标，得到了当地政府和信众的认可和好评。

这份由设计、施工、监理三方共同携手完成的工程报告，记载了该项目从勘察、设计到施工验收的全过程，将是见证汉藏同胞团结协作的一份珍贵的历史档案，其中也饱含了参与项目的全体同仁们对保护文化遗产的敬重与赤诚之心。

报告分五个部分，即嘛呢堆历史沿革、勘察篇、设计篇、施工篇及工程体会。

《玉树新寨嘉那嘛呢石历史与文化价值》由中国藏学研究中心研究员桑丁才仁先生撰写，玉树新寨是他的故乡。

《勘察篇》执笔人为中国文化遗产研究院杨新、永昕群和总装备部工程设计研究总院孙崇华、杨林春。

《设计篇》执笔人为中国文化遗产研究院杨新、永昕群。

《施工篇》执笔人为冯仕军、姚宝琪、杨飞帆，《施工篇》是在施工单位和监理单位的竣工报告基础上删减、修改完成的。

《工程体会》执笔人为杨新。该篇既是工程体会与感想，也是作为设计方对整个项目设计背景的再说明。

工程图纸实际分四个阶段绘制，第一阶段是现状勘察和总体方案设计；第二阶段是施工图设计；第三阶段是施工期间的修改、补充；第四阶段是在上述基础上根据实施情况进一步完善的图纸，基本记录了本次工程的主要内容及修缮、加固情况，该部分图纸相当于竣工图。为避免图纸重复、过多，报告所纳入图纸除特别标注是现状或原方案设计图的，其余图纸信息既包含设计内容又反映实施做法。为清楚地呈现方案与实施中的调整，图纸整合上兼顾了方案前后变化的信息。

在第一、二阶段，永昕群负责嘛呢堆及房式塔的绘制以及该项目相关结构加固加固的图纸绘制；刘江负责八善塔的图纸绘制；于志飞负责三座经堂的图纸绘制；查群负责辟邪塔、嘉那道丁塔及三怙主塔的图纸绘制。杨新参加现场测绘。施工开始后，该项目基本由杨新负责和完成，包括第三、四阶段的图纸和本报告的图纸，施工单位给予了积极的配合。

报告照片来自设计方居多，施工单位提供的一些施工照片，由于像素不够，启用受限，十分遗憾，这也是今后施工单位在收集施工资料方面应该注意的问题。

今年恰逢嘉那嘛呢创建三百年，本报告的出版象征前缘未尽，再续后缘。

2015年1月

历史沿革

玉树新寨嘉那嘛呢石历史与文化价值

嘉那嘛呢石，又称新寨嘛呢石堆，坐落于玉树州府所在地结古镇以东新寨村中央，被当地称为观世音三大道场之一“断生苦死”的一块平地上。由萨迦派所属结古寺第一世嘉那活佛道丹松曲帕旺（以下简称道丹）于藏历十二饶迴木羊年（公元1715年）主持创建，迄今已有298年历史。在历史上，嘉那嘛呢石曾被誉为是“与圣地拉萨媲美”的佛教圣地，同时又相传嘛呢石的总数达25亿块，闻名于“汉、藏、霍尔地区”。2005年1月，该嘛呢石被上海大世界吉尼斯总部评审为“面积最大的嘛呢石堆”，荣获吉尼斯证书，“世界第一嘛呢石堆”称号由此发轫。这也是继青海藏区黄南热贡彩绘唐卡长卷、玉树治多县贡萨寺室内宗喀巴大佛像获此殊荣之后又一个被世界吉尼斯总部载入史册的藏族历史文化遗产。2006年5月，嘉那嘛呢石堆被国务院批准为全国重点文物保护单位，受到各级政府高度重视和保护。2010年4月，玉树“4.14”地震时，地处地震核心区的嘉那嘛呢石的部分佛殿、佛塔、石墙以及其他相关建筑设施遭到不同程度损坏，引起当地政府的高度重视，将其纳入玉树灾后重建十大建筑之首。2011年7月，由中国文化遗产研究院勘察设计，青海省文化和新闻出版厅、青海省文物管理局启动嘉那嘛呢石堆灾后重建工作，并于2013年9月顺利竣工。今天，嘉那嘛呢石堆正以其独特的文化魅力吸引着来自四面八方的来客。

一　新寨村人文地理概貌

新寨村是农牧兼有的藏族自然村落。现位于玉树州州府所在地结古镇以东五里地，属结古镇管辖，海拔3650米。新寨，原是当地一户富豪“新寨仓”的名称，后演变为村名，沿用至今。改革开放之前，全村有370来户人家，常驻人口900余人，是玉树地区比较有名的贫困村。改革开放以后，随着地方经济发展和民族宗教政策落实，尤其是嘉那嘛呢石恢复重建，由此而带来的经济收入，使新寨村一跃成为玉树地区率先脱贫致富的村庄，大部分村民过上了比较殷实的生活。由于村经济的发展，再加上毗邻结古镇，来自玉树各地慕名而来的外来人口举家搬迁至新寨村的住户日渐增多。截至目前，全村有1400住户，人口约6000余人，为结古镇所属各村庄中常驻人口最多的自然村。

由于自然环境等诸多因素限制，新寨村的传统地域十分有限。向东以通天河方向的仲松山坡为界，向西以通往结古镇必经之路热秀拉为界，向南越过扎西河至当地海拔最高的山峰郭吾国山为界，向南以新寨村北隅格尼西巴旺秀神山为界，整个区域约100平方公里。在这上百平方公里的土地上，适合人类生产生活的地方仅有现新寨村形似海豚不足50平方公里平狭长地带，其余地方均为连绵起伏的高山峡谷，难于形成规模村落。然而，在这狭长的绵延山沟之间，有诸多山脉和河流与当地民俗文化与嘉那嘛呢文化息息相关。

比较有影响的山脉主要有，被新寨村民称之为“前山”的新寨太、被称为“后山”的格尼西巴旺秀山神山。新寨太，是新寨村的“前山”，意为新寨村正对面的山。为一座东西走向的山脉，海拔约5000米。所谓“前山”是因为新寨村大部分的民宅遵循自然界日出日来落确定房屋的方位和朝向，使房屋多为坐北向南。而新寨太又正好在村的正南方向，故而得名。由于地形地貌特点，新寨太各局部又有各自独特的名称。新寨村正南、依偎于新寨太中部的锥形山名叫诺布泽吉，意为如意八宝山顶，相传是藏族民俗文化传说中的八座宝山之一，象征着给村民带来无尽财富。位于诺布泽吉左上角东西走向的岩石群，名叫扎噶仁穆，意为伸长的白色岩石，是嘉那嘛呢石“观世音密集道场”多索拉山的延伸部分，山底下蕴藏丰富的石材资源。位于新寨太山左边，因地质运动向西延伸成岩石山坡，名叫扎泽那，意为“岩石山坡”，坡的前面流淌着自西向东扎喜河，隔河相望正是被称之为嘉那嘛呢石“观世音制胜大海道场”的乃古滩。新寨太右边为雍龙科，意为聚宝沟。“雍”，意为“宝”，这里专指家畜，换句话说，此地是放牧人家畜集中的地方，故而得名。格尼西巴旺秀山神山是新寨村的“后山”，位于新寨村北隅，为东西走向的山脉，海拔约4000米。当年道丹在创建嘉那嘛呢石时，曾面向此神山举行祭祀法会，祈求佛法兴隆，人畜兴旺，被后人誉为新寨村的镇宅之山、希望之山和护佑之山，深受当地群众尊崇。

流经新寨村的河流主要有两条。一条名叫饶吾河，源于饶吾普山涧的河流，水量不大，但水质甘甜，清澈见底。此河从格尼西巴旺秀山神山后面流入，在新寨村以东与扎喜河汇合后注入通天河。道丹在洞那太钦楞修行时，就非此河之水不饮。另外一条叫扎喜河，由源于上巴塘的巴曲河和源于扎拉一带的河水在结古镇以东汇合。这条河从结古镇以东蜿蜒流入新寨村南边，经德格村注入通天河。水量较大、水流湍急且涛声响亮，被道丹称为秘法“三十四个威猛之涛声”，据说每天日出或每月“上弦十日”，以涛声为众生“诵经加持”，赋予它别样的佛教文化内涵。

二　墨尔根与扎武百户关系

从历史看上，新寨村属当地有名土司扎武百户管辖。扎武（又写作札乌、札武），又分“札武、中札武、下札武”（见《卫藏志》），是玉树二十五族之一。其管辖范围大致是结古镇、新寨村为中心，下辖巴塘、仲达、咱西科以及通天河南岸等现玉树县核心地带。

雍正十年（公元1732年），总理青海番子事务大臣（即西宁办事大臣）达鼐（1686—1734）奏请，清政府在“玉树阿里克等四十族”酌设千百户制度时，根据“千户以上，设千户一员；百户以上，设百长一员；不及百户者，设百长一员，具由兵部颁给纸号，准其世袭。千、百户之下，设散百长数名，由西宁夷情衙门发给委牌”原则，时任扎武部落头人桑吉丹怎（现写作桑吉丹增）被册封为百户，“赏土官六品顶戴，准其世袭”（见清·那彦成《青海奏议》）。从此，历代扎武头人被称作“扎武百户”。至玉树解放前，已传承十六世，是玉树二十五族中势力和影响比较大的部落之一。玉树解放后，时任扎武百户久美当选为青海省人民政府委员、玉树藏族自治区副主席（1950年）等职。至此，发轫于清雍正年间，历经220多年的扎武百户世袭制及玉树千百户制度正式寿终正寝。

由于藏族百姓历来崇信藏传佛教，扎武百户家族非常重视对佛教寺院的扶持和掌管，尤其对自己家族所扶持的结古寺情有独钟。据史书记载，在清代，扎武百户所辖有结古寺（萨迦）、创古寺（噶举）、当卡寺（噶举）、噶勒丹彭错岭寺（格鲁）等七座藏传佛教寺院（见清·那彦成《青海奏议》）。其中结古寺是唯一一座萨迦派寺院，由喇钦·贡噶坚赞的儿子甲噶·喜饶坚赞奉萨迦法王之命，于1458年前往“朵甘思”传教时所建。寺内有一活佛传承，名叫“墨尔根活佛”。“墨尔根”，蒙语，意为“智慧”，疑是和硕特亲王固始汗诸部统治青海时所赐。

墨尔根活佛不仅是结古寺的活佛，同时还拥有世俗权力。《嘉那道丹松曲帕旺三信大海新月》（以下简称《传记》）中这样一段记载，时任墨尔根曲嘉朋措与应邀而来的道丹见面时曾这样自我介绍："杂地护主八弟兄之牧人，人间天子、藏族木门人的主人"，"管理政教二业"，"步入佛门的好喇嘛"等等。如此介绍吐露出这样几个信息，一是所谓"杂地护主八弟兄"是位于巴塘地区的一座神山名，属扎武百户辖区，既然在此当过"牧人"，估计当时的墨尔根活佛就出身于巴塘。二是墨尔根是一位活佛，同时又是"好喇嘛"，这说明当时的墨尔根不同于一般活佛，而是集政教权力为一身的活佛，是典型的政教合一制，在当地拥有说一不二的权力。

扎武家族作为一方土酋，深知活佛对寺院的影响和所起作用。凭借家族的势力和影响，历史上多位墨尔根活佛出生于扎武家族或由扎武百户直接添充。久而久之，墨尔根活佛系统的名前习惯冠于"扎武"，直呼"扎武墨尔根"或"扎武喇嘛"。其言下之意是，墨尔根活佛系统是扎武家族扶持或掌控的活佛系统，未经扎武百户认可，其转世认定不能随心所欲寻找。由于扎武百户对结古寺有如此大的影响力，有人称结古寺是扎武家族的"家庙"，此话确有一定道理。

道丹应邀到结古寺和新寨村时，其实也看中了扎武墨尔根的这种特殊身份和权利。他相信，在当地只要有墨尔根活佛为靠山，一切愿望就能实现。事实果真也如此，后来道丹在新寨的住处、差役、创建嘉那嘛呢石等皆得到墨尔根活佛大力支持和帮助。反之，道丹作为外来之人，要想在异地他乡立足并在弘法方面有所作为，恐怕不是一件简单的事情。

三　道丹与"嘉那"名号之由来

道丹，原名丹珠尼夏，生于17世纪末，昌都昂同人。14岁出家为僧，先后投奔于昌都属珠古寺（格鲁派）格西旺秀、苏尔莽寺（噶玛噶举派，玉树县所属）噶旺喇嘛为师，闻修噶举派、格鲁派诸多秘法，曾获得"食以禅定仪轨之食为食，衣以脐轮火功仪轨之衣为衣"、"脐轮火功法"、"凌空飞行"、"脚力如骏马"等诸多成就，从此，称其为"道丹"（得道者）或"纳觉巴"（瑜伽师），"道丹"之名自此而来。

道丹在获得如此成就后，按照其导师的教诲，不久以"无偏私之瑜伽行者"的身份踏上了漫漫朝拜之路。先后到印度、不丹、前藏、后藏、西宁、五台山、峨眉山等佛教圣地进行朝拜，足迹遍布于国内及东南亚著名佛教圣地。在这漫长朝拜过程中，道丹与打煎炉（即康定）地区的当地著名土司嘉那·嘉拉甲波之间的关系非常特殊。嘉那·嘉拉甲波，又称打煎炉土司、木雅土司，汉史称"明正土司"，是甘孜地区众多土司中势力和影响最大的土司之一，素有"土司之领袖"的美称。

该土司原与道丹素昧平生，没有任何交往。他们结识的缘由是这样：道丹朝拜完峨眉山途经打煎炉时，未经允许在当地土司嘉那·嘉拉甲波的宫殿上悬挂起经幡，引起土司不满，派人抓来一问，竟然是自称为有成就的"道丹"。土司对此心生狐疑，担心自己上当受骗，派属下把道丹关进监牢用刑拷打。道丹不甘心自己就这样被关进监牢，要求当众"施展法术"验明自己所说实事。土司同意后让属下准备了"一捆砖茶"。道丹为了证实自己成就，据说当众将一捆"八驮砖茶""抛至五层宫殿之顶"。土司观之深感震惊，原有疑虑顿时烟消云散，视道丹为座上宾，迎请至王宫奉为经师，赐敕书、钤印等。后来还委以当地噶玛普杰寺"赤巴"（即法台），达八年之久。由于道丹在佛教闻修方面有渊博学识和实践，深得土司赏识，称道丹"如同菩提萨埵，是一位殊胜脱凡的具善导师，赐名为'松曲帕旺'（意为菩提圣尊）为宜"。从此，"嘉那道丹松曲帕旺”（嘉那是土司家族的名号，道丹是他原来名称）作为道丹另一尊称在打煎炉地区家喻户晓。道丹获此尊称后，社会反响和名气越来越大，为了尊崇起见，后来凡与他有关的皆被百姓冠以“嘉那”，今天我们所熟悉的“嘉那道丹”、“嘉那活佛”、“嘉那嘛呢石”、“嘉那曲卓”、“嘉那奔钦节”等一系列以“嘉那”命名的皆来源于此。

四　道丹前往“嘎·吉日”与扎武墨尔根活佛会面

正当道丹在打煎炉被嘉那·嘉拉甲波器重的时候，据说有一天，道丹得到至尊绿度母授记奉劝，不要像“陷于泥潭之雄狮，应像昔日做一名瑜伽行者”，鼓励他尽早离开“嘉那·嘉拉甲波地域”，前往“嘎·吉日”。法旨难违，道丹把这一消息禀报于嘉那·嘉拉甲波时，不料遭到土司的反对，无法脱身。前思后想，只好采取不辞而别的办法，以“大风瓶为乘骑”，离开嘉那·嘉拉甲波，连夜踏上了前往“嘎·吉日”的征途。“嘎·吉日”，泛指现玉树县所属结古、新寨和巴塘一带，原是萨迦派开山鼻祖昆·贡曲甲波的导师吉日阿森、直贡噶举派的祖师觉巴·吉丹贡布“骨系”之名，后演变为地名。

据《传记》记载，道丹离开打煎炉以后，沿着现在甘孜塔公、德格竹庆、司库及现玉树州称多县所属噶拉朵、拉布寺、噶藏寺来到“嘎·吉日”地区。期间在拉布寺居住过一段时间，后遭到驱逐。之后在称多噶藏寺留居六年，为当地僧俗群众传经说法、灌顶赐福，或修缮佛寺、雕刻“千佛”，使“嘉那道丹之名闻名汉藏霍尔地区”。随着道丹的声望日渐凸显，远在百里之外的结古寺扎武墨尔根活佛很想与道丹会面，遂派专使前往称多，邀请道丹前往结古地区传法。而“嘎·吉日”是道丹计划中想要去的地方，双方不谋而合。不久道丹应邀踏上了前往“嘎·吉日”的路途。

饶吾普村是与结古寺、新寨村邻近的藏族自然村。道丹在途中首先遇到的是专程等候多时的“身穿白色衣服，骑一匹白马”的饶吾普村头人吉巴嘉及其随从。二人对道丹到来非常高兴，邀请至饶吾普村做了相关法事活动，吉巴嘉给道丹敬献了不少供养，之后道丹应邀来到了新寨村头人洞那·噶松本的家。当时洞那·噶松本的父亲洞那·索南扎巴正身患重病，卧床不起，希望道丹来诊视。这是道丹第一次来新寨村。道丹用“威猛法力予诊视”并灌顶后，病情有所好转，但“难于彻底痊愈”。道丹在为患者灌顶时，可能向洞那父子吐露了自己是墨尔根活佛邀请而来，希望在扎武地域内寻找住处的想法。洞那·索南扎巴闻之很关心，给墨尔根活佛写了这样一封信：“承蒙您的恩泽及众生之福分，有幸把道丹迎请至此地，实为难能可贵之善劫。如今无论他居住在何处，拟立志潜心修持。目前他打算居住在我们扎武村，恳请您为他准备一处惬意的禅房，并提供水、柴以及其他生活用品，勿望怠慢为谢”。这封信是由陪同道丹一起到结古寺的洞那·噶松本带过去的。墨尔根活佛见信后，很痛快地答应他“无论居住在什么地方，一定提供一间禅房并负责供应生活用品等”。而且两人长谈后，彼此建立了良好的私人关系，这为道丹后来创建嘉那嘛呢石时取得墨尔根活佛的支持起到重要作用。

墨尔根活佛答应为道丹提供住处，但未确定具体地点，因此，道丹从结古寺返回新寨村以后，便开始勘察、寻找适合自己的能够修行的住处。他先到位于饶吾普村旁边的格葱玛木进行勘察，据说因“缘分不到”未选中。此后沿着扎西河与通天河相汇的扎龙洞桑及喀则倪布、布特和嘉郭等地逐一勘察，也都没有找到合适地方。正当道丹因劳累在仲松坡上歇息时，突然他看到位于新寨村东北方向的洞那噶（意为洞那坡）上“显现一束白色的彩虹”，于是恍然大悟地感叹道：“这岂不是把奶牛圈在家里，而我却到外面去寻找奶牛？”遂前往洞那噶。而在这时洞那·噶松本也提着一筒酸奶来到洞那噶与道丹不期而遇。道丹喝完酸奶后，两人协商决定道丹居住和修行的地方定在洞那噶上。洞那噶是一个依在半山腰的山坡，在新寨村东北约300米。坡上原有一个被称为“洞那·珠乃塔郎太钦楞”（意为洞那·禅房解脱大乐洲，简称“洞那·太钦楞”）的修行处，最早是一位名叫洞那喇嘛人的修行房，喇嘛圆寂以后，房屋废弃多年，至道丹来时只剩下一片废墟，无法居住。道丹面对眼前一片废墟，没有产生任何顾虑，毅然决然在废墟的旁边挖了一个“洞穴”，修了“一道水槽”和“一扇小窗”，便居住修行于此。至此，道丹告别云游四方、居无定所的日子，以惊人的毅力和勇气在此“暗修十年”、“明修十五年”，前后时间长达25年。

五　创建嘉那嘛呢石经过

藏历十二饶迥木羊年（公元1715年），道丹以为“承蒙喇嘛墨尔根以及众施主之恩戴，个人的修行道行高超，拟做些利益他人之事”。所谓“利益他人之事”，就是道丹遵循观世音的授记，在新寨村“修建一个一矢之箭距离之嘛呢石，来世之众生看到它能生产从恶趣中解脱之力量”。洞那·噶松本作为新寨村的头人和道丹得力施主，非常赞同道丹的想法，即动员新寨村村民参加创建嘛呢石奠基仪式。为了筹备奠基事宜，洞那·噶松本给村民提出这样几条要求：“僧人须穿袈裟，俗男俗女勿穿黑色衣服；勿持空器具、身背空背斗；不准空手而至，禁忌不吉利之脏话”；“不分尊卑贵贱皆需敬献一点供养，以表敬仰，决不能空手穷乐；所有人家须带哈达、茶叶等；不要做无酥油之供灯”；“老人们马上准备好糌粑、粮食、熏香、弓箭、茶新、奶新和彩缎等供品，若有违者，将严惩不贷”。而他自己准备了“一碟大米”、“一束花红草”以及“饰以吉祥哈达之弓箭”等祭品。

举行奠基仪式的地点选择在现嘉那嘛呢石以东名叫错尺克的一块平地上。首先，洞那·噶松本负责搭起一顶帐篷，内铺花红草垫，再铺一层白色毡垫，在米粒上书写“雍仲”图案。账房正中摆放一张桌子，系有白色哈达一支长箭和一张弓分别摆放在桌子两边。洞那·噶松本先给道丹敬弓、箭、糌粑团子和哈达等，行三礼退出。随后众人依次进帐敬哈达、供品。场面严肃、庄重。俟众人行礼毕，道丹面对眼前周密安排，这样称赞道：“搭建白色帐篷，此业无违缘、无波折之缘起；地铺花红草，寓意着佛法之精华六字真言殊胜之缘起；白色毡垫，寓意着本人摆脱轮回罪孽之缘起；‘雍仲’图案，寓意着本人长命百岁之缘起；桌子，寓意着六字真言被众人供奉和赞颂之缘起；弓和箭，寓意智悲双运无错乱之缘起；系于哈达之长箭，寓意今日将成就息、增、怀、伏之业之缘起；勘茶，寓意供奉和赞扬根本上师之缘起；糌粑团子寓意吉祥之缘起；行顶礼寓意施主之誓愿坚定不移之缘起；敬献白色哈达寓意此善业有始有终之缘起；哈达之长穗头寓意圣地嘉那嘛呢闻名于上、中、下各地与天齐名之缘起，现如今再无比这更大之缘起，为此深感到欣慰。”

仪式当天，墨尔根活佛受邀参加，仪式开始时他还没有到，待进行到一半时墨尔根活佛带着薛堪饶益及索卧扎拉如约而至，场面顿时热闹了起来。道丹与墨尔根活佛互献哈达后，道丹面对正在勒茨嘎（意为“聚龙坡”，现位于嘉那嘛呢石以东约30米处）煨桑的众人说：“彼处有一个重大缘起”。遂与墨尔根活佛及众人一道前往勒茨嘎。道丹先用所持拐杖直戳地面，而后墨尔根活佛象征性地开挖，接着让众人用铁锹深挖至“一箭长的深度”时，发现在地底下有“两块表面刻有六字真言的黑色石头”。道丹感慨地说：“善哉，昔日如同莲花生大师一样具有变幻功力之萨迦法王甲噶·喜饶坚赞（1437—1494）来此地时，为了来世修建我的嘛呢石，用手指写出此嘛呢，且埋在了地里。此两块六字真言石刻具备性相矣。”众人听道丹如此介绍，认为这两块石头是与萨迦法王有关的“圣物”，遂恭谨地供放在一个石座上。后来人们把这块石头称作“伏藏石”或“自显嘛呢石”，视为创建嘉那嘛呢石之缘起。之后，道丹对洞那·噶松本说：“现请英俊威武之谋臣洞那·噶松本，以我背为依靠射箭吧。”洞那·噶松本明白射箭的用意，遂“举弓箭射，只见箭头直冲云霄，远远落在一处看不见的地方。箭头落地之处派孩子们放了一块书有‘阿’字的白色石头，以示标记”。这就是说，勒茨嘎射箭位置起至落箭的距离就是当年道丹划定的嘉那嘛呢石东西方向距离。射箭之后，道丹在帐篷内举行了“战神招财引神之仪轨”。接着“石匠们雕刻嘛呢、嘛直莫耶”。所谓“嘛直莫耶”，即"哦嘛直莫耶萨来德"，俗称苯教“八字真言”，象征光明和轮回不绝，也有永恒、坚固、无穷无尽的意。嘉那嘛呢石第一批组织石刻时既有佛教嘛呢石又有苯教嘛呢石，体现了道丹一贯不囿于教派门户，积极倡导各教派和谐相处的思想。

仪式结束后，道丹面对众人说出了充满自信的两句预言：一是对将来嘛呢石的发展判断，预言“将来我的嘛呢石会发展为彼处骑马持矛行走时，此处看不见之规模”。此预言后来在现实发展中得到了验证（详见下文）。第二个预言是“在未来，我的嘛呢石将变成圣城拉萨一样”。道丹此预言有两个主要理由：一是他认为嘛呢石是“无救星者之救星，无怙主者之怙主，总之能解救助土匪与盗贼之灾难，所得护佑如金刚帐篷，使人长命百岁、轮回福泽、财运亨通，一切如遇如意宝物，无需艰辛劳苦就能实现二共通之成就”。而“嘎·吉日”一带当时还没有一处像样的嘛呢石堆，当然不具备众生“从恶趣中解脱之力量”之载体，因此，预测到他创建的嘛呢石将来一定有很好的发展空间和环境。二是道丹指出“居住在我嘛呢石周围的人们，若是佛教徒得以成佛，若是屠夫得以仁慈，增强诸法无常之信念，再没有比其更能引导众生之大业”。道丹在新寨村生活了二十多年，与当地寺院、活佛、贵族、施主以及村民之间有许多联系和交往。特别是在新寨村创建嘛呢石时得到了墨尔根活佛和洞那·噶松本等实权人物及村民的支持和帮助，这对新寨村来说是一种殊胜，对居住在周边的村民来说更是一种缘分和荣耀，因此，对新寨村的位置及村民给予如此特殊评价和赞扬情有可言。当然，道丹这样做也有另外一个目的，这就是鼓励当地村民，将来之不易的嘛呢石世代相传、发扬光大。

事实也确如道丹预期的那样，自从道丹在新寨村创建嘉那嘛呢石以来，嘛呢石的数量和规模得到快速发展。随着嘛呢石的发展，来自四面八方的芸芸众生源源不断集于嘉那嘛呢石的周围，转经、祈祷、朝拜、施舍、供养者络绎不绝。与嘉那嘛呢石相关的诸如嘉那奔钦、嘉那曲卓、萨迦姆郎等群众参与度高、社会影响大的宗教、民俗节日相继诞生，更增加了嘉那嘛呢文化的氛围和它的知名度，提高了嘉那嘛呢石在信教群众中的影响和地位。结古寺第五世嘉那活佛罗珠嘉措曾这样称赞道：“圣地新寨犹如制胜大海之净土，此地乃照亮三世之明灯，为入道而来的八方众生，在此相聚皆为有缘之贤劫”，对嘉那嘛呢石日益旺盛的香火情况赞赏有加。可以这样说，当初创建嘉那嘛呢石之始，道丹就已预感到在新寨村创建嘛呢石所具备的天时地利人和之条件，这才敢当众宣布上述“预言”。所谓“预言”，用现在话来讲是发展预期或展望，而在信教群众看那是先见之明，他们更愿意相信后者。

众所周知，雕刻嘛呢石需要大批石刻艺人和大量钱财，而新寨村当时还不完全具备这些条件。因此，当时支持和帮助道丹参与创建嘛呢石的除了新寨村民外，还有许多来自各地、各阶层的僧俗群众。其中主要代表人物有：结古寺活佛墨尔根曲嘉朋措，新寨村头人洞那·噶松本，饶吾本头人吉巴嘉，拉休寺额尔格台，创古寺查来坚根·尼玛久美，蒙古尔津头人巴彦释迦，苏鲁克（现治多地区一部族），四川甘孜所属石渠头人、常萨头人等。石刻艺人有：来自玉树娘错地区的阿尼丹珍、来自昌都地区的白玛才旺和噶玛佩才等，村民主要来自新寨、饶吾普、仲松（简称“饶新仲三村”）和阿仲绒巴等。这些僧俗群众大部分是与道丹同时代的人，甚至与道丹私交甚厚。他们为了实现道丹夙愿，根据各自权力、地位、财富、信仰、技艺以及能力，为嘉那嘛呢石的创建和发展做出了重要贡献。如果没有这些人的支持和帮助，仅凭道丹一人的力量不可能完成创建嘉那嘛呢石的愿望，也就不能有今天我们引以为豪的嘉那嘛呢文化。

六　嘉那嘛呢石发展及主要石刻佛经

（一）嘛呢石数量和规模

嘛呢石的数量和规模是一个长期困扰我们的问题，特别是嘛呢石的数量，我们自称有25亿，但是这个数字是否可靠，有何依据，一直没人解释清楚。1954年，结古寺堪布钦然罗旦，参照以往目录并结合本人统计，编写一本《圣地嘉那嘛呢宝灯目录》（以下称《宝灯目录》）。这本目录经笔者仔细研究后发现，嘉那嘛呢石自创建以来（公元1715年）至藏历十六饶迥水蛇年（公元1953年）止，在这238年的时间里对嘛呢石的数量有过三次较为详细的统计，具体情况如下：

藏历十二饶迴木羊年（公元1715年，即嘉那嘛呢石创建年）至藏历十五饶迴火兔年（公元1867年）止，为第一次统计时间。在这153年时间里所刻嘛呢石曾有两本目录做过统计，一本称之为“旧目录”，书名和作者均不详。根据这本“旧目录”记载，在153年的时间里，“每年新雕刻的嘛呢石数量约一百万块”，其总数约“十五亿三千块”。另外目录叫《才仓曲达目录》。“才仓曲达”应该是作者的名字。这本目录是一本专题目录，专门统计“叭咪”。“叭咪”本是观世音大明咒“六字真言”（即唵嘛呢叭咪吽）之简称，而在新寨地区“叭咪”又指刻有六字真言的嘛呢石。据本目录记载，在153年的时间里每年所刻“叭咪”“不少于八万块”，所刻总数约“一亿二千万”。需要指出的是，如果本目录与“旧目录”没有重复计算“叭咪”数，那么，二者数量相加嘛呢石的总数则是17亿，约占现有嘛呢石总数的三分之二，实是嘉那嘛呢石发展最快时期。藏历十五饶迴火兔年（公元1867年）至十五饶迴水兔年（公元1903年）止，为第二次统计时间，据载，在这36年的时间里，每年所刻嘛呢石约为“十三万块”，其总数约“四千六百八十万块”。第三次统计时间是藏历十五饶迴水兔年（公元1903年）至藏历十六饶迴水蛇年（公元1953年）止，在这50年的时间里，每年雕刻的“六字真言”约“二十九万四百四十二”，其总数约“一千四百五十二万两千一百块”。时任结古寺第五世嘉那活佛阿旺洛珠嘉措评价是历年“雕刻数最少的”时期。

《宝灯目录》中对部分重要嘛呢石的经名和数量也进行了分类统计。据载，六字真言，约11亿块，且强调“圣六字真言数量相乘所得，疑无误”；六字真言除外嘛呢石约16亿；《百字明》一千六百多万块；《三金刚种子字》六千八百多万块；《长寿经》六千八百多万块；《十万颂》（别名《大般若经》）两套；《甘珠尔》两套；《三长寿佛》（即无量佛寿、白度母、尊胜佛母之石雕）3亿块。这些数万计的嘛呢石累积在一起，形成了“东西长约七百余尺，南北长约百余尺，高约三层楼房，宛如雪山”之规模。此规模与道丹当初“将来我的嘛呢石会发展为彼处骑马持矛行走时，此处看不见”之预言不谋而合，令人惊叹。随嘛呢石数量不断增加的同时，相关佛殿、佛塔、转经轮等辅助设施也随后逐一修建，基本形成了如今之轮廓。

需要说明的是，《宝灯目录》中只是统计有凭有据的嘛呢石的数字，未能计入统计的嘛呢石究竟还有多少至今仍是未知数。不过，依以上史实我们可以得出这样的基本结论：一是仅以上统计数字，嘉那嘛呢石的总量远远超过25亿块，因此，我们过去盛传的嘉那嘛呢石总数有25亿之说不是空穴来风，有史实依据，世界第一嘛呢石之称号当之无愧。二是《宝灯目录》是在汇总以往历史文献所载统计数的基础上，结合作者本人调查统计后编写的目录文献。时间上下衔接，严丝合缝，内容详实、具体，可信度很高，实为研究嘉那嘛呢石不可或缺的重要资料。

"文革"时期，受极左路线影响，嘉那嘛呢石及其文化陆续遭到破坏。当时有关单位和集体，为了节省投入，视嘉那嘛呢石为无需支付费用的基建材料，任意拉到各种建筑工地，用于修筑道路、礼堂、水渠、桥梁、厂房、仓库、围墙等设施。特别是1969年"文革"初期，竟把以屠宰、加工牛羊为业的玉树州肉联厂（当地人称"冷库"）选址定在嘉那嘛呢石所在地，数不胜数的嘛呢石直接用于修建厂房、道路、宿舍等设施。相关佛殿、佛塔及其他设施均也遭到严重破坏。随着嘉那嘛呢石惨遭破坏，多年来传承珍藏文物神秘失踪，嘉那嘛呢有关宗教及其娱乐文化活动基本停止。以往二百三十多年来，几代信教群众含辛茹苦累积起来的嘛呢石及其文化至此基本丧失殆尽，对民族文化的发展和进步造成极大危害，同时也伤害了信教群众的感情。

1979年11月，十一届三中全会以后，随着党的民族宗教政策的落实，满目疮痍的嘉那嘛呢进入恢复重建时期。1986年，嘉那嘛呢石被批准为开放的"宗教活动点"，原被肉联厂圈占的部分土地（29.6亩）得到归还。间断多年的嘛呢石雕刻及转经等活动日渐兴旺，被毁坏的佛殿、佛塔等相关设施陆续恢复和发展，遗失多年的文物逐一找到下落并重见天日，散落各处且尚未受损的嘛呢石陆续重新回到原有位置，与嘉那嘛呢石有关的宗教节日、娱乐活动也陆续恢复和发展，嘉那嘛呢石再次进入黄金发展期，历经磨难的嘉那嘛呢石再次成为国内外关注的藏民族文化遗产和著名佛教旅游文化圣地。

"4.14"玉树地震发生时，嘉那嘛呢石的石墙、转经道、佛殿、佛塔以及相关建筑均受到不同程度的损坏。面对自然灾害，政府各级部门和单位迅速组织起来，认真研究、评估其受灾情况，在第一时间里将嘉那嘛呢石列入玉树灾后重建十大标志性建筑之一。经有关部门科学规划，工程建设部门精心组织，嘛呢石堆砌错落有序，佛殿、佛塔、转经筒均修葺一新，转经道、游览区、休闲广场、游客服务中心等区域一应俱全。在这次重建工作时，原被玉树州肉联厂占用而尚未归还的土地这次全部归还，用于日益增多的嘛呢石堆放；部分过去被单位、集体当作建筑材料的嘛呢石，从地震废墟中清理出来归还到嘉那嘛呢石堆中，保存了一批昔日珍贵嘛呢石。

（二）主要石刻佛经

作为石刻佛经为载体的嘉那嘛呢石，其石刻佛经文化丰富多彩，这里重点介绍以下几种：

以佛经部为载体的石刻佛典。佛经部是指佛祖释迦牟尼本人语录《甘珠尔》。《甘珠尔》又称"正藏"，包括经、律、论三藏和四续部，大致分为律、般若、华严、宝积、经部、续部、总目录七大类。现有嘉那嘛呢石中用两种形式雕刻佛经部，一种是将整套《甘珠尔》雕刻成嘛呢石。比照德格版藏文《甘珠尔》，全套合计有108部，而我们已知在嘉那嘛呢石中有两套这样的《甘珠尔》，如此众多经典靠人工敲击逐一完成，显然是一件费时费力的宏大工程。当时一定动用上百人石刻艺人用时多年才完成的，其耐力和执着着实令人赞叹。另外一种是佛经部的各分典，主要有《十万颂》（别名《大般若经》）、《净一切恶趣续威光王品》、《赞无量寿佛大乘经》、《文殊师利一百零八名梵赞》、《普贤菩萨行愿王经》、《忏悔经》、《大白伞盖无间道度母》、《解脱经》、《般若波罗密多八千颂》、《贤劫经》等等，其中，石刻数量最多的是《解脱经》、《净一切恶趣续威光王品》和《赞无量寿佛大乘经》。这三部经典与人们所祈望的断除垢染，具足功德，解脱轮回，往生于极乐世界有关，故被当地称作“塔、崴、俊三部经典”，是经常石刻的佛经部重要佛典。

以三身佛为代表的石刻佛像。在佛学文化中，成佛可以得到三身佛，即法身、报身、应身（又叫自性身、受用身、变化身）。法身佛，代表佛教真理（佛法）凝聚所成的佛身。山河大地、日月星辰，乃至一切物象、心念等都是法身所现。报身佛是经过修习得到佛果，享有佛国（净土）之身。天人、动物、孤魂野鬼等，这些都是不同的报身。应身佛，指佛为超度众生、随缘应机而呈现的各种化身。众生无量，佛也无量；世界无量，佛土亦无量，说的就是这个道理。从理论上讲三身佛皆可镌刻于石，但在嘉那嘛呢石中常见的代表三身佛的有：长寿三尊佛，即无量佛寿、白度母、尊胜佛母；密宗事部三怙主，即，佛部文殊、金刚部金刚手、莲花部观世音；三世佛，即过去燃灯佛、现世释迦牟尼佛和未来佛慈氏怙主以及不动佛、阿弥陀佛、十方佛、药师佛、莲花生大师等等。近年来，道丹、噶玛巴的石刻佛像也有所发现。这些石刻佛像依诸佛组合法，有的单独刻在一块石板，而有的则三尊佛刻在一块石板。石刻技法有阳刻、阴刻，栩栩如生，有极高的艺术和观赏价值。

以藏密真言为载体的石刻嘛呢。真言，亦称密咒、明咒、咒语，是密宗身口意三密之一的口密。密宗认为，真言是佛陀、菩萨或金刚护法、诸天在禅定中所言秘密语，这些密语以最简便的文字总摄佛菩萨的功德、誓愿及佛法的奥义，实现人与佛菩萨间的沟通与交流，真而不虚，神秘玄妙。李舞阳编《藏密真言宝典》统计，藏传佛教藏密真言有620多首。而嘉那嘛呢石堆中最常见、刻得最多的是密宗事部三怙主真言、二十一度母根本咒、阿弥陀佛真言、大悲观音菩萨真言，金刚萨埵百字明、文殊菩萨真言等，其中，数量最多的是大悲观音菩萨真言和密宗事部三怙主真言，约占一半以上。

以各种佛塔为主的石刻嘛呢。佛塔，亦称宝塔，最早用来供奉和安置舍利、经卷和各种法物。佛塔的造型起源于印度。根据佛教文献记载，佛陀释迦牟尼涅槃后火化形成舍利，被当地八个国王收取，建造了八大灵塔，依次称作：聚莲塔、菩提塔、吉祥塔、神变塔、天降塔、和平塔、胜利塔、涅槃塔。石刻佛塔虽然没有供奉和安置舍利的功能，但是作为纪念佛陀释迦牟尼的载体，在嘉那嘛呢石有许多这样的石刻佛塔，且以线刻或浮雕有较高艺术价值。

七　嘉那嘛呢石文化形态与内容

新寨村是嘉那嘛呢文化创始人道丹生前生活和居住的地方，同时也是嘉那嘛呢石所在地和嘉那嘛呢文化的发祥地，孕育了丰富多彩且不失地方和民族特色的文化，这些文化大致可分为以下几种：

（一）文物

1．唐卡夏扎

意为“会说话的唐卡或会发声的唐卡”，为一幅十一面观世音唐卡（也有人称是萨迦派的道果唐卡），由素有“萨迦第二班智达”之称的萨迦派支系都却拉章之法王贡噶索南（1484—1533）赐予尕藏寺，且供奉于该寺“萨迦拉章”。道丹云游至称多尕藏寺并在该寺“萨迦喇嘛”陪同下参观“萨迦拉章”时，无意中看到墙上供奉这幅唐卡，便主动索要。可是“萨迦喇嘛”以该唐卡是萨迦法王贡噶索南殊胜本尊佛，日后还需归还为由拒绝了道丹的要求。然而就在这时唐卡竟然说话道：“我的主人来了，赐予他无妨。”众人闻之深感惊讶和不可思议，认为这是天意，称其为“唐卡夏扎”，赠送于道丹。道丹如获至宝，随身携带至结古、新寨、蒙古尔津等地，形影不离。据说后来这幅唐卡供奉在道丹拉康（道丹佛殿），供人瞻仰。20世纪50年代以后，由于历史原因，随着嘉那嘛呢石及其设施遭到破坏，唐卡神秘失踪并一直杳无音讯。至80年代，随着民族宗教政策落实，各种宗教活动日渐恢复。结古寺已故僧人洛珠僧格等一批僧人在新寨村以东之格佳天葬台组织法会时，这幅唐卡突然展示在法会场上，人们这才知道“唐卡夏扎”没有损毁或遗失。后来洛珠僧格把唐卡敬献给了刚刚落实政策的已故第七世嘉那活佛更尕坚赞，现保存在活佛家的经堂。“唐卡夏扎”是与萨迦法王、道丹以及嘉那嘛呢石皆有着千丝万缕联系的具有丰富文化背景的一幅不可多得的唐卡，同时也是迄今已有四百多年历史的明嘉靖时期绘制的国宝级文物和嘉那嘛呢石最令人珍视的无价之宝。

2．托哇夏扎

意为“会说话的释迦牟尼佛或会发声的释迦牟尼佛”，为一尊高约10公分镏金释迦牟尼佛像。此佛像原供奉于甘孜地区著名宁玛派寺院竹庆寺。据文献记载，竹庆寺有一座佛殿因遇火灾变成废墟，寺院组织僧人正在清理废墟并寻找“从燃烧的火焰中飞去，估计未被烧毁”的一尊“释迦牟尼小佛像”。而此时，道丹正好从打煎炉（即康定）路过竹庆寺前往“嘎吉日”。道丹至一堆废墟处时，忽然听到从废墟底下传出这样的声音：“道丹您来了，我在此，我与您缘分已结，请把我拿起来吧。”惊讶不已的道丹拣起一块石矛对着出声的地方开挖后，“从废墟底下出来一尊一食指长的释迦牟尼金刚莲花座”。道丹以为“此佛像具有非凡加持力，遂依为本尊佛”为宜，遂随身携带至新寨等地，保存至今。它是继唐卡夏扎之后又一个无与伦比的镇寺之宝和镇村之宝。20世纪50年代，此佛像同样也逃脱厄运，神秘失踪。80年代玉树巴塘地区牧民噶牛将其无偿转交于新寨吉哇（嘉那嘛呢石管理组织）。现委托新寨村主任更尕江才保管。

（二）圣物

1．嘛呢荣祥

意为自显嘛呢，共有两块。一块石头疑是铁矿石或陨石，呈黑色，长方形，重约五六十公斤。面刻六字真言，字体秀长、清晰，酷似手写。根据《传记》记载，1458年第十九辈萨迦法王嘉嘎·西饶坚赞（1436—1494）前往“朵甘思”弘法，并创建结古寺，曾到新寨村预言，“为来世修建我（指道丹）的嘛呢石”，亲自在一块石头上“用手指书写此嘛呢，且埋于地下”。道丹创建嘉那嘛呢石时，知道有这么一块与萨迦法王有关的“伏藏石”埋于勒茨嘎，于是让人发掘后恭谨地放在一个石座上，然后让洞那·噶松本射箭确定了嘛呢石东西距离。由于这块石头是从地底下发掘的，后世称其为“伏藏石”，被认为是创建嘉那嘛呢石的缘起象征，备受珍视。另一块石头是当地称作“嘎玛惹巴”的石头。“嘎玛惹巴”可能是梵文，有人译为大理石。重约六七十公斤，三怙主之心咒依稀可见。石面油迹斑斑并凹凸不平，据说这是道丹当年用青稞加持时洒落而形成的痕迹，“性相俱全”。20世纪50年代嘉那嘛呢石遭遇破坏时，两块嘛呢石由新寨村已故尕姆及其养女藏匿家中，这才留存至今。

2．夏杰擦杰

意为手足法印。为两块黝黑色石头，上面分别留有人的足印和手印，栩栩如生，十分逼真。据《传记》记载，这两块石头原在嘉那嘛呢石采石场多索拉山脚下，当时“用于界碑之铁匠石”。道丹为创建嘉那嘛呢石在此采石时，看到这两块石头后，便施展“法力”留下了自己的手印和足印。手足印象征着“五愤怒明王和五愤怒佛母”。分别是马首明王、降三世明王、愤怒明王、大火头明王、大秽迹明王、无能胜金刚明王、步掷金刚明王、大轮金刚明王。明，即光明普照之意。因明王借佛的智慧光明摧破众生之烦恼业障，所以称为‘明王’。两块石头手足法印由新寨村民已故阿乃才尕藏匿于自家水井中才得以留存。现供奉于嘉那嘛呢大殿。

3．朵吉乐

意为旋转石，酷似海螺化石一样的乳白色石头，高约6厘米。关于这块石头的由来有这样神奇的故事：道丹在新寨村创建嘉那嘛呢石以后，曾一度因为找不到合适的石料而苦恼。后来几经周折发现位于拉藏龙巴的多索拉山蕴藏着丰富的可用于雕刻嘛呢的石材，非常高兴，不久率新寨村民并携带各种工具前往多索拉山。到山脚下以后举行了一个简单仪式。在这个仪式上，道丹根据“适逢高兴之事要举办宴席欢庆，适逢快乐之事要唱歌跳舞，此乃昔日祖孙三法王留下的习俗”，率领大家跳起了一段卓舞，这个卓舞就是著名的嘉那曲卓。道丹在与众人共同起舞的时候，他还连喝三杯“颇碗酒”，略带着醉意从旁边的一块磐石上像揪面团一样掰断一石块，然后“用双手一会揉成团团，一会捏成条条，一会又压成扁扁，最后捏成糌粑团子状”送给洞那·噶松本。洞那·噶松本及众人看到这块被道丹“神力”捏揉的石头形似糌粑团子，形象地称其为“朵吉乐”。20世纪80年代，新寨村恢复重建嘉那嘛呢石时，由新寨村已故村民帕秀松噶将其无偿移交新寨吉哇，现委托村主任更尕江才保管。

4．石供灯

用石头做的供灯，直径约30厘米，表面有花卉纹饰。相传原供奉于道丹佛殿，后来由新寨村阿乃才尕转交新寨吉哇。

（三）遗迹

1．洞那·珠乃塔郎太钦楞

意为洞那·禅房解脱大乐洲，简称“洞那·太钦楞”，位于新寨村东北、饶吾河对面洞那嘎的山坡上，山坡下面叫卧特戴，现在很少人知道这个地名。根据《传记》记载，洞那嘎上原有一处“洞那喇嘛”修筑的修行房，称洞那·珠乃塔郎太钦楞。“洞那喇嘛”圆寂之后，因无人居住，房屋早已破旧不堪，无法居住。道丹勘察后，发现此山坡地形“如同大象的脸部或大象头顶”，非常符合自己的要求，于是决定在此居住并修行。面对眼前的残垣断壁，早已习惯居无定所、风餐露宿的生活的道丹并没有嫌弃。在洞那·噶松本的帮助下，在某一废墟处“凿开一洞穴用作修行之所”，留有一扇窗户“用于会见施主之用”，其余出口该堵的堵，该锁的锁，钥匙由洞那·噶松本掌管。道丹在这样的条件下，在此“暗修十年”。后来应当地贵族、施主“拜见道丹之请求”，在洞穴旁边修筑修行和会客两用之小屋，“道丹又在此修行十五载，前后修行时间长达二十五年之久”。道丹创建嘉那嘛呢石以后，有一天，十一面观世音授记曰：“为了下一世之转世，需要准备农田和房屋。”道丹得到此授记后，由洞那·噶松本为总负责人，代格村头人桑珠为木匠，新寨村吉巴次塔为石匠，动员饶吾普、新寨、仲松三村村民百为乌拉（蒙语，徭役、差徭意思）对原有房屋进行重新翻修，极大改善了道丹的生活条件。道丹在蒙古尔津圆寂以后，遵照道丹生前遗嘱，举办其转世灵童坐床仪式的地点定在洞那·珠乃塔郎太钦楞。不料结古寺和创古寺引发灵童纷争案，灵童未能如愿在此举行坐床，道丹的愿望终未能实现。后来洞那家族有一位名叫洞那喇嘛·丹增昂江居住于此。此人又对房屋进行了修缮。修缮后的洞那·太钦楞“宛如净土布达拉宫”。内设四个莲花宝座像：居中为道丹塑像；左右两边及周围分别是立有手持金刚之嘉那本布·更噶曲佩、十一面观音、萨迦班钦塑像以及“慈眉善目……肩立粉红色文殊”之洞那喇嘛·丹增昂江塑像等。今天我们看到的由第五世嘉那活佛阿旺罗珠嘉措编著的《嘉那道丹松曲帕旺传记三新大海新月》木刻版原藏于此地。本版本是新寨村洞那典阳等人出资雕刻。木刻版现已毁，只剩下少量印本存世，是了解和研究嘉那嘛呢石及其文化非常重要的历史文献。在这里需要指出的是，洞那·珠乃塔郎太钦楞是嘉那嘛呢石不可分割的重要组成部分，同时也属于嘉那嘛呢文化范畴的文物保护范围。目前，这座具有百年历史的著名文化遗迹仍处在废墟状态，从未得到修复，希望相关部门尽快采取适当保护措施，使宝贵的民族文化遗产继续得到传承和弘扬。

2．错尺克

意为“万泉沟”，位于格尼·西巴旺秀神山正前方，在嘉那嘛呢石东北约500米。此地是道丹创建嘉那嘛呢石之前举办庆典活动的场所。活动当天新寨村的百姓聚集在这里煨桑祈福，烟云袅袅，香气缭绕。道丹坐在一顶帐篷中央设立的法座上，向前来参与创建嘛呢石的群众进行灌顶、传法，同时向为创建嘛呢石鼎力相助的洞那·噶松本及新寨村的百姓说了许多赞美的话。根据地名推测，错尺克过去可能有泉水，是水草丰盈的草滩。但是现在已看不到任何有水的痕迹，草滩也已变成沟沟坎坎、满目疮痍的景象，昔日风貌荡然无存。

3．勒茨嘎

意为“聚龙坡”，在那嘛呢石以东约50米。此地是道丹创建嘉那嘛呢石时，发掘萨迦法王嘉嘎·西饶坚赞“伏藏石”，“自显六真言”的地方，同时又是洞那·噶松本按照道丹的意旨，以“一矢之距”确定嘉那嘛呢石东西距离的地方，应是重要文化遗迹。勒茨嘎如其名，过去这里有一汪清澈甘甜的泉水，可饮用，但禁止清洗衣物，以免弄“脏”泉水。玉树地震前，泉水上盖有一间小屋保护，但现在泉水被埋，房屋也被拆除。

（四）建筑

1．德阔拉康

意为时轮殿，位于嘉那嘛呢石东侧，坐北朝南，夯土筑墙，约1.5米宽。殿高十余米，四根柱子，中间为顶天立地大法轮，四周有壁画。该殿由创古寺活佛查莱坚根·尼玛久美出资修建，并一直保留至20世纪60年代，曾一度当作新寨村生产队粮库和库房，后被毁。道丹生前与查莱坚根关系十分密切，曾把自己珍爱的“噶举派修行火焰鼓”及“三千世界之铙钹”赠送给创古寺，“经常敲击之，可消除施主们的魔鬼和障碍”。道丹在蒙古尔津圆寂时，对前来探望他的洞那·噶松本交代，自己圆寂之后须请查莱坚根火化，洞那·噶松本遵遗嘱操办。

2．佛塔

在历史上嘉那嘛呢石堆中有五个大佛塔，分别是结古寺堪布阿旺罗丹修建的“通卓钦姆”（意为现见大解脱）、扎武头人修建的“哲美佛塔”、萨迦寺三大堪布之一塔泽堪布修建的“塔泽佛塔”以及新寨村民修建的“斯都佛塔”等。这些佛塔在“文革”时均遭到毁灭性破坏，现有佛塔是20世纪80年代新寨吉哇按原址、原貌恢复修建。现嘛呢石以东自南向北一字排开的八大佛塔是上世纪90年代由新寨村民集体集资修建的，属新建设施。玉树地震时这些佛塔均遭到不同程度损毁，现已修复如初。

3．道丹佛殿

位于德阔拉康以西，据说是创古寺查莱坚根出资修筑，文革时曾当作生产队粮库，现已毁。

4．三身法轮

沿嘉那嘛呢石转经道上有三身大法轮，分别是象征法身的道丹大法轮、象征报身的德登贡保秘咒大法轮和象征化身的莲花生名咒大法轮。按照佛理，所谓三身，即所谓理法聚而为法身，智法聚而为报身，功德法聚而为应身。因一佛具三身之功德性能，所以三身即一佛。现三身法轮被毁后重建。除了三身法轮外，沿转经道上还有一百八十个手推转经筒，由当年新寨村哲美昂珠出资修建。

（五）道场

1．乃古滩——观世音制胜大海道场

意为圣地之首，为一块面积不太大的草滩。位于新寨村西南，扎西河左岸，是新寨村百姓举行宗教或其他娱乐活动的场地。根据当地百姓说法，凡在乃古滩举行的任何祈愿活动一定会心想事成，万事如意，故当地民间歌舞称赞道：制胜大海道场上，无需飘动煨桑之云烟，一切众生之愿望自然会实现。上世纪30年代，九世班禅大师返藏途径玉树结古地区时，玉树当局和僧俗群众曾在这里设帐熬茶，热情接待过班禅大师一行。后藏昂日寺龙登堪布到玉树结古地区传教时，以扎武百户为首的当地僧俗贵族和百姓曾在这里举办赛马活动以示欢迎。现如今因草地沙化和河床移位等原因，乃古滩的面积正在逐步缩小，但它仍是新寨村百姓主要休闲娱乐场所，每年7月25日至8月5日，家家户户自愿来到这里，搭帐篷、设香炉、树经幢，热热闹闹地举办一年一度的“卓卓”。卓卓，类似于西藏“逛林卡”，活动内容主要有歌舞、拔河、抱石比赛和其他各种民间竞技活动等。

2．拉藏龙巴——观世音密集道场

意为“集神沟”，位于新寨村东南、扎西河以南的一条横向延伸的山谷里，沟中有一条自南向北流入扎西河的小溪，名叫擦曲荣。沟的左侧为娘拉山，右侧依次为囊鼎浓、雍伦科及多索拉等。据《传记》记载，拉藏龙巴因得到“莲花生大师的亲见”，集聚了玛、贡、达三组黑护法神、“男英雄、女英雄”、玛尔巴、米拉日巴、达布拉杰之化生等诸多菩萨法像，故而得名。其实比拉藏龙巴更有名的则是旁边高高耸立的多索拉岩石山。多索拉，意为尖石山，是嘉那嘛呢石主要石材来源地。据说山顶上过去有一汪泉水，俗称“道丹禅泉”，现已干涸。在道丹看来，多索拉山“在绿玉叠起的形同山坡之上的那白色磐石犹如佛塔，在其底部皆是白色石头”。所谓“白色石头”实为质地松软、洁白无瑕的“嘎玛惹巴”（有人译为大理石），适合雕刻佛经、佛像。据说来自此山的“嘎玛惹巴”并非一般的石头，“若以慧眼观之，六字真言自然生成，若放置于嘛呢石堆，未来也会出现自现六字真言”。换言之，凡采自于多索拉山的大小石块即使没有雕刻任何经文，一旦把它放置于嘛呢石堆以后，同样自动会显现各种佛经、佛像，不是嘛呢胜似嘛呢，因此，新寨村的百姓在选择嘛呢石材时一般会选用采自多索拉山的石材，而来自其他地方的石头，尤其是非白色石材一般不会用于雕刻嘛呢石，这是当今嘉那嘛呢石之所以皆是白色石头的成因，也是与其他藏区的嘛呢石差别所在。

3．嘉那嘛呢石所在地——观世音轮回根除道场（又作“观世音永断轮回道场”）

即现嘉那嘛呢石堆所在地，位于新寨村正中，由洞那·噶松本按“一矢之距”确定，呈东西走向，符合当初射箭方向。根据《传记》记载看，道丹对该道场地理位置赞赏有加，称“沟头宛如伸展的哈达帷幔，沟尾宛如珍宝镶饰的村庄，右边山峰为圣密宗事部三怙主之胜地，左边山峰为格尼西巴旺秀，上方为观世音制胜大海道场之首圣地乃古滩，前方为观世音密集道场拉藏山沟，右边大河之涛声如雷贯耳，左边溪水潺潺如密教三部悦耳之咒声，两条河水交汇之右边为观世音根除道场”。显然，观世音根除道场除了位于新寨村正中央以外，其周围被众多神山、神水所环绕，凸显出其核心理念。根据佛教理论，所谓观世音轮回根除蕴含着一切六道轮回之众生永断轮回，脱离无边苦海之思想，因此，凡一切众生绕道场一周或踏地扬起的尘土也有非凡“功德”，对此，《传记》这样记载：“转经道上之尘土，为五色本性形态之制胜五部佛，若其挂于颈部可消除鬼魅之灾；若食之为甘露，可消除五毒烦恼及四百二十四种疾病，且可获得福泽与智慧之圆满，最终达到制胜五部佛之境界。”如此“功德”是多少年来芸芸众生络绎不绝地前来嘉那嘛呢石转经的原因，同时也是嘉那嘛呢石文化经久不衰、绵延至今的根本所在。

（六）神山

1．茹桑贡布

意为密宗事部三怙主，位于新寨村西北、扎西河右岸，被当地人称之为“钙囊”的一条狭小山沟之中。这座山其实是自上而下垂直延伸的三组岩石群，分别是佛部文殊、金刚部金刚手和莲花部观世音的化身，故称之为“茹桑贡布”。观世音之授记称之为“圣密宗事部三怙主之圣地”，每年前来转山或朝拜者络绎不绝，到处可见朝圣者抛洒的五颜六色的风马旗和在树枝上悬挂的经幡等。另外，在一个微微隆起的山坡上有一间人工开挖的洞穴式闭关室，门窗俱全，内有一张简陋的石板床和被褥，看得出经常有人在此修行。据当地朋友介绍，神山附近曾发现比较珍贵的早期苯教嘛呢石，现保存在嘉那嘛呢大殿内。

2．格尼·西巴旺秀山

意为柏树如玉的居士山，简称“西巴旺秀山”，为一座横亘在新寨村和饶吾达两村之间的山脉，海拔约5000米。从其名称来分析，昔日的西巴旺秀山显然是柏树丛生、植被繁茂的神山，但是后来因滥砍滥伐、过度放牧以及生态恶化，如今的神山只剩下稀疏植被和袒露的岩石，再也看不到当年“柏树如玉”之风貌。在当地百姓看来，西巴旺秀山是新寨村的镇寨之山、希望之山和护佑之山。当地民歌这样唱道：村北西巴旺秀山上，玉石般的甘露雨绵绵不断；前方自显嘛呢石上，冉冉升起金色的太阳。对这座神山充满了无限敬仰和期盼。神山表面搭建了多处宗教活动场所：位于神山中部有八个纵向排列的土灶香炉，为祭祀煨桑而建，已有多年历史，迄今仍在使用。位于神山西边山坳间有一处现已坍塌的修行房，名叫戴·罗珠仓空（意为戴·罗珠的修行房），房屋的主人名叫戴·罗珠，结古寺僧人，上世纪50年代出生于新寨村。

此人终生修行为业，曾暗地里保护当时供放于嘉那嘛呢佛殿里的“托哇夏扎”和“唐卡夏扎”，新寨村百姓至今心存感激。神山东面又有一处名叫“白桑仓空”（意为白桑修行房）的修行房，是由结古寺僧人白玛桑丁上世纪30年代所建，至今仍有僧人在使用。

（七）节日

1．嘉那奔群节

即每年藏历12月10日至15日，“奔”意为“十万”，可理解为数量多，“群”为“小”或“一半”的意思，实指五万，寓意着有一切善因或恶因皆可因小变大，事半功倍之含义。换句话说，嘉那奔群节贯穿着善因得善报，恶因得恶报的佛教理论，凡在节日期间转一次嘉那嘛呢石或做一次善举，可获得等同于做五万次善事之功德，反之也可获得等同于做五万次罪孽之恶果，故得名为嘉那奔群节。嘉那奔群节一般不组织重大宗教活动，社会影响比较小。

2．嘉那奔钦节

即每年藏历1月10日至15日，与嘉那奔群节相隔一个月，“奔钦”相对“奔群”而言，可译为“十万”，意思是说在节日期间转一次嘉那嘛呢石或做一次善举，可获得等同于做十万次善事之功德，反之也可获得等同于做十万次罪孽之恶果，故而得此名称。

关于该节日的由来有两方面的原因：一是源于释迦牟尼“大神变节（月）”。按照藏传佛教说法，藏历火龙年（公元前511年）正月初一至十五日，释迦牟尼在天竺合卫地方与外道斗法，显示种种神通变化，最后击败了六外道，取得了最后胜利，佛家称之为“神变月”。藏历第七丁卯的己丑年（公元1409年）正月，藏传佛教格鲁派创始人宗喀巴大师，为了纪念释迦牟尼佛战胜外道、降伏邪魔这一特殊的日子，在拉萨大昭寺以摆酥油花灯的形式首次举办了盛大的祈愿大法会，即莫朗钦茂（藏语又称“坚阿曲巴”，俗称“燃灯节”）。后来藏传佛教各教派沿袭格鲁派的这种做法，每年正月十五日以点燃酥油花灯、晒佛、跳神的形式举办规模不等的法会以示庆祝。然而由于地域、教派之差异，这一节日传播至玉树新寨地区以后，与当地地域文化和嘉那嘛呢石文化相互交融、相互影响，逐渐形成了嘉那奔钦节，绵延至今。其次是与道丹生辰有关。根据《传记》记载看，道丹的诞生日是“正月十五日”，正是释迦牟尼“降伏外道”之“大神变节”的日子。如果这个日期不是后人牵强附会，那么，释迦牟尼“大神变节（月）与道丹的生辰都是同一天，这就是说是嘉那奔钦节是为了庆祝释迦牟尼“大神变节”、道丹诞辰而产生的一种民间传统节日。

作为与佛祖释迦牟尼、道丹有关的节日，当地信教群众非常重视这个节日。在节日期间，由新寨吉哇负责组织这样两个活动：一是举办隆重的祈愿大法会。届时以结古寺僧人为主的来自不同教派、不同寺院的活佛、堪布和僧人约几千人齐集在嘉那嘛呢石以东广场上搭建的宽大帐篷中，齐声念诵各种祈愿佛经，声音浑厚悠扬，动人心魄。其次是组织新寨村的卓哇们（即跳卓舞的人），表演由道丹创编的著名法舞“嘉那曲卓”，以示助兴。在为期五天的节日期间，新寨村民以及周边村民，甚至邻近州县信教群众放下一切农活，专程云集于新寨村。他们手持佛珠、转经筒，反复绕嘉那嘛呢石转经。届时转经道上人头攒动，如潮水般涌向一个方向，其场面颇为壮观。在这些转经人群中，有的人向穷人、残疾人、孤寡老人以及街头流浪的野狗施舍财物或食品，以示积善行德。也有的人以几块、几十、几百，甚至上千、上万元的价格“请嘛呢石”或点数以千计的酥油灯，祈求已故家人转生于极乐世界，或祈愿家人与自己一生平安。来自不同地方、不同民族的商贩也抓紧商机，沿转经道上摆摊设点，销售各种生活用品及藏族饰品，为远道而来的转经者提供了购物便利。可以这样说，嘉那奔钦节最初只是一个地域性的民间宗教节日，而现已演变成聚佛教、民俗、商贸、娱乐活动为一体的民间重大综合性节日，其参与者之多、规模之大、影响之深远，在玉树地区乃至青海地区享有盛名。

3．萨噶达娃节

即藏历4月15日，为释迦牟尼降生和涅槃的日子。这天是新寨村吉哇换届选举日。吉哇，又名“吉索”或“新寨吉哇”，是由新寨村村民组成的专门负责管理嘉那嘛呢事务的民间组织。此组织道丹生前就已筹建并延续至今。换届选举有一定程序，先将符合条件的新寨村民候选人集中到嘉那嘛呢佛殿，面对众神以抓阄方式产生。每届吉哇，由涅巴、吉本等三四人组成，任期三年，届满后，须向新寨村民及相关施主汇报本届任期内的所作所为，接受群众的监督。所有“吉哇”组成人员必须是义务服务，不允许有个人私利。被“文革”破坏的嘉那嘛呢石重建工作基本上由吉哇组织实施，对嘉那嘛呢石重建有重大贡献。

4．萨迦姆郎节

意为萨迦祈愿法会，即藏历11月10日至15日，是日为萨迦班智达·贡噶坚赞（简称萨班）圆寂的日子，故而有之。萨班，藏传佛教萨迦派著名高僧，藏历第三饶迥木虎年（公元1182年）出生于后藏昆氏家族；公元1246年，年过六旬的萨班亲自前往凉州（甘肃武威）与阔端会晤，西藏避免了一场生灵涂炭的浩劫。萨班于藏历第四饶迥金猪年（公元1251年）11月14日黎明在凉州幻化寺（现甘肃武威白塔寺）圆寂，享年70岁。萨班精通大小五明，智慧超人，被誉为藏族第一位班智达和雪域三大文殊化身之一。此法会是最近十几年才在新寨村兴起的法会，迄今连续举办了八九届。主要以转经、举行大会为主，规模和影响仅次于嘉那奔钦节。

（八）曲卓

嘉那曲卓意为嘉那法舞，是由道丹创编并流行于新寨地区的著名藏族民间曲卓。“曲”意为“法”，即佛法，“卓”意为“卓舞”，合译为佛法舞或法舞。2002年嘉那曲卓以及玉树歌舞已列入非物质文化遗产名录。

相传嘉那曲卓有108个舞曲，大部分已失传。现能表演的曲目有30余个，其顺序大致是：《今日良辰吉日》《宇宙初始》《泉水眼》《煨桑》《四方苍穹》《四大护法神》《孔雀》《掌柜》《远古的湖》《金龙盅》《三高大》《金色的大河》《鸳鸯》《四方苍穹短曲》《问好》《阿拉索》《祭山》《金色山顶》《金虎头》《吉日金树花》《雪山》《八十座山头》《英雄带》《阿吾莱》《金色的山沟》《金色的母亲湖》《颂雪之一》《敬酒》《吉祥》《圣洁》《东边贡昂拉山》《哈达》《木雅》《祝福》。唱词内容多为赞颂神祇、雪山、花卉、飞禽、江河湖泊、日月星辰以及当地民俗风情、逸闻轶事等，其中有些唱词如实记录了道丹的生平事迹和嘉那嘛呢石相关历史，有一定历史文化价值。

按照传统习俗，嘉那曲卓一年只表演两次，第一次是嘉那奔钦节期间，具体表演时间是藏历正月14日傍晚至15日启明星升起为止。第二次是藏历新年，具体表演时间是晦日（除夕之夜）傍晚至初一启明星升起为止。随着社会的发展和进步，特别是各种民间娱乐活动不断丰富和发展，如今嘉那曲卓的表演时间已不局限于一年两次，诸如赛马节、春节、庆典活动也在表演，比较灵活。过去嘉那曲卓演出场地在错尺克，此地位于新寨村神山格尼·西巴旺秀山正前方，同时也是道丹当年创建嘉那嘛呢时，举办宗教仪轨和法会的地方。现在除了留有一个象征性的煨桑炉外，其余空地被民房所占，基本没有可供表演的场地。

由于嘉那曲卓是具有浓厚佛教特色的“法舞”，因此，表演者皆是清一色的男性，女性不得参与。舞者，藏语谓之“卓哇”（译为“锅庄舞”“果卓”“歌庄”“卓”）。相传每次表演“曲卓”时，所有舞者皆能得到神的“加持”和“护佑”，故无论是耄耋老人还是妙龄孩童，只要自己愿意皆可参与表演，群众基础好，影响深远。表演嘉那曲卓的队形与其他藏区“卓舞”基本相同，通常把“卓哇”分为两组，分别站成半圆形。每组有一个“卓本”（即领舞者），一人为“主卓本”，一人为“次卓本”，一般由品德高尚、身材魁梧、唱腔洪亮、舞姿优美的中年男性担任，其余“卓哇”依个人资历、表演技巧等依次排开，初出茅庐的年轻人一般不会排在前十名以内。所有表演者一律着藏袍、藏靴和白绸长袖衬衣，有条件的还可佩戴项链、藏刀、火镰等饰物，节日气氛十足。唯有“卓哇”们头戴一种名叫“觉拉”的高筒红穗帽，比较特殊，据说这种帽子过去只在玉树、甘孜和西藏那曲、阿里地方比较流行，而安多地区很少看到。嘉那曲卓基本保持了原生态的表演风格。先在“主卓本”引领下，两组“卓哇”依次进入场地，各站半圆，形成蛋状队形，之后“主卓本”组首尾相拢吟唱一遍即将表演的曲目。接着“次卓本”组同样方法重复吟唱，俟吟唱接近尾声时，“主卓本”组以提前一拍的节奏起舞，遂进入正式表演阶段。表演时，按顺时针方向旋转，且唱且舞，无伴奏，几乎所有舞曲皆是慢板和快板组合而成，慢板以缓慢、凝重、庄重为基本舞姿，上身前倾，重心下移，胯部外开，双腿伸屈自如。双臂缓缓挥动于身体两侧和胸前，一般不高于双肩。遇重拍音节时，身体重心游动于虚实之间，轻盈飘荡，韵味十足。快板多是慢板之变奏，热烈奔放，有如猛虎下山、雄狮抖毛，男子汉的神威和气魄显露无遗。

嘉那曲卓之所以形成如此风格，主要有两方面的原因。首先，道丹在多索拉“缘生庆典活动”上对即将出场表演卓舞的噶松本讲：“为了幸福和欢乐永存，为了制伏凶暴的罗刹和游荡的鬼魅，众瑜伽要举行会供，表演狮子舞，显示空行猛士神态之习惯。先请噶松本跳一段符合本地特色的卓舞，我等跟随其后。”此言所蕴含的意思是，所有参与表演的“卓哇”如同制伏“凶暴罗刹”、“游荡鬼魅”的“众瑜伽”或“空行猛士”，要以似神非神的舞姿、唱腔、韵律和唱词展现降妖除魔，给予众生幸福和安康的信心与勇气。因此，曲卓的基本舞姿和神态有几份寺庙“跳神”的感觉，但又不完全相同。其次，道丹表演曲卓时已痛饮三颅器酒，是在似醉非醉、似醒非醒的状态下演绎的，这种演绎方法在形体表现方面体现了外柔内刚、刚柔并济、舒展大方、轻灵稳健的特点。特别是进入快板时，舞姿飞扬跋扈，彩袖激情飘荡，脚步掷地有声，给人以粗狂豪放且又不失特色的感觉。可以这样说，嘉那曲卓以佛教文化和世俗文化相互交融的方式，诠释了人与“神”、人与自然之间的某种联系和纽带，表达了人们朴素而真诚的思想情感和愿望。

八　嘉那嘛呢文化基本体系及文化价值

嘉那嘛呢文化总体上可分为两个基本体系：一个是以嘛呢石刻为轴线的文化体系，主要包括以佛教文化为主要载体的嘛呢石刻、绘画艺术、文物、建筑等方面的内容。另外一个是以文化遗迹、舞蹈音乐、民情风俗、社会经济为主的派生文化体系。二者相互联系，相互依存，相互影响，传递出嘉那嘛呢许多鲜为人知的历史、文化以及社会生活等方面的信息。

从艺术价值而言，在嘉那嘛呢石中有石刻佛经、佛塔、佛像以及丰富的佛经、咒语，其中石刻佛经、咒语的数量最多。尽管这些石刻大多是转抄于常见佛经，没有太多文献价值，但是，雕刻技艺丰富多样，有线刻、敲凿、磨制以及极富立体感的高浮雕、浅浮雕等多种技艺。这些技法灵活多变，栩栩如生，令人叹为观止。有些重要经典、咒语的石眉，或精心刻有象征法身、报身、应身意义的经典、供灯、莲花等纹饰，或按照佛教六道轮回思想，用赤铁矿物颜料涂以各种不同颜色，对嘛呢雕刻艺术赋予更加深邃的佛教文化内涵。

在社会经济文化方面更沉淀着许多有价值的信息。文物方面，最让我们引以为豪的是唐卡夏扎和托哇夏扎这两件明代文物。前者是由萨迦法王亲赐，经尕藏寺收藏，后被道丹珍藏遗留下来，是嘉那嘛呢石唯一一幅蕴含丰富文化和历史信息的唐卡。这样的唐卡在玉树恐难一见，当属国家级文物。后者来自于竹庆寺，也是经道丹之手留存至今。其来龙去脉清楚，属珍贵文物。舞蹈音乐、民俗风情方面的价值更多体现在嘉那曲卓和节日文化方面。嘉那曲卓，自道丹创编以来，舞者的性别、队形以及曲调、唱词、动作基本被固化，三百年来没有发生重大变化，堪称藏族民间舞蹈的“活化石”，对研究和了解藏族民间舞蹈的起源与发展有重要价值。以嘉那奔钦节为代表的节日文化自诞生以来就是一个不分地区、不分教派、不分民族、不分信教与否、群众参与度高、不分身世、不分尊卑、不分职业、社会影响很大的民间传统节日的典范。这种体现团结、包容、和谐精神的节日文化氛围，对当今建立团结、文明、和谐的社会有一定借鉴意义。

在社会生活方面，嘉那嘛呢石的发展历程，客观真实地再现了当地百姓的经济生活状况。1913年，民国政府要员周希武奉命勘察玉树界务时曾到新寨村，在对嘉那嘛呢石进行调查后，他这样描述道：“新塞〔寨〕庄约八十余户。庄西路右，有摩尼（嘛呢）堆，石片为之，周围七十百二十步，石上皆镌番文字箴言。番俗，人死则捐银刻摩尼以为功德，出银自一秤至十数秤不等。庄有工头，承包刻石，居民多以镌摩尼为业，每日人得工银半圆至一圆。藏洋一元，值内地银三钱二分”（见《玉树调查记》）。所称“工头”，指石刻艺人，藏语称“伊郭”，是以雕刻嘛呢石为业的石刻艺人。这些艺人大部分有一定的藏文基础和佛教文化知识，但有些是文盲或半文盲。这些人通过模仿或以照猫画虎的方式雕刻一些简单的佛教常用咒语，天长日久也能熟能生巧，获取一份收入。石刻艺人大部分处于社会底层，社会地位低，生活贫穷，劳动强度大。在新寨村有一首流传至今的民谣：阿嘎新寨人啊，若无宝贝的犏牛，将石头悬挂于颈部，势必饿死全家人。其含义是，昔日新寨村民为了生计，一般靠犏牛把用于雕刻嘛呢石的石头从多索拉驮运至村里，然后按照施主的要求雕刻相应的嘛呢石经文或咒语，以获取相应费用维持全家人的生活。如果一旦失去犏牛这头运输工具，那么只能靠人背肩扛把石头搬运至村里而后雕刻嘛呢石。如此以来，村民的工作效率很低，收入也就跟着减少，导致全家人的生计难以维持。此民谣虽然隐含着嘲笑、讽刺甚至藐视新寨村民之意，但却真实而又客观地诉说着新寨村民为了生计和希望，历经苦难而心酸的往事；再现了创建、发展嘉那嘛呢石所付出的巨大的社会资源以及所经历的艰难岁月。

注释

[1] 本文凡有引号或称“《传记》记载”，其引文皆出自阿旺洛珠嘉所著历史文献《嘉那道丹松曲帕旺传记三信大海新月》（藏文）。其余引文各标出处。

桑丁才仁（藏族，中国藏学研究中心研究员）

执笔人：中国文化遗产研究院杨新、永昕群
总装备部工程设计研究总院孙崇华、杨林春

勘察篇

玉树新寨嘉那嘛呢现状勘察总报告

2010年5月14日项目启动仪式后，指挥部临时要求20日提交总体方案和概算。嘉那嘛呢没有任何图纸，一切都要从实测开始。

嘉那嘛呢不是通常概念的维修对象，因是以抗震抢险为由启动的项目，最初的勘察主要侧重对象的建造构成和震后的损毁情况，抢险修缮目标也集中在嘛呢堆、三座经堂和十五座佛塔的本体稳定性恢复上。

嘉那嘛呢勘察分两部分进行，建筑类本体勘察由中国文化遗产研究院完成，地质及嘛呢堆稳定性评估由中国人民解放军总装备部工程设计研究总院完成。

嘛呢堆形态巨大，边界不规则，顶部被经幡笼罩，设计人员从网上下载了鸟瞰图，对整体格局算是初步了解。具体控制尺寸由总装备部工程设计研究院测量专业人员确定。

三座经堂及佛塔的图纸都是我们现场勾草图、手工测绘，再由总装备部工程设计研究测量专业人员用全站仪校核外轮廓。三座经堂和佛塔的内部构造从外观无法识别，我们只能通过破损处了解和分析内部情况。我们进场时，四座房式塔已完全坍塌了一座，有两座摇摇欲坠，其中一座已坍近半，前一天我们还靠近观察和勾绘其内部结构，晚上一场雨，第二天发现那座坍塌近半的塔也全部坍塌了。

这份勘察总报告连同设计总体方案是在现场完成的。与原勘察报告有所不同的是原勘察总报告是由嘛呢堆、佛塔和经堂三个相对独立报告组成的，为减少重复内容，本报告在原报告基础上进行了整合，缩减了历史沿革及背景，报告其他部分基本保持了原内容。

一　历史概况

新寨嘉那嘛呢位于玉树州玉树县新寨乡，结古镇东面5公里处。最初是由结古寺三大活佛系统之一的第一世嘉那活佛于18世纪末创建的，当时的嘛呢只有一箭射程长，此后，经过僧俗群众的不断堆放，多年积累，形成了一座庞大的嘛呢。据当地人介绍，嘛呢堆最大规模时达到东西长450米，南北宽100米。1966年“文革”中，宗教活动停止，大量的嘛呢石用于修筑河渠、铺筑道路、垒盖房屋，佛塔殿堂被毁。直到1979年党的民族政策落实后，原由新寨村群众组成的负责管理嘉那嘛呢的民间组织恢复了工作。1986年嘛呢恢复开光仪式，重新对外开放，80年代在嘛呢堆的边界建造了桑秋帕旺和查来坚贡两座经堂，21世纪又建造了甘珠尔经轮堂。此外还围绕嘛呢相继建造了15座佛塔以及转经廊等，其中时代最晚的房式塔建于2007年。如今整体形状为长方形、人工堆砌而成的嘛呢，东西长300米，南北宽80米，高4米，占地面积2.4万平方米，嘛呢石刻包涵的内容有佛经、佛像、佛塔、莲花、坛城等等，其数量已达到25亿块（图一、图二）。

历史上萨迦达钦、噶玛巴、一世班禅等许多重要人物曾到过此地传教，这里已成为当地举行宗教活动的场所。每年藏历十二月十五至十八为期3天的嘉那小般若经会和四月十五至三十为期15天的代宿日法会等都僧众汇集，平日朝拜者络绎不绝。1998 年新寨嘉那嘛呢被列为第六批省级文物保护单位。2006 年被列为第六批全国重点文物保护单位。

图一　新寨嘉那嘛呢概况

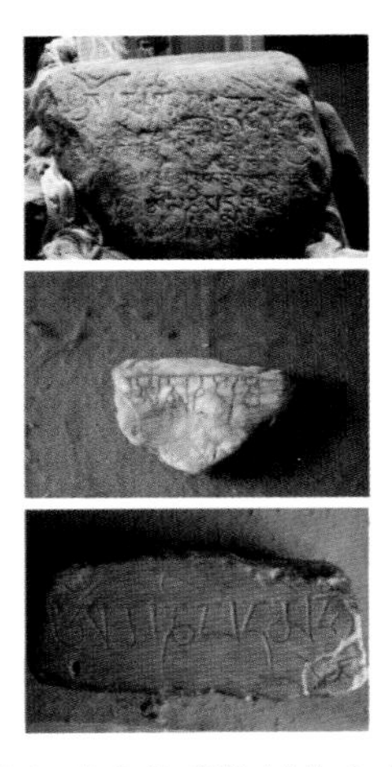

图二　大经堂内收藏的部分古嘛呢石刻

二　价值评估

新寨嘉那嘛呢以其规模之宏大、数量之众多、堆垒之壮观、表现形式之独特极为罕见，是重要的石刻文物遗存，它不仅体现着僧侣及信教群众对佛教的虔诚，同时也反映了康巴地区乃至整个藏族人民高超的石刻工艺水平，是藏族人民才智的结晶，同时为研究藏族悠久历史、传统民族文化、宗教发展、民族工艺等提供了实物资料。

每年农历十二月十五日至二十一日，西藏昌都、甘肃南部、四川西北部以及青海其他许多藏区的信徒们，纷纷来这里转嘛呢，最多时可达数万人，成为藏区最盛大的佛事活动之一。

新寨嘉那嘛呢加上那些高耸的佛塔，重重叠叠的嘛呢旗，以及五颜六色的嘛呢桶，使整个新寨村罩上了一层神秘的色彩。它被认为是人世与天地神祇的界线，又是人间与天地神祇的交汇点、连接点，更是藏族文化最为典型的体现者。

围绕嘉那嘛呢转经和供奉嘛呢石已成为玉树当地信众精神生活的一部分。虽然围绕嘛呢堆周边的经堂、佛塔、转经廊不具有很久的历史，但它们是伴随嘛呢堆增长的产物，是嘛呢堆构成的一部分，同样具有特殊的文化意义和历史见证价值。

三　嘛呢石堆及周边建筑本体概况

（一）嘛呢石堆的现存状态

嘛呢石堆今天的规模是逐步形成的。目前新寨嘛呢堆实际分老堆和新堆两部分。新堆位于老堆的西侧，有建筑间隔，所以新、老堆界限分明。本次抢险修缮主要是针对作为文物保护单位本体的老堆。

地震前嘛呢老堆自西向东排列有五个独立堆，五个堆大小不一，有南北通道间隔。其中自西向东第四个最大的堆上有一条不落地的斜通道，网上临时下载的鸟瞰照片显示嘛呢堆似为六堆，正好与六字真言对应。

（二）塔的形制及做法特征

围绕嘛呢堆周边的十五座塔有两种类型，八善塔和嘉那道丁塔、三怙主塔、避邪塔为萨迦派风格的瓶形喇嘛塔形制；另一种类型是平面呈方形，三层檐的房式塔。八善塔的八座塔体尺寸基本相同，区别在于覆钵与须弥座之间金刚圈做法的变化。这十一座喇嘛塔除覆钵部分的眼光门位置做局部掏空外，须弥座束腰部分可能有装藏空室（水泥抹面不可见），其余部分均为实体砌筑。

八善塔位于嘛呢堆的东面，嘉那道丁灵塔和三怙主塔位于嘛呢石堆的南面，避邪塔和四座房式塔位于嘛呢石堆的北面。

八善塔、嘉那道丁灵塔、三怙主塔、避邪塔这十一座塔的十三天、覆钵和须弥座都是用当地片石和黄泥砌筑而成的，塔体外表用水泥砂浆包抹。

四座房式塔（当地人因其建造像房子而称房式塔）平面方型，三重檐形式。每层檐下做一道编麻墙，是该塔的藏式元素。从垮塌后不完整的砌体形态和表面处理情况，从坍塌造成的内部构件裸露和内部空间填充物（泥擦擦、经卷、纸箱等）推测分析，房式塔内部应分三层，一、二、三层塔壁与塔心柱（是实体）之间有宽度不等的回廊空间。分层构造是由圆木做主梁，搭在塔心实体与塔壁之上，梁上再架椽子木形成楼层。从塔的现实尺寸分析，除了一层空间，二、三层空间不足以人为活动，应是为装藏所用。塔刹部分应有木制塔心柱做骨架支撑。

房式塔坐西朝东自北向南排列。自北起第二座向南的三座都是80年代建造的，主体为当地片石用黄泥砌筑，三层编麻墙部分用空心砖砌筑，外层用水泥砂浆做仿编麻墙抹面，台基砌体表面也用水泥砂浆抹面。塔身部分外表用黄泥抹面，白灰罩面。三层挑檐部分各用两层木制藏式短椽挑托。三层屋面均用现代机制红板瓦，瓦面坡度缓和，瓦下用黄土铺垫找坡。假编麻墙上用水泥抹出铜镜式样，外涂金粉。最北一座房式塔是2007年建造的，该塔三层木挑檐已不用木椽，塔体表面全部用水泥砂浆包抹，震后表面基本无损，村长介绍其内部砌体仍然使用当地片石，但砌筑材料由黄泥改为水泥砂浆。

（三）经堂形制及构造

三座经堂位于嘛呢堆的南面偏东位置。三座经堂自西向东并排紧挨，西侧为桑秋帕旺经堂，中间为查来坚贡经轮堂，最东为甘珠尔经轮堂。

三座经堂建筑设计均采用了藏汉结合形式，桑秋帕旺经堂规模最大，二层设有很多小经堂，夹层内有活佛起居用房。查来坚贡经轮堂和甘珠尔经轮堂外观高大似两层建筑，但其实内空间没有分层，高大的空间只为设置一个超大转经桶。三座经堂在建筑风格上相近，都属于藏式现代建筑，但主体结构和材质有所不同。

由于没有三座经堂的建筑图纸，对于三座经堂建筑构造和结构做法的认识主要是通过现状勘察、对震损处裸露的内部构造的了解，以及对残损现象的综合分析而获得的。

1. 桑秋帕旺经堂

桑秋帕旺经堂座北朝南，面宽四开间，进深五开间，平面呈长方形。大殿前部为前廊，设有左右耳房。大殿内设四根通柱，直达三层，二层围绕通柱设回廊，形成中间二层贯通的共享空间，三层构架单檐歇山顶，铺设黄色琉璃瓦，正脊正中安有宝瓶，围绕三层构架周边是二层带假编麻女墙的平顶。

桑秋帕旺经堂主体结构做法：一层为内混凝土柱梁框架与外围片石砌筑的承重墙组合结构，一层墙厚 76 厘米，在一层与二层之间现浇砼圈梁二层，内墙外退 36 厘米，二层墙内柱坐落在现浇圈梁上，与一层结构不同，二层成为有构造柱、圈梁等措施的内框架结构。二层外墙和室内隔断墙均采用空心砖砌筑。二层柱头位置又根据不同位置（再上有否又一层）采用大小圈梁。内部楼层为是梁架上架构预制板。

2. 查来坚贡经轮堂

查来坚贡经轮堂坐北朝南，大殿前部设前廊，东西两侧各置两个大转经桶。主体建筑平面近方形，室内四根柱子中间设一巨大转经桶。建筑外观约两层高围墙，在假编麻墙上覆盖斜坡屋面，中间部分高起部分做成五开间歇山顶建筑。

该建筑为内框架、外承重墙混合结构。内框架为混凝土构件，外承重墙为夯土墙做法，从西南角破损墙体和后墙窗洞处，可以看到外墙到假编麻墙处改为混合砂浆砌筑片石墙做法，该墙高与假编麻墙高相同，虽然该段墙不同于圈梁，但也具有一定的圈梁作用。

3. 甘珠尔经轮堂

建筑形式与查来坚贡经轮堂相似，前带廊设大转经桶，室内都是四根柱子围绕一个大转经桶，所不同的是由四根柱子架起的歇山顶建筑周边是假编麻围合的平台。

该建筑为内外混凝土框架结构，十分简洁。

4. 转经廊

转经廊有两部分，一部分位于嘛呢堆的东端，即八善塔外侧，另一部分位于嘛呢堆的南面。两部分转经廊是分别建造的。转经廊由前檐柱、放置转经筒的台子和椽子、屋面组成。檐柱柱头的托木组合形式以及短飞椽的挑檐做法，呈现了转经廊的藏式特色，屋面平缓，用现代红色机制瓦铺装，阐明了其建造的时代背景。位于嘛呢堆南面的转经廊则没有廊出，屋面只能遮护转经桶。对比位于八善塔外侧的转经廊，带出廊的转经廊可能建于不带出廊的转经廊之后。

（四）价值

嘉那嘛呢石堆和围绕其周边先后建造的经堂、佛塔以及转经廊是伴随嘉那嘛呢石堆生长的产物，充实了嘉那嘛呢的宗教氛围及功能，体现了当地僧众对宗教信仰和宗教活动的精神需求，已成为玉树州传统文化的代表性构筑，也是藏传佛教地区极具象征性的构筑。

四　嘛呢石堆及周边建筑震损现状及特征分析、评估

根据传媒报道，新寨嘉那嘛呢所在玉树新寨村在 2010 年“4.14”地震的烈度为 6 度至 7 度，虽没有

处于地质灾害核心场地。但嘛呢堆、十五座塔、三座经堂以及转经廊仍然遭遇不同程度的震损破坏（图三、图四）。

新寨嘉那嘛呢震损分述如下：

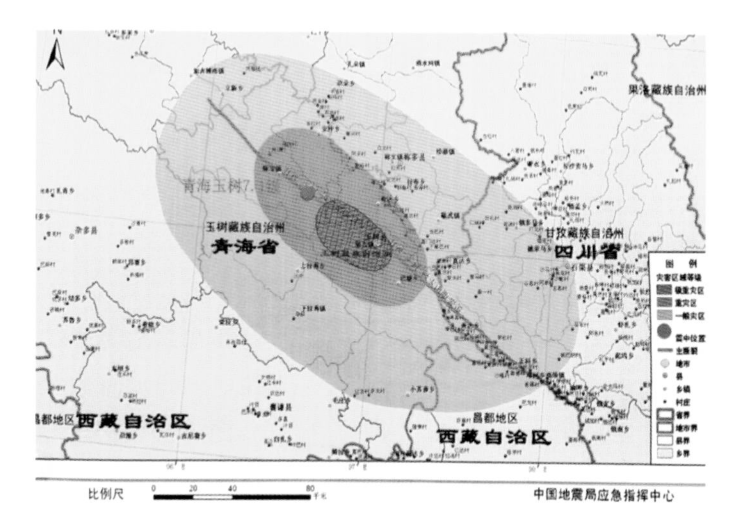

图三　玉树“4.14”地震破坏程度图

图四　玉树“4.14”地震后结古镇地质灾害分布图

（一）嘛呢石堆

新寨嘉那嘛呢堆在本次地震中受到很大破坏。对比震前照片可见，干摆整齐的嘛呢堆边界被震塌，嘛呢石散落，有的位置变为自然堆的形态。原有划分六字真言且用于运送摆放嘛呢石的通道也大都被震落的嘛呢石壅塞。佛塔、经堂与嘛呢堆之间的通道也被散落的嘛呢石填满。原本在结构上起到嘛呢堆挡墙作用的转经廊被石堆在地震中挤压外闪、开裂、局部坍塌。新寨嘉那嘛呢堆的自然有序增长遭到严重挫折和扰乱。

（二）十五座佛塔震损情况

1．八善塔震损综合情况

八善塔建造于20世纪80年代，位于嘛呢石堆的东面。八座塔坐西朝东，由北向南依次排列：涅槃塔、普胜塔、息诤塔、降凡塔、神变塔、转经轮塔、菩提塔、莲聚塔。在“4.14”地震中，普胜、神变、菩提三座塔垮塌，另五座塔震损程度严重，也处于濒危垮塌的状态。

由于八善塔在建筑体量、基本形制和砌筑做法上所具有的共同特点，使其在震损破坏上也具有相似的破坏表现，总结归纳分析如下：

（1）十三天塔刹与覆钵之间的塔颈出现断裂，尚存五个塔的十三天塔刹与覆钵之间的塔颈均出现断裂破坏，三座塔垮塌塔的十三天和覆钵也都在塔颈部位出现断裂分离，震坍落下的十三天塔刹形体基本完整，覆钵破损也是被摔开裂的，这与塔刹和覆钵都是用水泥砂浆砌筑有关。未倒塌的五座塔的十三天和覆钵两部分无明显震损痕迹。分析塔颈破坏的内在因素与其自身构造缺陷有关。塔颈是塔体截面最小的部分，勘察未发现垮塌部分的塔颈与覆钵之间存在有效的连接处理，只靠一层水泥砂浆难以抵抗地震作用下因截面突变所形成的鞭梢效应造成的剪切破坏。

（2）四层金刚圈压陷变形破坏严重

八善塔覆钵下面有不同形式的金刚圈做法，除涅槃塔为倒扣圆盆的形式外，其余七座塔的金刚圈都是四层阶梯形式，只是平面上有圆、方或抹角的区别。由于是片石黄泥砌筑，加上每层金刚圈厚只有十余厘米，因此，在本次地震纵波竖向荷载的作用下，覆钵和塔刹庞大质量所形成的加速度与冲击力，造成金刚圈的普遍压坏。现存五座塔的金刚圈均有不同程度的竖向挤压变形，表现为金刚圈阶梯的内转角变形呈凹陷状，对应的覆钵外沿底边下陷，窝进所在金刚圈的正常的水平面。相对金刚圈阶梯的外边沿则向上翘起，并向外鼓胀，水泥抹面开裂、破损，局部脱落破坏。

（3）须弥座开裂、鼓胀破坏

须弥座破坏分上下两部分情况，从震损部分勘察，八善塔在建造时考虑到须弥座上挑出部分的悬挑承载，在上枭部分使用了一些不完整的预制空心板，但整个挑檐部分缺乏整体性的措施。凡空心板交接处或片石砌筑部位，在地震动荡中都出现开裂、鼓胀变形，严重者局部垮塌。须弥座束腰部位是黄泥和片石砌筑的，在地震产生的荷载动荡中，边缘砌块因震动挤压产生错动破坏。须弥座下出台的破坏情况好于金刚圈阶梯部分，应与承压面积相对扩大有关。

综上，现存八善塔的震害种种表现虽然是局部和表面的，但对于砌体本身存在的整体性缺陷而言，其震损打击却是整体和致命的。

以下分别记述八善塔的震损情况，不再重复以上分析和判断。

（4）片石砌体砌筑质量

同为片石砌筑砌体，近年新建的塔均是采用混合砂浆砌筑，砌体整体性很好，基本上在本次地震中没有受到大的破坏，而80年代采用黄泥浆、片石砌筑的佛塔则大量严重损毁、全面失效甚至坍塌。

（5）倒塌塔体基本向同一方向侧倒，分析可能与地震波的方向性影响和八善塔本身质量、构造相近的特点有关，造成倒塌的佛塔基本倒向西方。

（6）八善塔震损具体情况

① 涅槃塔

涅槃塔位于八个塔的最北边，基座后面通道被嘛呢石堆积，基座前转经廊北面嘛呢石已堆到廊柱位置。涅槃塔虽未震塌，但震损严重：塔脖颈截面最小部位被震断裂，金刚圈及须弥座部位被震裂、破损严重，内部片石黄土砌筑体裸露，由于砌体自身整体性差，震后砌体松散，随时有垮塌危险（图五）。

② 普胜塔

普胜塔塔刹和金刚圈被震垮塌，须弥座大半被震垮塌，残留部分砌体已松散（图六）。

③ 息净塔

息净塔基座后面尚保留2米宽通道。息净塔虽未震塌，但震损严重：塔脖颈截面最小部位被震断裂，金刚圈及须弥座部位震裂、破损严重，内部片石黄土砌筑体裸露，由于砌体自身整体性差，震后砌体松散，随时有垮塌危险（图七）。

④ 降凡塔

降凡塔基座后面尚保留2米宽通道。降凡塔虽未震塌，但震损严重：塔脖颈截面最小部位被震断裂，

涅槃塔正立面

覆钵、塔座震裂状

覆钵、塔座震裂状

塔刹根部断裂

图五　涅槃塔震损状

普胜塔正立面

塔座震裂状

图六　普胜塔震损状

息净塔正立面震损状

背立面震损状

侧面震损状

须弥座震损状

图七　息净塔震损状

金刚圈及须弥座部位震裂、破损严重，内部片石黄土砌筑体裸露，由于砌体自身整体性差，震后砌体松散，随时有垮塌危险（图八）。

降凡塔正面震损状　背面金刚圈破损状　须弥座破损状　须弥座破损状

图八　降凡塔震损状

⑤ 神变塔

神变塔塔刹和覆钵被震垮塌，须弥座大半被震垮塌，残留部分砌体已松散（图九）。

神变塔正立面只剩须弥座　塔身垮塌侧面　塔背面垮塌状况

图九　神变塔震损状

⑥ 转经轮塔

转经轮塔基座后面通道已堆积嘛呢石。转经轮塔虽未震塌，但震损严重：塔脖颈截面最小部位被震断裂，四道金刚圈部位震裂、破损严重。须弥座后半面有部分垮塌，导致该塔已向西（背后）倾斜约30度。开裂破损部位内部片石黄土砌筑体裸露。由于砌体自身整体性差，震后砌体松散又呈倾斜状，随时有向西垮塌危险（图一〇）。

⑦ 菩提塔

菩提塔塔刹和覆钵被震垮塌，须弥座大半被震垮塌，残留部分砌体已松散，面貌全非（图一一）。

⑧ 莲聚塔

莲聚塔位于八个塔的最南端，现状塔体仍树立，但震损严重。塔脖颈截面最小部位被震断裂，四道金刚圈部位震裂、破损严重。开裂破损部位内部片石黄土砌筑体裸露。由于砌体自身整体性差，震后砌体松散，随时有垮塌危险（图一二）。

2. 嘉那道丁灵塔震损情况

嘉那道丁灵塔与八善塔为同形制塔，是90年代建造的七世（现为八世）嘉那道丁活佛灵塔。嘉那道丁灵塔坐北朝南，塔的东西两边有转经廊，后面须弥座高度已堆满嘛呢石。建造之时，该塔周边是可以

转经轮塔正立面

背后须弥座垮塌状

向西倾斜状

金刚圈鼓胀开裂状

图一〇 转经轮塔震损状

菩提塔正立面：塔身震毁

侧面须弥座垮塌状

塔背面垮塌状况

图一一 菩提塔震损状

北面金刚圈、须弥座震裂状

向西倾斜

须弥座震裂束腰下陷状

莲聚塔正立面

图一二 莲聚塔震损状

环绕的。嘉那道丁灵塔地震后建筑主体保存完整，主要损害部位有；塔脖颈断裂、破损；须弥座有震裂缝，但未出现鼓胀变形和明显破损。分析该塔未出现类似八善塔金刚圈和须弥座的震损问题，与该塔的局部尺寸和砌筑质量等有关系（仅从外观不得知其内部砌筑情况，只是一般判断）。根据现场地勘情况，该塔目前整体稳定，需要加固维修的主要部位是塔颈（图一三）。

3. 三怙主塔震损情况

三怙主塔位于嘛呢石堆的南面，三怙主指观音、文殊和金刚手。

三怙主塔是一座八十年代建造的佛塔。三怙主塔与嘉那道丁灵塔建筑形制相同，体量相对较大。此

嘉那道丁灵塔正立面

塔脖颈断裂

基座开裂

基础浅置于地下 50 厘米

图一三　嘉那道丁灵塔震损状

三怙主塔正立面

塔脖颈断裂

玻璃破碎

图一四　三怙主塔震损状

次地震除塔颈断裂破损以及眼光门玻璃破碎外，其余基本完好（图一四）。

4. 避邪塔震损情况

避邪塔建于80年代，位于嘛呢石堆的北面，坐西朝东。避邪塔与三怙主塔、嘉那道丁灵塔建筑形制相似，但体量最大。该塔最大的特点是四层金刚圈均做出小出檐。该塔震损除塔脖部位断裂破损外，震损最严重的表现是覆钵整体下陷，四层带小出檐的金刚圈呈中间凹陷状。分析其震损变形原因一是金刚圈小出檐的厚度偏薄，如砌体突出部位没有一定的整体性措施，片石与黄泥很容易被挤压变形。二是根据八善塔的砌筑方式，塔的覆钵及十三天是用水泥砂浆砌筑的，但金刚圈和须弥座是用黄土和片石砌筑的，因此，在地震力作用下，作为承重部分的砌体很容易在砌体边缘部位发生变形，以降解地震力。

目前该塔金刚圈及须弥座的震损现状，已使该塔丧失正常安全的稳定性（图一五）。

5. 房式塔震损情况

四座房式塔位于嘛呢堆自西排列的第三堆通道的北侧，四座塔南北方向一字布局，坐西朝东，除最北一座是 2007 年建造的外，其余三座均是 80 年代建造的。2007 年建造的房式塔除顶部经桶有震动位移变化外，未见其他震损痕迹。2010 年 5 月 15 日我们现场勘察时发现最南端的一座房式塔垮塌，我们借着另一座半垮塌房式塔露出的内部结构，现场抓紧勾画剖面构造草图，16 日夜里下雨，第二天现场勘察时发现该座半垮塌的房式塔已完全垮塌，其垮塌程度比前一座塔更为残重。另外残存的一座80年代的房式塔，

避邪塔正立面

塔脖颈断裂

基座开裂严重，后倾

基座开裂严重，后倾

图一五　避邪塔震损状

塔身也开裂严重，顶层塔檐已部分垮塌，比新近垮塌的房式塔的震损程度有过之无不及。根据新近垮塌的房式塔的震损情况，现仅存的80年代的房式塔已构成危塔。2007年建造的房式塔因采用水泥混合砂浆砌筑，整体性与抗震性能要好许多，塔身主体基本上没有震损痕迹（图一六、图一七）。

（三）三座经堂残损现状

1958年前后以及“文革”期间，宗教活动停止，直到1979年党的民族和宗教政策落实后，原由新寨村群众组成的负责管理嘉那嘛呢的民间组织恢复了工作。1986年嘛呢恢复开光仪式，重新对外开放，80年代根据原有附属建筑恢复了桑秋帕旺和查来坚贡两座经堂，21世纪又建造了甘珠尔经轮堂。2010年4月14日青海玉树发生7级地震，三座经堂遭遇不同程度的震损破坏（图一八、图一九）。

（1）经堂震损情况

由于没有三座经堂的建筑图纸，对于三座经堂建筑构造和结构做法的了解主要是通过现状勘察，尤其是通过破损部位，勘察内部材质状况，并用回弹仪检测，得到对部分建筑现有材质强度的认识。经现状震损勘察，经堂主要残损破坏如下：

① 桑秋帕旺经堂

一层内、外墙沿圈梁下皮大多出现水平或斜裂缝，墙体破损处检查，分析与墙体强度差异有关，圈梁下皮是与片石砌体交接部位，地震晃动产生不均匀错动引起开裂。片石墙内部采用黄泥砌筑，片石墙外皮抹水泥面层，地震震动引起黄土砌缝的压缩变形，也导致水泥面层破损开裂。

二层外墙及隔断有大量水平和斜裂缝，水平裂缝主要是沿二层圈梁下皮发生的，斜裂缝主要是沿空心砖砌筑缝发生的。

柱子，一、二层室内柱子是通柱，未发现震损破坏痕迹。二层墙内柱因在墙内，也未见明显破坏。但三层天井西面中柱柱头出现混凝土破损，钢筋外鼓成灯笼状。仔细检查发现，裸露的箍筋最大间距60厘米，是节点不够强的典型的震害。经中国地震局工程力学研究所专家戴君武研究员等在现场用回弹仪检测，该柱混凝土标号基本达标，确认箍筋不足是该砼柱的破坏内因。其余柱子未见类似的震损破坏（图二〇）。

② 查来坚贡经轮堂

经现场勘察，该建筑震损情况主要表现在外墙一些震前就已出现破损问题的部位，如假编麻墙西南墙角破损开裂，内外裂缝贯通，自上而下有4—5米，局部脱落出现空洞，但该处裂缝像是在陈旧性裂缝基础上的发展。另外在西北角假编麻墙也出现开裂破损。从破损内部砌体分析，与该部分砌筑材料多样（转角用红机砖做角柱，未能与混凝土砌筑的片石墙很好衔接，而且局部又用红机砖砌筑水平装饰线）未能形成砌筑

北起第 2 塔残损严重

北起第 3、4 塔塌毁

北起第 3 塔塌毁前

北起第 3 塔塌毁后，北起第 1 塔（2007 年建造，良好）

图一六　房式塔震损状

图一七　房式塔震损状

图一八　查来坚贡经轮堂

图一九　甘珠尔经轮堂

整体有关。另外，夯土墙多处存在破损状况，作为承重墙体极不利于建筑的安全稳定（图二一）。

③ 甘珠尔经轮堂

甘珠尔经轮堂是 21 世纪初的建筑，现状未发现明显的震损破坏痕迹。

（四）转经廊

位于嘛呢堆的东端即八善塔外侧的转经廊，主要是依附八善塔塔座的转经筒座墙出现开裂变形，屋面松动渗漏。

墙体震开裂

内侧开裂状

顶层西侧柱头震损

廊墙开裂

二层内墙开裂

图二〇　桑秋帕旺经堂震损现状

编麻墙位置水泥砾石混筑

陈旧性裂缝与震损结合

西北角部开裂

西南角部开裂局部

图二一　查来坚贡经轮堂震损现状

图二二　转经廊歪闪

位于嘛呢堆南面的转经廊由于背后和顶部直接与嘛呢石接触，受到嘛呢石的挤压，放置转经筒的墙体大部分被挤压变形，严重部分外闪近于坍塌，已用木柱支顶（图二二）。

（五）震损评估

1．地质勘探

据解放军总装备部设计研究总院进行的地质勘察，新寨嘛呢地处洪积扇—河流阶地过渡地貌，地形平坦，地基地层为良好的冲洪积卵石层，承载力高，压缩性低，地基稳定（图二三）。

图二三　地基探坑

2．震损破坏评估及建议

（1）关于堆

目前的震损状态，不仅自身处于失稳状态，对周边转经廊等也构成威胁和破坏，同时也失去正常增长的秩序，应该及时整修、加固。

（2）关于塔

嘉那道丁灵塔、三怙主塔和2007年建造的房式塔现存整体状态基本稳定，只需对塔刹部分进行拆砌、固定和加固。其余八善塔和三个20世纪80年代建造的房式塔无论倒塌与否，结构上均已失效，已为危险建筑，均需要重新建造。

（3）关于经堂

①桑秋帕旺经堂

一层片石墙是承重墙性质，其黄泥片石墙因震损更加削弱了墙体原有的整体性，因此一层外墙的震损是有结构危害的，应该进行现状加固；二层外墙为砌块砌筑，本应与构造柱、圈梁统一协同承重，但由于构造不足，出现裂缝，降低承载力。内墙虽属于填充墙，但空间垮度较大，填充墙的刚性与否对垮空梁的稳定具有很大影响，因此，也应考虑适当加强。三层破损混凝土土柱子已失去结构作用，鉴于其所在位置，可以考虑现状加固。

②查来坚贡经轮堂

外围夯土墙具有承重墙性质，其破损修复不易恢复原有整体强度，应考虑在外墙内侧增加砼柱的做法，形成内外柱框结构，并利用外墙协同工作。以保护现有夯土墙的工作寿命和传统建筑手法。

③甘珠尔经轮堂

该建筑未发现明显震损痕迹，可重点对室内大经桶固定构架进行检修，并做一般保养性维修。

桑秋帕旺经堂和查来坚贡经轮堂除加固性维修外，还存在一些失修的残损状况，如：坡顶及平顶屋面渗漏，装修局部变形破损，油饰脱落等，应随加固抢修一并进行维修。

（4）关于转经廊

两处转经廊均受到嘛呢堆的挤压破坏，应结合堆的归整，对转经廊进行拆除重建，重建时需将转经廊后墙作为挡墙设计（图二四—三一）。

图二四　全站仪测量嘛呢堆

图二五　测量坍落构件尺寸

图二六　勾画房式塔草图

图二七　测量塔刹部分

图二八　回弹仪检测混凝土强度

图二九　勘测桑秋帕旺经堂构造

图三〇　勘测查来坚贡经轮堂震损部位

图三一　夜战

玉树新寨嘉那嘛呢工程地质调查及稳定性评价

1. 地形地貌

嘉那嘛呢位于玉树州结古镇东 5 公里左右新寨村，扎曲河左岸，地貌为扎曲河及其支流形成的河流阶地，北侧依山，南侧临（扎曲）河。嘉那嘛呢所处场区地形平坦，地表（假设）高程 3620—3622 米左右，东、南低，西、北略高。

2. 地层

嘉那嘛呢场区下卧基岩为中生界三叠系上巴颜喀拉山群，区域岩性为灰色中细粒长石砂岩，长石石英砂岩夹粉砂岩，泥钙质板岩，薄层状灰岩，或变质为石英片岩、千枚岩、片岩。

嘉那嘛呢北侧山体出露基岩岩性则以千枚岩、片岩为主。

第四系地层则为冲洪积成因，以卵砾石堆积为主，局部可见河流阶地二元结构，即表层为砂土，下部为卵砾石。由于场区山势陡峻，河流湍急，河流阶地往往与洪积扇相过渡，很难分辨典型的冲积层和洪积层。

根据地形地貌推断，第四系地层在嘉那嘛呢场区厚度大于 3 米，小于 50 米。

3. 地基基础与地基稳定性

嘉那嘛呢基本为平地堆砌，无基础无埋深，直接坐落于卵砾石上，东侧、南侧转经墙也同样是直接砌筑在卵砾石层上（图一、图二）。

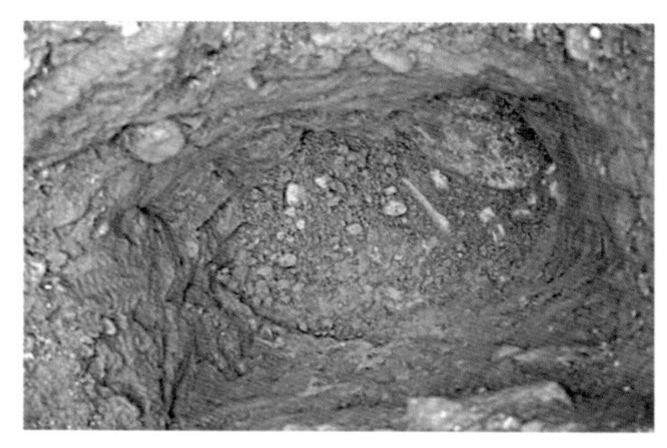

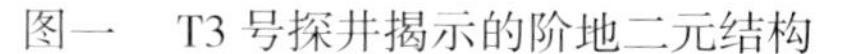

图一　T3 号探井揭示的阶地二元结构

图二　T1 号探井揭示转经墙坐落于卵砾石层

卵砾石层相对高强度和低压缩性，是良好的地基持力层，现场调查未发现嘉那嘛呢堆、建筑、塔以及转经墙存在地基失稳产生的变形、破坏现象，因此，可以推断嘉那嘛呢及其相关建（构）筑物的地基是稳定的。

4. 嘉那嘛呢的建筑形式

（1）嘛呢堆的建筑形式

嘛呢堆是不同形状的、刻了经文的岩块的人工松散堆积体，根据调查，其建筑形式跟建筑过程密切相关，总结起来为：最初没有规律的散堆（图三），待堆至一定范围后，由于平面范围的限制，需要向上空堆积，于是在散堆周围，多以石英板岩干砌出挡墙，形成封闭的范围和空间，在里面继续填堆嘛呢石，待填满“溢出”后，在墙外继续散堆，然后续砌挡墙，逐渐发展，形成了“散堆中有墙”的嘛呢堆建筑形式。而这些墙体，并不是经过规划的，而是随意砌置，也并不是都在地面起墙，存在很多局部的、位于嘛呢石顶部的墙体，无规律可循（图四—六）。

图三　新嘛呢堆初期自由堆放状

图四　正在向墙后放置嘛呢石

图五　震前规整的外墙

图六　不同时期不同部位的墙体

因此，嘛呢堆是相对规整的外墙包围着的、内部不规则墙体分布的散体堆积。

另外，由于建筑的随意性，嘛呢石堆并没有呈圆锥体形态，而是在不同时期不同位置墙体上形成“垄状”堆积，使得嘛呢堆内部表面沟壑纵横（图七、图八）。

（2）嘛呢堆的平面分布特点

在平面上，整个嘛呢堆呈长方形，南北长约248米，东西宽80米左右，高度由地面起算4—5米左右，最高可达7—8米；嘛呢堆内部表面沟壑纵横。

根据教义特点，整个嘛呢堆由南到北被建设成5个独立的单元，相互之间留有通道，局部并建有佛

图七　西侧外墙上的“垄状”堆积

图八　嘛呢堆内部沟壑纵横

图九　嘉那嘛呢俯视图

塔（图九）。

（3）转经廊墙的建筑形式

嘛呢堆的东侧和南侧建有转经廊墙，多以片石、块石水泥砂浆砌筑。一般依嘛呢堆外围边界而建（图一〇、图一一），廊墙高2.5—3.0米左右，主体结构断面下部宽度1.5—1.6米，有地面起算1米左右收分内凹，形成“廊”状，布有转经筒，墙厚缩小为0.7—0.8米左右。

（4）嘛呢石的颗粒组成

嘛呢石的来源，主要有两种，一是扎曲河及其支流河床和漫滩中的卵、漂石，岩性多样；另一种是山中采石场采制，以石英板岩为主，目前依然作为嘛呢石雕刻的主要形式，分布在新寨村周边。

根据调查，嘛呢石按照颗粒组成可以分为三种：

①碎块石为主，粒径多在10—25厘米之间的碎块石，平均粒径15厘米左右，棱角状，无磨圆度；碎块石呈板块状，板厚4—10厘米，岩性以石英板岩为主（图一二）。

②块石为主，粒径在15—40厘米之间，平均25厘米左右，棱角状、次圆状，岩性多样，以变质灰

图一〇 转经墙断面（1） 图一一 转经墙断面（2）

图一二 碎块石为主的嘛呢石 图一三 块石为主的嘛呢石

岩为主（图一三）。

③漂石为主，粒径在 15—40 厘米之间之间，次圆状、圆状，岩性多样。

不同粒径在嘛呢堆里呈“大杂居、小聚居”的形式相间分布（图一四），没有规律，而大粒径的嘛呢石经常在局部堆成挡墙，支挡小粒径的嘛呢石（图一五）。

图一四 不同粒径的嘛呢石相间分布 图一五 大粒径嘛呢石局部形成挡墙

（5）墙体的建筑形式

嘛呢堆的挡墙，从规模、位置、颗粒组成上可见多种形式，但主要的形式，是以石英板岩为主的板块状石材，干砌而成（图一六、图一七）。

本次调查，在嘛呢堆东侧八座如意佛塔后，选择一段典型的墙体，对外墙的结构形式、材料性状进行了测量（图一八）。

图一六　板块状石英板岩干砌的嘛呢石外墙（震前）

图一七　震后残存、变形的外墙墙体

①墙体尺寸

墙体宽度80—90厘米，这与咨询当地人的尺寸相近。墙高1.9米，而在嘛呢堆北侧，局部墙高可达3米。

②建筑材料

墙体以石英板岩为主，板块状石块垒砌，厚度3—10厘米，长度15—60厘米，无胶结材料干砌，搭缝砌置（图一九）。

③石材微观特点

图一八　如意佛塔后详细调查的墙体

图一九　典型墙体修筑方式

石材呈“板、块状”，表面多沿板理碎裂，无人工琢磨痕迹；表面整体平整，略有起伏，凹凸度（面积）20%—40%。

5. 嘛呢堆的稳定性

嘛呢堆作为特殊的建筑形式，从工程力学范畴上，可以归纳为：无粒间连接（内聚力为零）的散体材料，人工堆积形成一定高度和规模的松散堆积，其内部及边缘则以无胶结石材形成的挡墙做支挡，形成的一种重力条件下的自稳和平衡体系。因此，其稳定性问题可归结为：

（1）地震作用下的稳定性

由于无论是嘛呢石堆还是挡墙，均无任何粒间连接，抵抗地震力作用的能力显而易见的非常低，因此，玉树地震造成了墙体大规模的坍塌以及嘛呢石堆的垮落。

（2）嘛呢石堆的自稳和挡墙上的土压力平衡

作为散体材料，嘛呢石堆会在自然休止角的坡度上自我稳定，这也是目前散堆嘛呢石形成的自然坡度。但随着嘛呢石规模越来越大以及平面范围的限制，人们以挡墙的形式改变了石堆的堆积坡度，就在挡墙和其后的嘛呢石堆形成相互作用，当嘛呢石堆的土压力超过挡墙的强度后，便会发生失稳。

（3）转经墙的稳定性

同样的，转经墙的稳定性也包括地震作用和墙后嘛呢石堆的土压力作用。

6. 影响嘛呢堆稳定性的几个因素以及防治措施

定性地概括，影响嘛呢堆稳定的主要因素有：

（1）地震作用

地震作用具有突发性，而嘛呢堆的建筑形式和宗教习惯决定采取抗震措施非常困难，主要以减少地震时对人身安全的破坏为原则。

（2）不合适的、无序的堆载

由于宗教的虔诚，嘛呢堆发展很快，每天都有信众给嘛呢堆“添砖加瓦”，而且没有规划和规律，使得嘛呢堆越来越高，而且新增的嘛呢石多就近堆积于外墙之内很近的范围内，形成“垄状”，这样就使得墙后土压力越来越大，增加了转经廊墙体及嘛呢堆的失稳概率。这一点在北侧外墙上表现突出（图二〇）。

（3）转经墙的问题

相对于嘛呢堆的松散堆积，转经廊墙是具有整体性、刚性的挡墙，因此在地震作用和墙后嘛呢石堆的土压力作用下，已出现裂缝、倾斜等变形破坏，具有很大的安全隐患（图二一—二四），在南侧转经廊墙表现最为明显。

对于转经墙，需要采取的措施为：

①对其上的嘛呢石清理转移，减少土压力。

②加固或者重砌，增加墙体的强度和整体性，可以从增加墙体厚度、基础埋深等方面实施。

图二〇　北侧外墙上过高的堆载

图二一　南侧转经廊墙上的嘛呢石

图二二　转经廊墙上地震产生的水平裂缝

图二三　地震和土压力产生的倾斜

图二四　转经廊倾斜和开裂

总之，合理配置嘛呢石堆放位置、高度，进行适当的规划，可以有效地改善嘛呢石堆和转经墙的稳定性状况，最直接的办法是将嘛呢石堆边缘的“垄状”堆积转移至内部较低的位置，减少外墙和转经墙上的土压力，同时也节省了巨大的堆放空间，使得嘛呢石堆容纳更多的嘛呢石，也会更加壮观。

执笔人：杨新、永昕群
参加者：刘江、于志飞、查群

设计篇

玉树新寨嘉那嘛呢震后抢险修缮工程总体方案

一　方案编制说明

该方案是在连测绘带勘察不足六天内完成的，因指挥部要求尽快提出抢险修缮的总体计划和经费依据。中国文化遗产研究院编制了以下总体方案，体现了整个项目最初的宏观性的设计思路。

（一）工程概况

1. 工程对象：巨型嘛呢堆、十五座藏式佛塔、三座经堂、转经廊等。
2. 工程性质：重建与修缮加固。

（二）设计依据

1. 现状勘察总报告
2. 当地相关传统及现行材料及技术
3. 抗震加固设计规范

（三）设计原则

以保护和传承新寨嘛呢活态文化遗产价值为原则，以不改变既有整体风貌为原则。
堆：重点把握原嘛呢堆有序码放的稳定特质，结合抢险清理，恢复原有的干摆嘛呢石边界。
塔：延续修前佛塔的形制及风格，重新建造与现状维修均需重点加固。
经堂：现状加固，局部构造适当补强。

二　嘛呢抢险修缮总体方案

（一）嘛呢堆归整及加固方案

重点把握原嘛呢堆有序码放的稳定特质，结合抢险清理，恢复原有的干摆嘛呢石边界。对于现有的转经廊进行维修加固，以起到挡土墙的作用，保证转经僧俗群众的安全，并可作为今后嘛呢堆边缘保护的一种可行方式推广。清理嘛呢石堆内部通道与塔、殿周围通道，重新干摆垒砌。清理过程中，要将部分新近堆放不易干摆码放的嘛呢石转运至附近新辟的嘛呢堆。发挥当地群众的积极性，尽量采取人工搬运与摆放的方式进行，并可探索以“以工代赈”的形式组织实施。

近期实施重点：近期结合排险，应在保证安全前提下，尽快清理边界松散处的嘛呢石并转移，降低危险处嘛呢石堆高度，并不得再进一步堆放嘛呢石。结合佛塔、佛殿抢险修缮，优先清理周边通道。对位于嘛呢堆边缘的濒于倒塌的辟邪塔应尽快拆除或进行有效支护，以免危及群众安全。在此基础上摸索总结嘛呢堆归安的经验，为下一步全面整顿打好基础。

（二）十五座佛塔抢险修缮工程设计方案

鉴于坍塌佛塔砌筑材料为黄泥的做法，和使用水泥砂浆砌筑的塔基本未受地震扰动的情况，凡需要重新建造的塔，主体材料仍沿用当地片石作为修建佛塔的基本建材，砌筑则采用水泥砂浆，以提高片石砌体的抗震性能，对原塔抗震缺陷部位做适当加固处理。

1．八善塔

根据勘察报告，现存的五座八善塔均已构成危塔，需全部拆除重建。

八善塔重建基本要求：

（1）拆除八善塔前的转经回廊，清理八善塔背后的原有通道。

（2）有条件最好起用吊车分别起吊佛塔塔刹和覆钵两部分，以避免人为二次搬运。

（3）拆除塔基至地面，在原塔位置清理基础，根据基础清理情况，确定是否加大基础埋深，原则要求基础埋深应在当地冰冻线以下。如基础情况良好，则清理找平后，三七灰土一步，铺一层100毫米混凝土垫层，其上再砌筑基座，地面以上尺寸参见设计图纸。

（4）重建八善塔仍然按照修前塔的形制和尺度，使用当地的片石材料。

考虑抗震安全要求，砌筑砂浆由原黄土改为水泥砂浆。

（5）根据八善塔的震损情况，重建时在塔的脖颈和金刚圈以及须弥座的挑托部位进行适当加强，如在塔脖部位增加钢筋网箍，在金刚圈和须弥座易震损部位增加圈梁构造，以提高八善塔的抗震性能。

（6）重建八善塔，仍然按照现有佛塔的排序。

（7）尊重当地宗教习惯，由信众在八善塔内置放泥擦擦或佛经等装藏。

（8）塔体建成后，由当地工匠根据当地佛塔装饰习惯对佛塔外观进行适当彩绘装饰。

（9）佛塔建成后，按修前做法修复转经廊。

2．嘉那道丁灵塔、三怙主塔

嘉那道丁灵塔、三怙主塔以现状维修加固为主。

根据两座塔脖的震损情况，对塔脖进行现状加固，主要目的是提高塔脖的抗剪能力。具体加固方法采用在塔脖增加钢套的做法。详见设计图纸。

根据其他塔体金刚圈和须弥座的震损情况，对以上两座塔的金刚圈部分和须弥座部分采用碳纤维进行打箍加固，以储备该两塔的抗震能力。详见设计图纸。

3．避邪塔

根据避邪塔的震损程度，对避邪塔进行拆除重建。重建参见八善塔的重建要求。详见设计图纸。

4．房式塔

20 世纪 80 年代建造的三座房子塔均拆除重建。重建砌体部分使用当地片石和水泥砂浆。由于该塔体量高大，现场无条件进行仔细测量，同时对其内部构成的了解十分模糊，要求对房式塔拆除过程中，进一步勘测、核准内部构造做法，重建可参照 2007 年建造的房式塔。

5．主要建筑材料

（1）砌筑材料

片石：就地取材，可以沿用原塔片石。

砌筑砂浆：MU10 混合砌筑砂浆。

抹面砂浆：水泥抹面砂浆。

（2）钢筋与钢板

（3）碳纤维

（4）木材

当地松木，要求材料顺直、少节疤、无虫蛀。

（5）日月刹、散盖，外包铜皮镏金，十三天贴金。日月刹外包铜皮厚度不得薄于 2 毫米，外面镏金。

6．施工要求

（1）考虑该组佛塔建筑形制和建造方面所具有的地方特点，建议由当地传统技术工匠承担该组塔的重建工程。

（2）施工前一定要做好周边环境的清理工作，并保证佛塔修后保持自身独立的环境状况。

（3）片石砌筑前要用水冲洗去除浮尘，确保与水泥砂浆的结合。

（4）采用碳纤维技术加固部分应请专业技术人员承担。

（5）使用水泥砂浆和其他现代材料要严格遵守相关规范要求，做好材料检验和施工记录，以便确保设计的质量要求。

（6）如施工中遇到问题，应及时与设计方联系，磋商解决方案，保证施工顺利进行。

（三）三座经堂加固与维修方案设计

桑秋帕旺经堂、查来坚贡经堂和甘珠尔经堂是广大信众经常朝拜的场所，建筑的安全性至关重要，同时，该组建筑已成为嘉那嘛呢石堆的重要组成部分。根据以上震损评估，对三座经堂分别采取以下现状加固和现状维修方法：

1．桑秋帕旺经堂

根据震损评估，桑秋帕旺经堂主要结构加固做法有：

· 对外墙及内墙进行钢筋网水泥抹面加固，提高现有片石墙体和维护、隔断墙的整体抗剪能力。

· 对失效及开裂柱子进行粘钢加固，恢复并提高其结构能力。

· 对部分梁板粘接碳纤维布加强。

· 坡顶翻修，平顶屋面重做防水。

· 装修全面整修。

· 重新油饰、彩绘。

2. 查来坚贡经轮堂

根据震损评估，查来坚贡经轮堂主要结构加固做法有：

· 在夯土墙内侧设置承重柱（嵌入墙内，与内墙面持平），与内柱框形成内外完整的框架结构体系，并使夯土墙与外柱框协同工作。

· 对夯土墙进行灌浆和补缺修理。

· 对内外墙面重新抹面层。

· 坡顶翻修，加做防水。

· 装修全面整修。

· 重新油饰、彩绘。

3. 甘珠尔经轮堂

· 重点对转经桶固定架进行检修。

· 坡顶翻修，平顶屋面重做防水。

· 装修全面整修。

· 重新油饰、彩绘。

4. 主要加固和修缮材料

· 钢筋与钢板。

· 水泥。

· 碳纤维。

· 防水卷材。

· 夯土与灌浆。

5. 施工要求

结构加固应由具有现代建筑加固施工资质的企业承担。

使用现代材料要严格遵守相关规范要求，做好材料检验和施工记录，以便确保设计的质量要求。

如施工中遇到问题，应及时与设计方联系，磋商解决方案，保证施工顺利进行。

附录

附录一　国家文物局《关于青海玉树新寨嘉那嘛呢震后总体抢险修缮工程方案的批复》

青海省文化和新闻出版厅：

你厅《关于呈报青海玉树新寨嘉那嘛呢震后总体抢险修缮工程方案的请示》（青文新厅字〔

2010〕99号）收悉，经研究，我局批复如下：

一、原则同意所报总体抢险修缮工程方案。

二、方案应以消除安全隐患、保证文物建筑安全为首要目标，已达到震后文物抢险保护要求。鉴于其震前文物建筑实际状况，可适当采用现代加固技术和材料，以确保文物及人员安全。

三、佛塔塔刹加固建议采用木质材料。

四、桑秋帕旺佛堂以现状维修为主，重点部位可采用碳纤维条方式加固。同意查来坚贡佛堂内侧设置承重柱和外侧墙面现状修复。

五、嘛呢堆维修中应对转经廊和干摆嘛呢堆的结构和稳定性进行计算，嘛呢堆应满足自身的稳定要求。根据嘛呢堆的自身特点和安全要求，同意对南侧转经廊进行拆砌、加固，对嘛呢堆北侧进行清理，保持稳定。

六、进一步补充、规范和完善方案及图纸。

请你厅根据以上意见，组织相关单位尽快对方案作进一步补充、完善，并由你厅核准后实施。请加强工程管理，确保工程质量和文物安全。

国家文物局

二〇一〇年九月三日

附录二　施工图设计及施工阶段设计调整总说明

玉树新寨嘉那嘛呢震后总体抢险修缮工程方案获得国家文物局批复后，随即进入施工图设计阶段。一方面，要根据批复意见做些修改，同时我们自己也对方案做了进一步的论证和推敲，如，对嘛呢堆边界以及转经廊挡墙进行了验算，出于对桑秋帕旺经堂墙体钢筋网加固做法的可操作性及可能产生的负面影响的考虑，在施工图设计阶段进行了趋于保守的做法调整。尽管与总体设计方案相比，施工图阶段对方案有一定的扩展和深化，但是由于现场勘察时间和条件有限，尚存不可预见因素等，施工图阶段的设计难以充分到位，为此施工期间的跟进设计和调整成为整个工程设计的重要组成部分。

为了全面反映该工程设计从方案到施工图、再到施工过程中的修改补充设计的全过程，更清楚地记录和呈现设计在整个工程中的调整情况，为避免重复，我们采用穿插“注”的方式，将施工过程中的调整设计纳入施工图设计说明中，从调整变化的内容中，可以感知我们对该项目的关注和把握。

施工图阶段设计方案由嘛呢堆、经堂、佛塔和转经廊四部分组成，实际还增加过僧房设计，因僧房项目不在原计划之列，故本篇未纳入。转经廊设计直接用图纸形式，详见图纸。

嘛呢堆震后抢险加固施工图设计阶段说明及施工阶段设计调整说明

嘛呢堆的抢险加固设计经历了总体方案设计、施工图设计以及施工阶段的调整、补充设计三个阶段。

总体方案阶段的设计是在现场完成的，主要是对嘛呢堆震后整理、加固的初步构想。总体方案和施工图阶段的设计内容基本是围绕修后嘛呢堆要保持原有形态和嘛呢边界的稳定性处理方式。施工图设计是在总体方案批复意见的基础上，补充了嘛呢石边界墙加固设计的验算依据，在施工要求方面更进了一步。

施工阶段的设计调整依然是围绕对嘛呢堆边界的整理与加固，但由于对“活堆”概念的认识有所进步，在总体把握上比较最初的总体方案更贴近“活堆”的性质。为了真实、集中、完整地记录和呈现设计人员在整个工程过程中的认识变化，特在此篇中加入第六节，介绍施工过程中的设计调整背景和补充调整设计内容说明。

一　工程对象及工程概述

工程对象为新寨嘉那嘛呢堆。考虑堆与佛塔、经堂的边界关系以及各工程衔接方便，凡佛塔、经堂周边的嘛呢堆清理、归位，均分别纳入佛塔、经堂的维修项目。

嘛呢堆抢险加固重点是清理嘛呢石堆原有通道和所有石堆边界坍塌部分，重新干摆石堆各边界的“嘛呢墙”，重新砌筑转经廊，消除因地震引起的石堆不稳定状态，同时使修复后的嘛呢石堆在有序、安全的状态下仍有一定的增长空间。

二　主要加固材料及要求

基础加固所使用的材料应符合国家相关规范要求，其产品必须符合质量标准，并具有出厂产品合格证。

1. 毛料石，要求抗压强度不小于 MU60。

2. 水泥：选择具有品牌质量的厂家产品，强度等级为 42.5 级。

三　工程做法说明

1. 施工前承包单位应根据抢险、加固方案提出对应的施工组织方案，要从安全和便于开展工作的角度，协调佛塔和经堂维修工程的展开，确定合理的工程顺序和时间安排。

2. 在清理之前和清理、归整的全过程中，应根据安全需要，预先或随时对局部做必要的支顶防护，尤其是进行中和间歇中，要确保施工全过程的安全。

3. 清理因地震和堆放失稳坍落的嘛呢石，原则要求归整之后保持震前嘛呢石堆通道宽度，东、南、西、北现有边界也保持震前位置。因此清理范围均要预留出重新干摆嘛呢石堆“边界墙”的宽度（见“嘛呢 –S7”图纸）。

4. 清理坍落的嘛呢石时，应进行大小分类。

偏小的嘛呢石块可以向嘛呢石堆中心部位堆放。根据嘛呢石的干摆做法，我们偏保守参考碎石边坡的稳定角度，并考虑地震时碎石边坡的滑动变化，要求向中心部位堆放的嘛呢石与堆的边界水平距离至少要大于 3 米，同时要求堆顶边界斜面不大于 30 度。

偏大和较规则的嘛呢石可作边界的“嘛呢石墙”干摆用。

5. 震后嘛呢石堆的归整原则要求保持震前“堆”的体积和边界。重新干摆的“边界墙”原则高度控制约 3 米，厚度不小于 1.5 米（见“嘛呢 –S7”图纸）。对不利于继续稳定堆放的嘛呢石或震后随意新堆的嘛呢石，应根据保护规划，运往新辟的堆放区域，按照传统方式有序堆放，使其可持续和稳定增长。

6. 拆除嘛呢石堆南边界的转经廊，在现有转经廊原位按照设计图纸重新砌筑转经廊。重新建造的转经廊后墙按照挡墙设计（详见附录和“嘛呢 –S6”图纸。注：东面位于八善塔前的转经廊归在佛塔维修项目中）。

7. 重新归整边界程序。可根据实际情况和及时总结的清理经验，或清空再堆，或随清随归整，总之，做法可以不拘一格，但最终要求符合设计的安全尺寸，外观呈现震前“边界墙”的外貌。

8. 清理嘛呢石堆及重新干摆垒砌的工作应根据抢险、加固施工方案的要求，安全、有序地组织当地群众参与，充分发挥当地人力资源和信众的积极性。

四　施工注意事项

1. 应结合排险，在保证安全的前提下，尽快清理边界松散处的嘛呢石并转移，降低边界危险处嘛呢石堆高度，并控制继续堆放。

2. 优先清理佛塔、经堂周边通道，为佛塔、经堂修缮提供场地条件。

3. 施工中应确保人身及文物安全，尊重宗教信仰，审慎搬运垒砌嘛呢石。

4. 嘛呢石边界墙基础暂按加大埋深设计，施工时，需跟踪基础做法情况，发现新情况应及时与设计方沟通确认或进行设计调整。

5. 如施工中遇到问题，应及时与设计方联系，磋商解决方案，保证施工顺利进行。

附录　干摆嘛呢片石墙验算及转经廊后墙验算

这部分验算是永昕群同志负责完成的，当时来院里实习的一位结构学专业的学生参与了验算工作。嘛呢石边界墙几何尺寸参照实体，其他计算系数取值参考最不利条件，总体验算偏于保守。

附录一　干摆嘛呢石片石墙稳定性验算

依据规范：《建筑地基基础设计规范》GB 50007-2002，《建筑结构荷载规范》GB 50009-2001。

1. 干摆嘛呢石片石边界墙几何尺寸及基本参数

干摆嘛呢石的整体状态会因石块大小、形状、摆放的技术等因素使边界墙的稳定程度存在很大差异。如果由于摆放原因，墙体本身就存在很大不稳定成分，则该干摆嘛呢片石墙不能再作为边界挡墙使用。后续计算也不能反应出干摆嘛呢片石墙的真实稳定性状态。因此，首先要确定被计算者的前提状态。故我们计算的假设前提是：该干摆嘛呢石片摆放质量良好，石片不易滑动，整体性好且基底不出现受拉应力，以此提出下面的设计尺寸并进行验算。

按照片石墙厚度约 1.5 米，高度 2.8—3 米，取 1.5 米 ×3 米的矩形截面进行稳定性验算，纵向取 1 米墙厚。新作毛石基础埋深 0.7 米，如图一所示。基底倾角 $\alpha_0 = 0^\circ$。墙后嘛呢石堆积坡度按 $\beta = 30^\circ$ 计算，该坡度小于嘛呢石自然休止角（参考碎石自然休止角），自然状态下不会发生滑落现象。

填充石块材料内摩擦角参考《建筑结构荷载规范》，偏于保守地取 $\varphi_k = 40^\circ$，嘛呢石密度 2 吨 / 立方米，抗压强度约为 7MPa。该干摆嘛呢石片石墙背面粗糙，排水良好，按《建筑地基基础设计规范》（以下简称规范）表 6.6.5-1 要求，填充石料对墙背的摩擦角为 $\delta = 0.5\varphi_k = 20^\circ$，基底摩擦系数 $\mu = 0.65$。

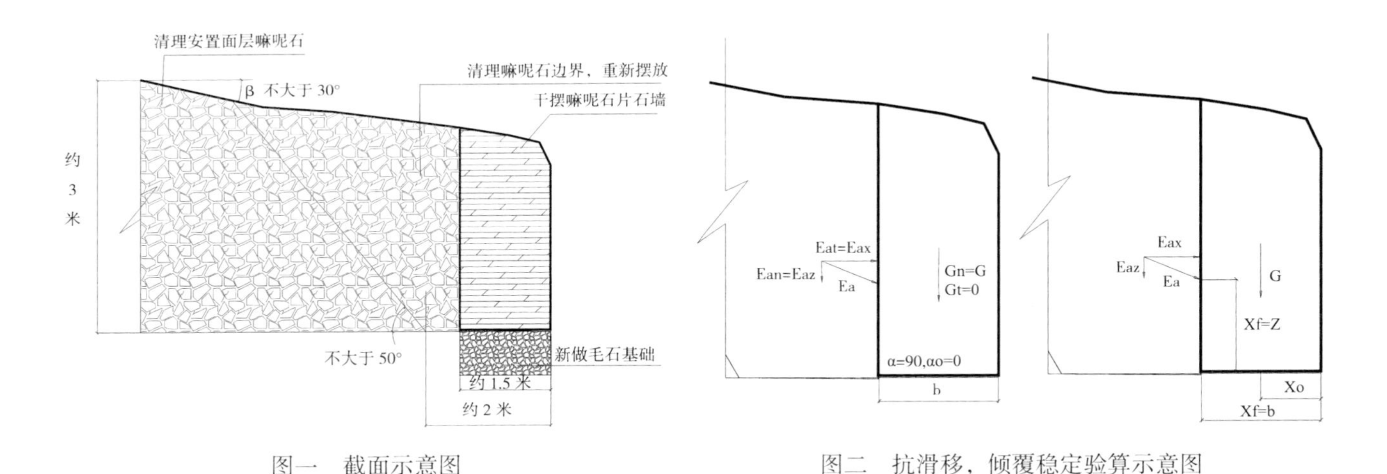

图一　截面示意图　　图二　抗滑移，倾覆稳定验算示意图

2. 主动土压力计算

该墙后填充为嘛呢碎石（按相似材质取值），按 I 类碎石土处理。参照规范计算其对石片石墙的作用力，方便起见，下文中仍称该作用力为主动土压力。墙后嘛呢石主动压力计算根据规范公式 6.6.3-1，$E_a = \psi_c \frac{1}{2}\gamma h^2 k_a$ 其中 为主动土压力系数，按照规范附录 L 确定。当 $\beta = 30^\circ$ 时，$k_a = 0.31$，所以主动土压力为 $E_a = 1.0 \times \frac{1}{2} \times 20 \times 3^2 \times 0.31 = 27.9\ (kN)$ 主动土压力作用于基础向上 1/3 高度处。水平分量为 $E_{ax} = 26.25(kN)$；竖向分量为 $E_{az} = 9.45(kN)$。

3. 稳定性验算

（1）抗滑移性能验算

抗滑移稳定性按规范公式 6.6.5–1 验算，计算简图如图 2（左）所示，其他符号及其意义参见规范 6.6 章节。

$$\frac{(G_n + E_{an})\mu}{E_{at} - G_t} = \frac{(90 + 9.45) \times 0.65}{26.25 - 0} = 2.46 > 1.3$$

满足规范要求。

（2）抗倾覆稳定性验算

抗倾覆稳定性按规范公式 6.6.5–2 验算，计算简图如图二（右）。

$$\frac{Gx_0 + E_{az}x_f}{E_{ax}z_f} = \frac{90 \times 0.75 + 9.45 \times 1.5}{26.25 \times 1.0} = 3.11 > 1.6$$

满足规范要求。

（3）地基承载力验算

作用在墙体基础底面上的力分为重力，来自背后填充石料的水平分量和竖向偏心分量。基底压力计算公式如下

$$p_{k\max} = \frac{F_K + G_K}{A} + \frac{M_K}{W}$$

$$p_{k\min} = \frac{F_K + G_K}{A} - \frac{M_K}{W}$$

其中

$$F_K = E_{az}$$

$$G_K = G$$

$$M_K = E_{ax}z_f - F_k x_0$$

$$W = \frac{x_f^2}{6}$$

所以有

$$p_{k\max} = \frac{9.45 + 90}{1.5} + \frac{26.25 \times 1 - 9.45 \times 0.75}{0.38} = 117.41\ (kPa)$$

$$p_{k\min} = \frac{9.45 + 90}{1.5} - \frac{26.25 \times 1 - 9.45 \times 0.75}{0.38} = 15.18\ (kPa)$$

计算最大压应力 0.12MPa，根据工程经验，一般情况下未超出基础承载力特征值；最小应力为压应力，基础底部未出现受拉，满足规范要求。

根据总装备部工程设计研究总院《青海玉树嘉那嘛呢工程地质调查及稳定性评价》，嘉那嘛呢基本上为平地堆砌，无基础无埋深，直接座落于卵砾石上。卵砾石层相对高强度和低压缩性，是良好的地基持力层，现场调查未发现嘉那嘛呢堆、建筑、塔以及转经墙存在地基失稳产生的变形、破坏现象，因此，可以推断嘉那嘛呢及其相关建（构）筑物的地基是稳定的。

4. 结论

（1）干摆嘛呢石片石墙内侧嘛呢石堆积坡度不宜大于 保守角度，以保证自然状态下不出现滑落现象，满足边坡坡度要求。

（2）在摆放质量较好，墙体整体性较好的情况下，经验算，干摆嘛呢片边界石墙图纸设计尺寸合理，稳定性验算满足规范要求。

（3）若施工中发现局部地基承载力较小，需做扩展基础。

附录二　混合砂浆重新砌筑毛石挡墙稳定性验算

依据规范：《建筑地基基础设计规范》GB 50007-2002；《建筑结构荷载规范》GB 50009-2001；《砌体结构设计规范》GB 50003-2001。

1. 计算说明

由于该挡墙由砂浆和毛石砌筑，整体性很好，可视作重力式挡土墙。该毛石砌筑挡墙设计成阶梯状，如图三。首先按照 1.4 米 ×3 米矩形截面进行整体稳定性（图四，中）验算；然后，再验算上半部分 0.8 米 ×1.5 米矩形截面（图四，右）的稳定性以及按受弯构件考虑时的承载力。基本假设是在整体稳定的情况下，将上半部分按独立挡土墙进行验算，如果稳定性和承载力满足规范要求，则上半部分空缺砌体可由干摆密实嘛呢片石代替，从而形成“矩形截面”重力式挡土墙。转经廊下方砌体挡墙视为安全贮备，不参与稳定性计算；保守起见，忽略毛石挡墙后方干摆嘛呢片石墙挡墙作用，且将其按一般嘛呢碎石处理。验算基本步骤以及材料参数同附录一“干摆嘛呢石片石墙稳定性验算”。基底倾角 $\alpha_0=0^\circ$，取墙后嘛呢

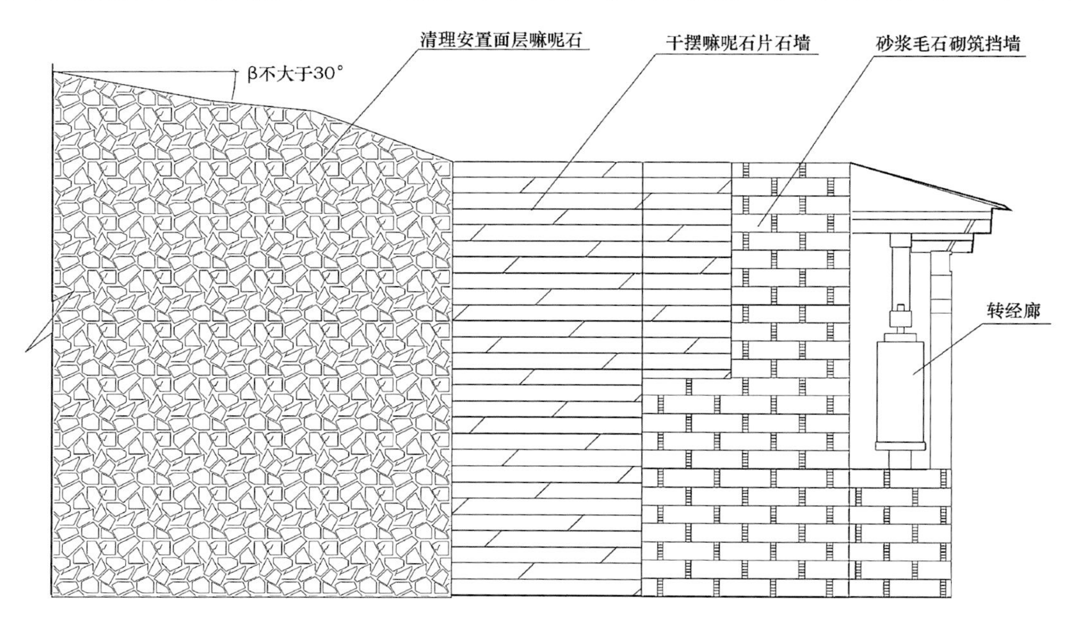

图三　毛石挡墙截面示意图

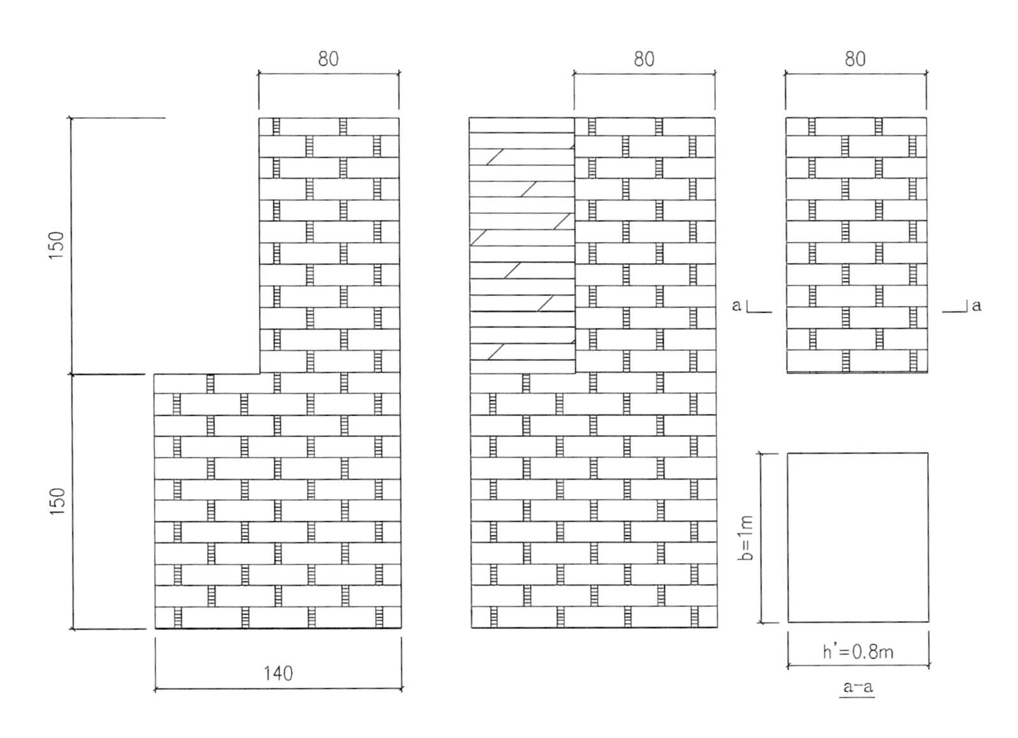

图四　毛石挡墙计算截面示意图（单位：厘米）
左：砌筑挡墙截面；中：验算整体稳定性截面；右：局部验算示意图

石坡度为$\beta = 30^{\circ}$，挡土结构高度 h=3 米。土压力计算同附录一。

2. 整体稳定性验算

（1）抗滑移性能验算

抗滑移稳定性按规范公式 6.6.5–1 验算（截面如图四，中）。其他符号及其意义见规范 6.6 章节。

$$\frac{(G_n + E_{an})\mu}{E_{at} - G_t} = \frac{(84 + 9.45) \times 0.65}{26.25} = 2.31 > 1.3$$

满足规范要求。

（2）抗倾覆稳定性验算

抗倾覆稳定性按规范公式 6.6.5–2 验算。

$$\frac{Gx_0 + E_{az}x_f}{E_{ax}z_f} = \frac{84 \times 0.5 \times 1.4 + 9.45 \times 1.4}{26.25 \times 0.33 \times 3} = 2.69 > 1.6$$

满足规范要求。

（3）地基承载力验算

作用在墙体基础底面上的力分为重力，来自背后填充石料的水平分量和竖向偏心分量。基底压力计算公式如下：

$$p_{k\max}=\frac{F_K+G_K}{A}+\frac{M_K}{W}$$

$$p_{k\min}=\frac{F_K+G_K}{A}-\frac{M_K}{W}$$

经计算：

$$p_{k,\max}=\frac{9.45+84}{1.4}+\frac{26.25\times0.33\times3-9.45\times0.5\times1.4}{0.33}=128.48(kPa)$$

$$p_{k,\min}=\frac{9.45+84}{1.4}-\frac{26.25\times0.33\times3-9.45\times0.5\times1.4}{0.33}=5.02(kPa)$$

根据工程经验，一般情况下，最大压应力 0.13MPa 不超出地基承载力，满足地基承载力要求；且底部未出现拉应力。具体的地基承载力特征值应宜根据荷载试验确定，若地基承载力较小，需做扩展基础。

3. 上半部分稳定性验算

稳定性验算过程类似，但此时挡土结构高度 $h^{'}=1.5$米，墙后嘛呢石坡度仍为 $\beta=30^{\circ}$。主动土压力值为 6.98kN，水平分量为 6.56kN，竖向分量为 2.36kN，挡墙自重 24kN。截面如图四右图。

（1）抗滑移性能验算

抗滑移稳定性按规范公式 6.6.5–1 验算，其他符号及其意义见规范 6.6 章节。仍然假设砌块之间摩擦系数 $\mu=0.65$。

$$\frac{(G_n+E_{an})\mu}{E_{at}-G_t}=\frac{(24+2.36)\times0.65}{6.56}=2.61>1.3$$

满足规范要求。

该挡墙按照受弯构件考虑，验算底部（变截面处）是否出现剪切破坏。根据《砌体结构设计规范》，其受剪承载力应满足 $V\leq f_v bz,\ z=2h/3$，其中 h 为截面高度，见图四右图中 a–a 截面，h=0.8 米；b 为截面宽度，b=1。由于该挡墙由毛石和 M10 砂浆砌筑，根据《砌体结构设计规范》表 3.2.2，$f_v=0.21MPa$。

$$V=6.56kN<f_v bz=0.21\times10^3\times1\times\frac{2}{3}\times0.8=112kN$$

满足抗剪承载力要求。

（2）抗倾覆稳定性验算

抗倾覆稳定性按规范公式 6.6.5–2 验算，且不考虑底部（变截面处）砌体的抗拉强度。

$$\frac{Gx_0+E_{az}x_f}{E_{ax}z_f}=\frac{24\times0.5\times0.8+2.36\times0.8}{6.65\times0.33\times1.5}=3.43>1.6$$

满足规范要求。

（3）地基承载力验算

作用在墙体基础底面上的力分为重力，来自背后填充石料的水平分量和竖向偏心分量。基底压力计算公式如下：

$$p_{k\max}=\frac{F_K+G_K}{A}+\frac{M_K}{W}$$

$$p_{k\min}=\frac{F_K+G_K}{A}-\frac{M_K}{W}$$

经计算：

$$p_{k,\max}=\frac{2.36+24}{0.8}+\frac{6.56\times0.33\times1.5-2.36\times0.5\times0.8}{0.11}=55.48(kPa)$$

$$p_{k,\min}=\frac{2.36+24}{0.8}-\frac{6.56\times0.33\times1.5-2.36\times0.5\times0.8}{0.11}=10.43(kPa)$$

按《砌体结构设计规范》，其弯曲抗拉强度为0.08Mpa，计算结果表明挡墙底部未出现受拉应力，且最大压应力远小于抗压强度值。所以该上半部分挡墙满足承载力要求。

4. 结论

（1）按照挡墙整体的矩形截面计算，满足稳定性要求。

（2）按照挡墙去除靠嘛呢堆一侧上半部分截面（见附录二图四）计算，也满足承载力和稳定性要求。

（3）呈阶梯状挡墙上部空缺砌体部分需密实摆放嘛呢片石，连同“（2）”计算的砌体部分，相当于1.4米 ×3米矩形截面重力式挡墙。

六 施工阶段设计调整

1. 调整背景说明

该项目于2011年7月4日举行开工典礼。经青海省文物局组织，设计人员于7月27日赴玉树新寨嘉那嘛呢施工现场进行施工交底，参加技术交底的有省局领导和两个施工标段的项目负责人以及监理负责人。

开工时间距第一次去现场勘察已时隔一年有余。现场的一切比一年前更为破败，歪闪坍塌更为严重。最为出乎意料的是外运来的嘛呢石之多，远远超出了方案设计时预估的石方量。临近的肉联厂不能及时搬出，新的嘛呢石在原堆周边不断扩张，八善塔几乎被新来的嘛呢石包围，没有施工周转场地，堆的清理举步维艰，严重影响到塔的清理，涉及整个项目不能正常进展。

2011年9月4—5日设计方主动会同省局主管到现场了解施工进展情况和解决施工问题。在现场会上，寺院方对我们维持嘉那嘛呢震前形态的维修方案提出异议，他们拿出一张绘制有六个塔型的新的嘛呢堆效果图，要求我们按此形式重新塑造嘉那嘛呢。当时我们的第一反映是，这将改变嘛呢堆的既有形态，违背基本原则，我们不能同意。同时我们发现在寺院方提供给我们的书面要求和建议里，并没有要求改为六个塔的意见，或许他们可能有一点“不能改变原状”的概念，只是力争而已。由于在此问题上分歧较大，一方面，我们在现场明确表态应该维持原方案的严肃性，尤其是触及到保护原则，我们都应该遵守。另一方面，我们回京后以正式的书面方式予以回复，再一次表达了我们维持原设计方案的态度。包括对寺院方提出的要把嘛呢石放在新砌筑的800毫米高的台子上的要求，由于缺少更改依据，也被我们否定了。还有后来的拓宽和辟直转经道的要求，我们同样认为对现状改变太多，不能接受。总之，在方案和施工的初期阶段，由于我们未能真正体会和理解嘛呢堆的“活态”特点，凡涉及改变形态一类要求，我们都很排斥并不予考虑。

2011年7月开工到12月歇工，由于施工场地周转问题以及人工搬运效率非常有限，工程进展十分缓慢，“堆”的工程基本仍然徘徊在清理阶段，边界墙的重新归整也由于对方案的分歧，受到阻碍。

2012年4月复工后，我们再去玉树现场。2011年寺院方对方案提出的修改意见我们仍不能接受。施工现场会上，涉及实质问题时又一触即发，双方各执已见，好在有上次意见相左的心理准备，比较前次冲突气氛要缓和许多，经过设计方进一步阐释自己的观点，寺院方同意放弃将嘛呢堆改为六个塔的想法。

但是他们依然坚持要把边界的嘛呢石放在砌筑的台座之上，我们又经过再次实地踏勘，确认施工中的一些发现属于边界堆有砌筑台座的做法，并经过对边界地基的进一步勘验，在不突破工程总量的控制下，我们将部分地下工程调整为地面工程，即将原方案边界墙的基础埋深700毫米调整为200毫米，露出地面500毫米的高度作为放置嘛呢石的台座，调整后，工程总量相对减少。

后来我们又了解到“咪 ”堆上不落地的斜通道是文革时期肉联厂为方便运输而开辟的，僧人们要将此通道落地并取直，理由同样是在嘛呢堆上踩踏是极大的不恭敬。这一提议又使我们感到十分棘手，一方面该堆是目前老堆中体积最大的一堆，如果将其上的斜通道取直、落地，挪嘛呢石的工程增量巨大是个问题，而一堆分解成两堆的结果，由于增加了堆的边界，两个堆各自的整体体积势必大大缩小。另一方面，如果将斜通道取消即将两堆视为一堆，又涉及六个堆的概念不再存在的问题。经过深入咨询和访问，我们了解到目前人们称为新堆的位置，实际正是被拆除的一个老堆的所在。

在规整堆边界的过程中，我们逐步理解嘛呢堆由小堆到大堆的发展过程，今天的边界，若干年后有可能会被新的边界所包围，在堆的管理过程中，其形态还会不断被人为塑造，就像目前老堆西侧旧堆址上的新堆，堆的方式和造型已然出现新的手法。

在施工阶段的交涉、观察、倾听过程中，“活堆”的概念逐渐清晰，我们对寺院的要求也有了新的理解。最终我们与寺院方取得了共识，将西侧目前称之为新堆的一堆回归老堆序列，还原六个老堆的历史格局。同时利用对斜通道的填充，解决新增嘛呢石的堆放问题，并接受寺院加宽转经道和将堆边界取直的要求。

位于堆南侧的转经廊，震前廊檐只够遮挡转经筒，根据转经僧众使用需求，我们增加了一排檐柱，使其名符转经廊。并随堆边界的整理，改善转经廊与邻近塔和堆、转经通道的衔接关系，使转经廊的端部处理更完整与美观，与周边堆和塔的关系更协调和融洽。

2. 补充及调整设计内容

（1）进一步明确了原“咪”堆是一个整堆的概念。

将“咪”堆上斜通道回填，即恢复老堆原六堆的历史格局。

（2）嘛呢堆边界墙内部增加土工布拉结。

震前嘛呢堆上架挂了许许多多的经幡、哈达，因为涉及堆的归整、加固，这部分的拆除量也很大，事前没有顾及到。施工展开后，设计方提出能否就地利用一部分，即将部分哈达铺设在嘛呢堆内，发挥其软拉筋的作用，以增强堆边界稳定，但同时也考虑信仰问题，由此引申提出在边界石墙内部竖向500毫米间隔铺土工布条的设想，为稳妥起见，设计要求先做现场铺设试验，得到各方认可后再大面积推广。最终实施将土工布裁成500毫米宽的条状，网格状铺设。

（3）边界墙基础提高，露出地面部分相当嘛呢基座。

方案设计边界墙基础埋深700毫米，根据地基情况最终施工调整为埋深200毫米，其余500毫米露出地面，作为边界墙基座，相对工程量只减不增。

（4）转经道统一宽度和取直。

内转经道宽统一按照2.4米清理，顺便取直。周边边界墙向外围扩展。内外边界墙的位置调整。

（5）边界墙顶部堆放角度调整，可略大于原方案的30度。

南侧转经廊后嘛呢堆放位置提前到廊墙位置。

（6）边界墙面装饰处理

装饰手法基本沿用整修前做法，在边界的石墙上，间隔镶嵌加工精美的嘛呢石。

此前我们对边界墙归整主要从整体形态和牢固度角度关注，对装饰因素更多是期待完工之后用经幡对顶部的笼罩性装饰。旁站僧人在施工中给予了很多建设性的装饰建议。

（7）南侧转经廊增加一排廊柱，使转经廊同八善塔转经一样具有避雨功能。

（8）完善南侧转经廊所有端部处理。

南侧转经廊分为五段，修前转经廊端部做法简陋，本次修缮根据它们与转经道的位置关系，改善转经端部收尾做法，主要分两种方式，一是在没有塔的转经通道路口和大转经廊两侧的转经廊端部做出转角，完善转经廊与嘛呢边界的衔接。二是在转经廊端部借鉴博缝板的做法进行结尾处理。由于南侧转经廊增加一排檐柱，位于三怙主塔两边原带转角的转经廊没有扩展空间，因此三怙主塔两侧的转经廊端部也改为用博缝板装饰的做法。通过以上两种处理手法，使转经廊与转经通道的关系从设计角度更完整，从视觉角度更协调美观。

比较震前的嘛呢堆，加固归整之后，总体格局和形态没有本质性改变，确实更为整齐、稳固和庄严。

（9）刻记本次修缮年代标记。

鉴于本次对嘛呢整修涉及的范围，要求在边界基座各转角位置刻记年代标记，见证此次国家抗震投资整修工程的规模和举措。

玉树新寨嘉那嘛呢震后经堂抢险修缮工程施工图设计做法说明

最初总体设计方案主要侧重震损修复和加固内容，经堂施工图设计应是在总体设计方案基础上的深化设计，但是，在施工图设计阶段和工程开展之后，均有一些对原总体设计方案进行调整的设计变更与补充，为了全面反映该项目从总图方案阶段到施工图阶段再到实施阶段的设计调整，故在原施工设计做法说明中，通过加“注”的方式，介绍工程背景和施工过程中的做法调整或实施情况。

一　工程对象及工程概述

维修加固对象：桑秋帕旺经堂、查来坚贡经轮堂、甘珠尔经轮堂。

桑秋帕旺经堂重点加固内、外墙体；查来坚贡经轮堂在夯土墙内侧增设钢筋混凝土承重柱，与内柱框形成内外完整的框架结构体系（后取消加承重柱做法，详见后叙）；甘珠尔经轮堂重点现状修补屋面。

二　主要加固材料及要求

凡购买的工业产品厂家均应符合《中国人民共和国工业产品生产许可证管理条例》（国务院令第440号）的要求。其产品必须符合质量标准，具有出厂产品合格证，根据国家相关规定进行取样、复试检测和有见证试验，合格后方可使用。

1. 热轧带肋钢筋：应符合《热轧带肋钢筋》（GB1499）规定标准，要求钢筋平直、无损伤、表面不得有裂纹、油污、颗粒状或片状老锈。

2. 角钢及扁钢：要求无损伤、表面不得有裂纹、油污、颗粒状或片状老锈。

3. 水泥：选择具有品牌质量的厂家产品。

砌筑砂浆采用的水泥，其强度等级不宜 >42.5 级。抹面砂浆采用的水泥，其强度等级不宜 >32.5 级。抹面砂浆要求掺 900 克 / 立方米的聚丙烯纤维即形成聚丙烯纤维砂浆。

4. 碳纤维及粘接胶

（1）碳纤维 0.11 毫米厚规格。

（2）粘接胶：要求使用碳纤维专用胶。可采用 FLD-80 系列碳纤维胶（系 A、B 双组分改性环氧类胶粘剂，由 FLD-81 底涂胶、FLD-82 找平胶、FLD-83 粘贴胶组成，是碳纤维加固的专用胶种，三种胶种分别在加固施工不同工序中使用）。

碳纤维加固的专用胶适用范围：FLD-81 底胶主要用于加固构件表面底层涂抹；FLD-82 找平胶主要

用于加固构件表面缺陷的修补、找平；FLD-83 粘贴胶主要用于加固构件表面碳纤维、玻璃纤维及其他纤维类片材的浸渍粘贴。

5. SBS 防水卷材：应符合 GB18242-2008《弹性体改性沥青防水卷材》标准。

三 主要维修加固做法说明

（一）桑秋帕旺经堂

注：总体方案设计阶段对桑秋帕旺经堂的墙体加固设计拟采用局部粘贴碳纤维和内外加钢筋网的做法。当初选择钢筋网加固方式，是考虑比其他方式加固后的整体效果更好，但也担心实施上的艰难和可能产生的扰动影响。方案评审过程中，我们曾提出对钢筋网加固做法的可行性担忧，在方案批复意见中，对桑秋帕旺经堂加固，明确指出重点部位可采用碳纤维条方式加固，没有提及钢筋网加固的做法，鉴于我们缺乏对类似质地和类似加固方式的实施经验，以及一直存在的对钢筋网实施的困难和可能引起不良扰动的担心，为稳妥起见，在施工图设计阶段，我们放弃了对桑秋帕旺经堂墙体采用钢筋网加固的做法，调整为只用碳纤维加固的做法，即下述加固做法。

1. 碳纤维加固墙体做法

碳纤维加固主要施加于墙体或梁开裂部位及砌块松动部位，做法如下：

（1）清除内、外墙面抹面层，剔除松动的砌筑灰缝至凹缝，对砌体存在空洞或缺陷的部分进行灌浆和找平修补，为下一工序粘接碳纤维布条做基层的预加固准备。

（2）待内、外墙面残缺整修和预粘接基层找平后，用清水冲刷浮尘。待墙面干燥后，用宽 60—80 毫米的碳纤维布条对内、外墙砌块分别进行粘接。粘接范围要求在开裂位置周边各延伸 600—1000 毫米不等。

（3）碳纤维布条粘接固化后，进行聚丙烯纤维砂浆抹面，抹面前要提前对墙面进行湿润处理。

（4）20 毫米厚（最薄部位）聚丙烯纤维砂浆抹面要两分层（或三层）进行，头道砂浆初凝后再抹二道面层。各层砂浆的接茬部位必须错开，要求压平粘牢，末道砂浆初凝时，再压光二至三遍，以增强抹面的密实度（应按水泥砂浆抹面工程实施规则进行，包括养护）。

（5）最终外墙表面用铁红色涂料罩面，内墙面做白色粉刷饰面。

说明：如果墙体现有面层粘接牢固，不易清理去除，则先清除表面刷饰层，对空鼓、开裂松动部分进行剔除，重点对开裂部分进行碳纤维粘补加固，然后用混合砂浆对剔除表面和有缺陷部位进行修复。外表修复后，对整个墙体表面适当刮毛，清水冲刷，之后在墙体表面分两次抹 10 毫米厚聚丙烯纤维砂浆。抹面材料、操作要求、养护要求均要符合相关规定要求。

注：以下是施工阶段还原原总图方案设计的组合方式及施工做法。

施工图设计阶段出于可行性的考虑，我们将对桑秋帕旺经堂墙体加固的方式由方案阶段设计的钢筋网加固缩减为只用碳纤维加固，但同时也出于对加固功效的考虑，我们并没有完全放弃采用钢筋网加固做法进行尝试的可能。我们在用于技术交底的施工图上，预先草绘了钢筋网加固做法的示意图，作为现场进一步探讨其可行与否的设计依据。在施工交底时，我们向施工单位详细说明了我们关于桑秋帕旺经堂墙体加固设计的意图，尤其是对采用钢筋网加固方式的意愿和对实施操作上的担忧，经过与施工单位共同在现场进一步勘察、探讨，最后现场决定启用原总体方案阶段设计的钢筋网和碳纤维组合加固方式，之前备好的钢筋网加固做法设计草图复印后作为施工方案调整的现场临时依据，以下是调整做法设计。

2. 钢筋网加固施工做法

钢丝网、钢筋网双层网加固。

上层空心砖墙加固：钢筋网加固。

（1）主要材料

① 钢丝网：Ø2 钢丝、50×50 毫米方格钢丝网。

② 钢筋网：Ø6 钢筋，绑扎、焊接 200×200 毫米网格，网格固定间距 800×800 毫米。

③ 注浆材料（原设计为土浆加外加剂）、

根据当地房屋施工方法及民房拆除时墙体断面研究，为了更好地使片石和抹面砂浆层结合，采用水泥浆注浆。

施工材料配比：水泥：水：早强剂 =1:2:0.03

④ 碳纤维布及配套粘胶：碳纤维布采用江苏顺聚碳纤维制品公司生产，规格 600 毫米 ×50 米（碳纤维布用剪子剪成 60—80 毫米宽条，粘接胶配比及使用方法和操作步骤在厂家电话指导下进行）。

⑤ 抹面材料：砂：水泥（$425^{\#}$）=2:1（加适当聚丙烯纤维，根据要求参加 0.9 千克 / 立方米，现场砂浆搅拌机容量为 0.25/ 盘，每小袋聚丙烯纤维重 1 千克，可用于 4 盘砂浆中）。

（2）施工做法

上、下墙体加固：空洞大的部位用机砖补砌，裂缝细小部位填充修补后用碳纤维布粘贴。

下层墙为片石砌筑，为便于施工，片石墙面先挂一层钢丝网，之外再铺挂一层钢筋网。上层墙为空心砖墙，直接用钢筋网加固。做法如下：

① 去除内外墙面抹面层，从裂缝向两侧沿抹面与石材结合面用铲刀对原墙面铲除，如果墙体现有面层粘接牢固，不易清理去除，则先清除表面刷饰层，对空鼓、开裂松动部分进行剔除。

② 埋注浆管，注浆管采用 DN25 的 PVC 管，根据 800 毫米墙厚，注浆管长度定为墙厚的 2/3，加上外露 200 毫米，确定管长为 730 毫米，埋入墙体内的 530 毫米管段外壁用电钻打 8 毫米孔 @50，以方便浆液流出，之前埋管主要是选择墙体开裂及梁下和明显空洞部位及周边，将注浆管固定在钢筋网上。2011 年注浆时发现，局部进浆量大大超出预计，其中一个涉及基础部分的孔最多进浆达 170 多袋水泥，说明砌体内部砌筑坐浆很不饱满，砌块之间空隙很大。于是 2012 年增大注浆范围，对下层片石墙砌体（二层地板—基础外露部分）重新灌浆，注浆管布设水平与竖向间隔都控制在 1500 毫米左右，梅花状分布，其中上排孔距二层楼板下 500 毫米，下排孔距散水以上 300 毫米。

③ 用空压机冲吹，去除浮尘，局部剔补松动部分。

④ 对开裂部分，先用水泥砂浆填充裂缝，待干燥固定后，表面刷胶，再垂直于裂缝方向粘碳纤维布条，表面再刷胶包裹住碳纤维布条。

⑤考虑下层为片石墙，泥土砌筑，整体性不强，如钻孔密度过大，易引起墙体更大范围松动，故采取钢丝网与钢筋网配合使用的方法。先用水泥钉固定一层钢丝网，然后再根据钢筋网的尺寸及设计要求的 800×800 毫米固定间距，用水钻（Ø10—14）打穿透片石墙的孔，埋设钢钉，用钢丝缠绕后焊接固定

钢筋网。并对穿孔压力灌浆，固定穿钉。

说明：由于墙体厚度约800毫米，钻头需将两到三根钻头焊接在一起才够钻深长度。

在片石墙上钻孔相当在石头上钻孔，相当吃力，最艰难的一个孔位打坏了17个钻头。

钻孔时为防止另一侧墙的片石鼓胀松动，另一侧需用木板对钻孔位置进行对顶。孔洞按照梅花状布置，间距不大于800毫米。一层片石墙用50×50毫米的钢丝网（Ø2毫米），再附着@200毫米的Ø6钢筋网，钢筋网双面固定用Ø6钢筋，间距800毫米。二层空心砌块墙构造，直接用钢筋网，钢筋网固定拉结点位选择在空心砖砌筑缝之间，固定间距控制在800毫米。

⑥ 待钢筋网全部固定后，再次用空压机冲吹掉浮尘，用刷子对墙面及钢筋网通刷一道素水泥，以加强与抹面层的结合。

⑦ 抹面层为聚丙烯纤维砂浆，总厚40—50毫米，分三次进行，下一道抹面时间掌握在上一层抹灰没完全干之前。第一道砂浆基本盖住钢丝网，第二道砂浆基本盖住钢筋网，第三道砂浆找平。先用铁抹，再用塑料（代替木抹）抹子通走一遍。

⑧ 待三遍抹面硬化28天后，再实施注浆。注浆凝固后，切割注浆管头，并用抹面砂浆封堵管孔。

由于片石墙内部是用泥土砌筑，空隙很大，一个孔一天注浆控制在50—70袋水泥，有时一个孔注三天才注满，大大超出预计工程量。

经施工单位统计，该经堂总共注水泥273吨，未发生跑浆、鼓胀现象。

⑨ 三道水泥抹面干燥后，外墙先用抗裂砂浆（袋装成品）找平，内墙面用石膏+108胶找平。

⑩ 外墙通刮两道腻子（外墙腻子+801胶+铁红色浆），总厚约3毫米，内墙用内墙腻子找平，约4毫米厚。刮腻子前需对水泥抹面刷一道稀释的801胶水罩面。

⑪ 外墙罩面，先刷一道浅红色涂料，干后再刷一道掺加自熬聚乙稀胶的铁红涂料。

（3）女墙用24机砖、水泥砂浆砌筑，对原女墙进行加高处理，补砌3皮砖，内侧水泥砂浆抹面。剔除原有编麻墙，为保证新做编麻墙粘接牢固，用云石机在墙体上切割出痕槽，在聚乙稀砂浆中又增加了5%的801胶，在抹面前先刷水泥浆墙面，假编麻抹面厚约20毫米，找平后马上用编麻捆端部戳出表面类似编麻的外观。注：此做法是工程队经过现场反复实验才得到的，之前曾尝试往抹面层上甩沙子的做法，但效果不好，经戳编麻方式成功后，才大面积实施。最后直接在假编麻面层外涂刷填加胶的铁红粉涂料罩面。

（4）对失效及开裂柱子进行补筋、粘钢加固。做法如下：

① 支顶开裂柱头之上的托木（千斤顶顶托木底两端部），使开裂柱呈非受力状态，以便于进行补强加固。

② 剔除混凝土已开裂、疏松破坏部分，下部清理至完好截面，柱头清理至托木下皮。

③ 锯截已发生屈服变形的钢筋，锯截后上下两截面各要保留伸出截面100毫米长的钢筋头，以便与新补配加固钢筋做连接固定。

④ 根据锯截后的钢筋缺口长度，用¢20钢筋与上下预留钢筋头对接。对接采用机械方式焊接后加套筒固定，以使补配钢筋与原主筋形成一体。

⑤ 按照100间距捆绑¢10箍筋，焊接连接点。并支模现浇C30混凝土柱。

⑥ 待混凝土固化后，在柱子四角用环氧结构胶粘接角钢，角钢之间焊接缀板，缀板间距100毫米。

⑦ 柱头用角钢和钢板与托木加强连接。

⑧ 待以上加固措施完成后，对加固段的表面做水泥砂浆抹待养护固化后，外表面随原色刷饰。

注：施工时，施工队对三层所有柱子接缝部位采用碳纤维布粘接，四角用角钢包裹，每间隔约300毫米用横向钢板焊接角铁的加固。

（5）详查梁板现状，对出现裂纹等损坏部位用粘接碳纤维布粘接。

（6）坡顶屋面按现状做法翻修，平顶重铺SBS防水卷材。

具体做法：拆除琉璃瓦面至木基层，望板换30%—40%，椽子没换。望板30毫米厚，柳叶缝。先用聚丙稀砂浆分两次找坡，最厚处120毫米，再在其上刷四道防水涂料。

板瓦用黄土+白灰混合的灰泥瓦瓦，坡陡处用聚乙稀砂浆，筒瓦用聚乙稀砂浆瓦瓦。琉璃瓦全部更新。

平顶上重新铺SBS防水卷材。清除原防水层，增加了排水孔，根据排水孔重新用豆石混凝土找2%坡，做20毫米厚水泥砂浆平层，对阴阳角、风道等地方按规范要求进行了细部防水处理。

（7）装修现状整修

注：① 因外窗涉及墙体加固，施工时全部外窗统一重做，包括上层损坏的两扇和下层两扇铝合金的窗统一按下层西次间传统式样重做。

② 维修前吊顶为三合板制作的井口天花形式，现状中央部位已下沉、变形。天花板维修前因烟熏等原因形成的污垢而几近黑色，原设计方案要求只做清洗和局部加固。施工清理后发现，天花板内堆积很多鸽子粪，清理出20—30袋，是造成三合板天花局部下沉的主要原因。因三合板是整张铺设，局部损坏只能全拆全换。重新修复时，寺院提出改为用五合板，分四个大格（为重新彩绘），用气枪钉固定。

③ 二层栏杆损坏、晃动、高度较低（60厘米），对其重新制作更换，栏杆高度改为1.1米。

④ 拆除了一层铝合金隔断及原有复合地板，地面找平重铺200×35毫米的实木地板。

（8）全部加固整修后，按照当地宗教建筑习惯装饰做法，重新油饰、彩绘。维修前天花板。为小格龙凤图案，维修后，寺院要求天花只分成四大块，彩画改画法轮与藏八宝与供八宝图案。

（二）查来坚贡经轮堂

1. 增设钢筋混凝土承重柱（原加固方案）

在夯土墙内侧设置钢筋混凝土承重柱，与内柱框形成内外完整的框架结构体系（图一）。鉴于当时对墙基做法不十分清楚，柱基部分的设计图还需在基础挖开做最后确定。柱头与托木连接处理参照上述加固柱子的做法。

注：施工阶段方案调整说明：查来坚贡经轮堂原增加内柱的加固方案在理论上其结构更趋于合理，但其理想成分是存在的。虽然该方案得到批复意见的明确许可，我们也在施工图设计阶段按照原方案思路，深化了方案设计，但同时为求理想需要付出很大的代价，其必要与否应该再权衡。故施工交底时，我们有针对的在现场进一步勘察，确认夯土墙局部破损严重部位主要位于女墙两个转角部位，裂缝部位与严重破损部位相关，均有陈旧性破损痕迹，非直接地震破坏引起。同时进一步对该建筑整体构造进行分析，认识到夯土墙固然属于承重墙，但其主要荷载是落在四根内柱上。重新评估现状，权衡必要和利弊，最终调整加固方案，与甲方、施工方、寺院方达成取消增加钢筋混凝土承重柱的设计做法。

2. 修补残损夯土墙（包括女墙）

（1）去除大墙及女墙松动部分，使墙体残损状况全部外露。

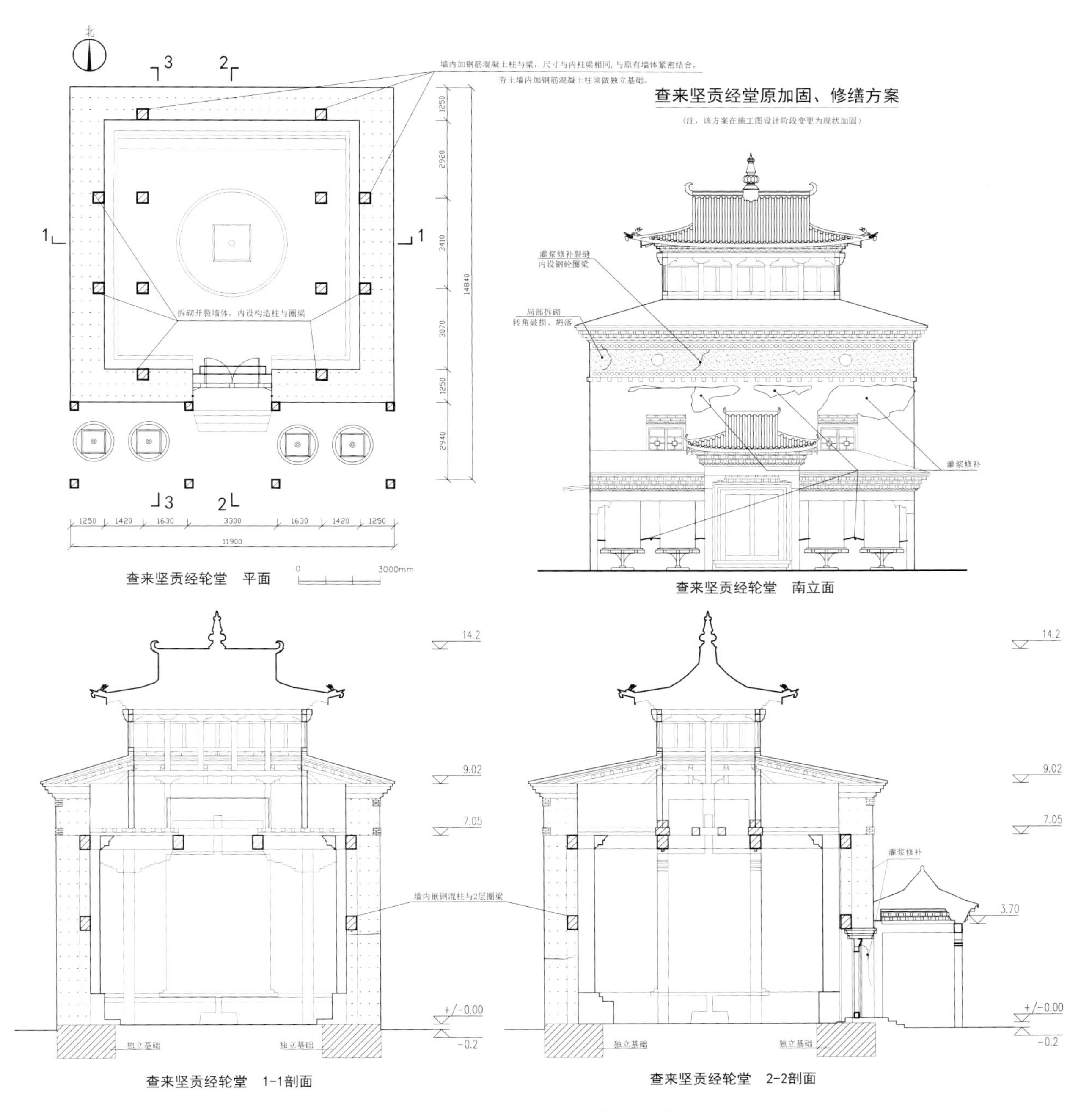

图一 查来坚贡经轮堂原加固方案

（2）对拟修补部分的界面进行清理，必要部分做预加固，防止松动发展。

（3）对大块残损部分用土坯砖或其他砌块砌筑填充，砌筑时要加 ¢6 钢筋对新旧墙体进行拉接。小残损部分也要根据实际面积，下竹或木钉，掺灰泥用力拽入，插捣密实，缝隙部分灌混合砂浆。女墙转角部位用条砖砌筑，错层加 90 度双向 ¢6 钢筋进行拉接，拉接长度不少于三砖长不等。女墙外侧重抹聚丙烯纤维砂浆。

（4）对裂缝处进行注浆加固，先封堵裂缝、埋注浆管，封堵部分固化后，再行注浆，注浆材料用掺灰泥浆。

注：转角女墙实施修补做法：

① 铲除外墙抹面，清理坍塌部位破损、松动部分至牢固层。

② 对缺失空洞部分用红机砖填补（主要是西立面上层及西南角），与夯土接触部分用白灰泥（3:1）砌筑，红机砖之间用混合砂浆砌筑。补砌底层放一厚50毫米、宽100毫米木板，木板端部伸入完好夯土墙约400毫米，木板需用锚钉与原墙本体连接、固定，木板之上砌筑红机砖，红机砖内侧采用间断伸进的砌筑方式，加强与夯土墙的衔接。根据补砌高度，间隔5—6皮砖需采用丁砖与原墙进行连接。修补顶部加一道200毫米厚300毫米宽的钢筋混凝土梁，6根主筋18—20，箍筋8@200（详见转角修补做法详图）。对应混凝土梁以上部位均需拆砌，故基础要做稳固。

③ 四个转角部位，外加钢筋网，再与全部女墙统一重抹假编麻墙。

（5）内、外墙面重新刷饰罩面

① 大墙：待夯土墙残缺修补完成后，刮2道调成铁红色的外墙腻子，刮前刷自制的聚乙烯胶一遍。内外墙面装饰面层，重新按现有装饰涂色刷饰罩面。

② 女墙：去除面层松动部分，对修补部分用加0.9%的聚丙烯纤维的水泥砂浆抹面，与现有抹面取平。待硬化后用云石机切割出痕槽，刷水泥浆，再抹20毫米厚聚丙烯水泥砂浆，表面压出编麻质感，最后统一刷饰罩面。

3. 屋面现状和施工做法

现状：顶层和门厅顶采用琉璃瓦，下层和门厅两侧为陶瓦，根据寺院要求与甲方等协商后全部统一用琉璃瓦。

注：具体做法：

（1）拆除琉璃瓦、陶瓦全部更换，屋面拆到望板，椽子更换40%左右，对望板刷防腐剂，抹水泥砂浆找平层，最厚处80毫米，薄处30毫米，干后刷4道防水涂料。

（2）板瓦用灰泥瓦瓦，陡处采用水泥砂浆，筒瓦用水泥砂浆。

（3）门厅屋面与立面墙体的结合处铺SBS防水层，防水材料上卷500毫米平铺到屋面500毫米，在结合部做排水沟，将水排到两侧的廊屋面。

（4）宝瓶等全部重新贴金。

4. 装修按照现有材料和做法全面整修

前排佛龛严重变形，拆除后按原制新做；清理夹层鸽子粪等，对夹层地面修补，铲除原内墙面，抹聚丙烯水泥砂浆；修补更换木地板20%；加固四佛龛；大转经筒检修加固，去除转经筒上的油烟污渍；更换门窗玻璃。

5. 全部修复工程完成后，按照当地宗教建筑习惯装饰做法，重新油饰、彩绘，屋面宝瓶和铜镜新做，并贴箔金。

6. 施工阶段详查上层攒尖顶木构时，发现攒尖顶木构有点晃动，故施工单位对木构进行现状加固，四周加倒人字斜撑固定。

（三）甘珠尔经轮堂

1．重点对转经桶固定架进行检修。

2．坡顶屋面按照现有做法翻修，平顶屋面重铺SBS卷材防水。

注：施工时详查瓦面后，发现琉璃瓦面局部找补即可，于是决定屋面不做整体翻修，只做局部查补。宝瓶、铜镜新做，所有屋面铜饰件贴98箔金。

3．装修按照现有材料和做法全面整修：更换门窗玻璃；对内墙、柱子、顶板等面层铲除原有腻子，重新刮腻子2道，刷白色涂料；大转经筒检修、用面粉泥揉搓去除污渍。

4．修复工程完成后，按照当地宗教建筑习惯装饰做法，重新油饰、彩绘。

注：原方案没有要求重新抹面，经2011年施工时仔细检查，发现还是有些局部开裂等残损，故对开裂部分外墙面（水泥砂浆）铲除，新抹聚丙烯水泥砂浆。

2012年检查修后墙面修复质量时，未发现墙面有开裂现象，但经敲打检查，发现局部存在空鼓现象，经破坏检查，发现空鼓部位与修建经堂时留的架子孔洞有关，于是重新补洞，修补抹面。

继而又增加：

1. 假编麻墙全部剔除重做。

2. 平顶屋面表面铺SBS防水卷材。

3. 对经堂前4个大转经筒进行检修、喷金粉，重做经幡，廊顶屋面清除原防水层，重新水泥砂浆找坡，铺SBS防水。

四　施工注意事项

1．三大经堂维修加固工程涉及许多现代加固技术，应由具有现代建筑加固施工资质的企业承担。

2．应严格遵守相关规范要求和操作规程，做好材料检验和施工记录，以便确保设计的质量要求。

3．应注意施工期间的气候条件，配备应有的防护措施，不得超规范要求条件强行施工。

4．由于前期勘测条件有限，尤其是结构隐蔽和被遮挡部分不可见，因此，如施工中发现或遇到问题，应及时与设计方联系，磋商解决方案，保证施工顺利进行。

注：除以上施工内容外，由于预算造价人工费的调整，总造价有部分剩余，故在施工项目中增加了对原方案没有过多要求的装修、装饰部分的修缮内容，如彩画、油饰。对于装饰部分，设计总的要求纹饰及色彩均由寺院认可即可，实施由熟悉藏式油彩的工匠承担。

玉树新寨嘉那嘛呢震后佛塔抢险修缮工程施工图设计做法说明

在这部分设计做法说明中，也通过插“注”的方式，对应增加了设计调整和实际施工做法，以全面体现施工阶段的设计调整和实施情况。

一　工程对象及工程概述

组修对象：围绕嘛呢堆的十五座佛塔。其中八善塔和避邪塔、三座房式塔全部重新建造，嘉那道丁塔、三怙主塔和一座房式塔现状维修。

二　主要加固材料及要求

凡购买的工业产品厂家均应符合《中国人民共和国工业产品生产许可证管理条例》（国务院令第440号）的要求。其产品必须符合质量标准，并具有出厂产品合格证，根据国家相关规定进行取样、复试检测和有见证试验，合格后方可使用。

1. 热轧带肋钢筋：应符合《热轧带肋钢筋》（GB1499）规定标准，要求钢筋平直、无损伤，表面不得有裂纹、油污、颗粒状或片状老锈。

2. 角钢及扁钢：要求无损伤、表面不得有裂纹、油污、颗粒状或片状老锈。

3. 水泥：选择具有品牌质量的厂家产品。

砌筑沙浆采用的水泥，其强度等级不宜 >42.5 级。抹面沙浆采用的水泥，其强度等级不宜 >32.5 级。抹面沙浆要求掺 0.9 千克 / 立方米的聚丙烯纤维即形成聚丙烯纤维沙浆。

4. 碳纤维及粘接胶

（1）碳纤维 0.11 毫米厚规格。

（2）粘接胶：要求使用碳纤维专用胶，如可采用 FLD-80 系列碳纤维胶（系 A、B 双组分改性环氧类胶粘剂，由 FLD-81 底涂胶、FLD-82 找平胶、FLD-83 粘贴胶组成，是碳纤维加固的专用胶种，三种胶种分别在加固施工不同工序中使用）。

碳纤维加固的专用胶适用范围：FLD-81 底胶主要用于加固构件表面底层涂抹，FLD-82 找平胶主要用于加固构件表面缺陷的修补、找平，FLD-83 粘贴胶主要用于加固构件表面碳纤维、玻璃纤维及其他纤维类片材的浸渍粘贴。

5. 倒塌塔的片石等材料清理后可以继续使用。

三 维修加固做法说明

（一）重新建造八善塔

1. 拆除八善塔前的转经回廊，清理八善塔背后的原有通道、拆除八善塔。

2. 清理基础至卵砾石层，如基础情况良好，不再做更深扰动。

注：施工清理基础时，确认卵砾石埋深层，故决定转经廊和八善塔基础埋深调整为500毫米，清理基础至500毫米深度后，直接铺100毫米厚C20混凝土垫层，待其固化后，再在其上砌筑塔的基座，重建八善塔按照震前塔的形制和尺度（详见设计图纸）。

3. 重建八善塔仍要求使用当地的片石材料，原塔的片石清理后可以继续使用。考虑抗震需求，砌筑沙浆由原黄泥改为M10水泥沙浆，抹面用聚丙烯纤维水泥沙浆。

注：震前八善塔主体虽为黄泥砌筑，但在须弥座外缘突出部位，采用了一些规则不统一的水泥板或木板等其他有助于加强整体性的做法。重新建造八善塔时的一些做法，吸收了原塔建造方面的合理成分。

4. 在重新砌筑过程中，针对八善塔的震损部位：脖颈和金刚圈以及须弥座的挑托部位，进行重点加固。在塔脖增加钢套，在金刚圈和须弥座易损部位增加圈梁构造，提高八善塔的抗震性能（详见设计图纸）。

注：批复意见有建议塔刹加固采用木质材料。鉴于八善塔是全部重建，对塔刹的加固设计与砌筑材料和其他部位加固材料和方式是统一考虑的，寺院方在施工过程中还要求在内部增加钢筋构造，最终施工时又在塔的内部增加了井字钢筋混凝土框架。其余均按照施工图设计做法施工。

5. 重建八善塔仍然按照震前八佛塔的位置排序和间距（详见设计图纸）。

6. 塔前转经廊重新建造时，保持震前形制及与八善塔的平面及高度关系。

7. 尊重当地宗教习惯，允许信众在八善塔内置放泥擦擦或佛经等装藏。

8. 八善塔塔体建成后，由当地工匠根据当地佛塔装饰习惯对佛塔外观进行适当彩绘装饰。

注：八善塔的须弥座外观装饰按照修前做法，由水泥雕刻和彩绘组成。水泥雕刻是专门请囊谦藏族雕刻技工承担的。

雕刻部位主要在塔的须弥座部位。

水泥雕刻具体做法：水泥雕刻对沙子颗粒大小要求很高，沙子要细且不能含泥土。首先要解决细沙的采购。施工队从沙厂进的最细沙质量仍不能达标，只好自己去寻找。最后是在几十里以外的通天河河滩上挑选到天然的细沙。选沙先通过手攥，感受沙子的粗细和有无泥土，手感基本符合要求后，再用水洗沙，至完全不含泥为止。因能达标的天然细沙很少，一处能得到一点，3立方米左右的细沙是工人跑了好几个河段才采集成的。因河滩离公路远，河沙都是由工人一袋一袋背到公路上，再由汽车运输。

雕刻用325#水泥为宜，425#水泥比325#水泥凝固快，如一次性雕刻面积大，又阳光充足，雕刻深层时，可能已凝固不好下刀了。因工地只备有425#水泥，考虑到一次性雕刻面积有限，就用425#水泥了。425#水泥与细沙比例是1:1。

水泥和细沙加水后要充分搅拌，水不能太多，太稀不易抹固在基层上。

先在需要雕刻部位（注：基层为毛面，不能洇水，不然凝固得太慢），先用铁抹子上一层搅拌好的水泥沙浆，再用木抹子（或塑料抹子）将水泥沙浆铺开，抹压密实并展平，厚度控制在1.5—2厘米（厚度大雕刻的立体感好，但容易开裂）。然后用海绵反复吸收面层水分约一个小时，水分走完，且水泥沙浆尚未凝固前开始雕刻。

将扎好孔洞的雕刻图谱放到拟雕刻基层上，然后用白粉拍谱，使图案纹饰印在基层上，然后撤掉图谱，用小刀沿纹饰线路进行切割，根据雕刻纹饰的凸起变化，施以不同的雕刻工具，进行刻、剔、铲、削、掏等手法，对局部需要增加立体效果的部位，要将切割下来的水泥沙浆马上粉碎，加少许水搅拌均匀后，抹到需加厚部位，再进行统一造型。由于水泥沙浆雕刻对客观条件要求苛刻，水分大时不能雕刻，开始凝固时不能雕刻，因此雕刻工匠的技艺要十分娴熟，操作要果断迅速，一个雕刻面要一气呵成。

注：为保证八善塔的施工质量，尤其是外形尺寸的一致，施工队技术人员有针对地制作了一些控制性工具。如为使八座塔塔肚轮廓线及眼光门轮廓线圆滑，施工队特意焊接对这两部分控制的1:1钢筋样，确保了八座塔造型尺寸完全统一。

八善塔彩绘是在外形雕刻全部完成之后。

彩绘做法：先在水泥抹面上涂刷白色涂料二遍，再根据图案进行彩绘。

注：重建后的八善塔主体建材仍用片石，砌筑材料用现代水泥沙浆。装饰部分继承了当地风格。基本按原状形制比例修复。

（二）重建三座房式塔

1. 拆除三座震毁严重的房式塔至基础。如现状基础情况良好，应尽量不要扰动，可在原塔基位置清理面层，铺夯一步三七灰土，压实系数>0.90。如需要加固基础，埋深应在当地冰冻线以下。

注：施工实施做法：原四座房式塔平面东西方向不完全在一条直线上，相差200毫米左右，本次应寺院要求平面调为在一条直线上。鉴于地基为卵砾石层，故基础埋深调整至卵砾石层，此处约1.2米。

2. 在卵砾石层上铺100毫米厚C20混凝土垫层，待其固化后其上砌筑塔的基座至塔的全部。

3. 原则要求重建房式塔要按照震前塔的形制和尺度，但由于震后塔的残缺状和不能安全靠近以及无勘测架子的缘故，未能对三座塔进行全面测量，故设计所提供的房式塔图纸是根据局部测量、全站仪测量以及与照片对照绘制的，因此，重新建造时，需根据对塔的底平面尺度的确认，决定三座房式塔是否采用相同尺寸。同时考虑三座塔都是80年代由当地工匠自行设计建造、非完全传统建筑材料（如假编麻墙做法）等因素，故重建房式塔可直接参照现存2007年建造的房式塔做法。

注：施工阶段勘察设计尺寸基本与实际相符，故基本按图施工。施工实施时局部调整：

① 内部上下墙体竖向对齐。

② 在塔身顶部的挑檐部位增加100毫米厚钢筋混凝土板，防止上部挑出荷载引起下部剪切破坏。

③ 改假编麻为真编麻做法。

④ 上层椽采用斜铺方式，可以减少砌体体积，减轻荷载。

4. 重建房式塔砌筑沙浆采用M10水泥混合沙浆，抹面采用聚丙烯纤维沙浆。

5. 根据房式塔的震损情况，在塔脖部位增加钢套，以提高塔颈的抗震性能（详见设计图纸）。钢套实际尺寸可以根据砌筑体具体情况进行适当调整，钢套上下位置应按照图纸。

6. 尊重当地宗教习惯，在八善塔内置放泥擦擦或佛经等装藏。

7. 对 2007 年建造的房式塔，屋面修补缺损瓦件，与重新建造的三座塔一并重新油饰。

注：施工时，原有红机瓦远看完好，但施工时发现普遍损毁严重，一经踩踏就发生碎裂，施工方与寺院、甲方、监理等协商后对该塔瓦件全部更换未琉璃瓦件，与 2007 年建造的房式塔风格统一。

8. 房式塔体建成后，由当地工匠根据当地佛塔装饰习惯对佛塔外观进行彩绘饰面。

注：对三座房式塔的重新建造，较之 2007 年建造的房式塔，除砌筑改为水泥沙浆外，塔体的砌筑主材保持片石未变，并将原假编麻做法改为真的传统编麻做法，加强了局部构造的处理，提高了塔的整体质量，该塔的重建既保留了当地具有代表性的传统材料做法，又体现了重新建造的时代变化。

（三）嘉那道丁塔、三怙主塔和 2007 年建造的房式塔为现状重点加固维修

1. 搭设施工架，重点检查以上三塔的塔脖（截面最小、出现开裂）部位，原则要求拆除塔刹，加固塔脖后重新砌筑塔刹。如局部剔槽可以加固塔颈，则需在对塔刹进行原位固定后进行。注：施工图上绘有局部拆砌示意图纸。

注：施工阶段勘察情况：嘉那道丁塔，塔脖开裂基本只是抹面层开裂，未触及塔脖内部；三怙主塔，塔脖开裂也基本是抹面层开裂，未触及塔脖内部。

2. 加碳纤维箍

（1）清除嘉那道丁塔、三怙主塔的金刚圈和须弥座挑出和出台部位的外缘砌体的抹面层、修补疏松部分，表面清理干净。

（2）在拟粘接碳纤维布条部位均匀涂底胶。

（3）用剪裁好的碳纤维布条对以上部位进行打箍粘接，同时顺纤维方向反复滚压，挤除气泡，使树脂充分浸透碳纤维布。

（4）布条粘接后，再刷一道碳纤维面胶，使其充分渗入布条中。

（5）待完全固化后，表面抹聚丙烯纤维沙浆。

3. 对塔体其他残损部分进行现状修补。

注：施工做法调整，嘉那道丁塔塔肚外侧及须弥座束腰部分增加¢6@200 钢筋网包裹，须弥塔座挑出及错台部位改为外包 L30×30 角钢和扁钢组合焊接成箍套。塔脖仍包裹碳纤维箍加固。整体加固完成并固化后，塔体外部统一抹聚合沙浆面层，白灰浆罩面。

4. 塔体修复后，按照当地宗教习俗，对塔身外表进行统一重新刷饰。

嘉那道丁塔面层加固后基本保持修前原貌。

（四）重建辟邪塔

1. 拆除辟邪塔至基础。如现状基础情况良好，尽量不要扰动，可在原塔基位置清理面层，铺夯一步三七灰土，压实系数 >0.90。如需要加固基础，埋深应在当地冰冻线以下。

注：辟邪塔拆除后，检查发现与其他塔一样基本是在卵砾石层上直接建造，原设计要求重新建造时基础要有一定埋深，后根据地基的实际情况，埋深控制在200毫米左右，为了保证塔基稳定，在基础外侧增加一高800宽200的圈梁，圈梁主筋Φ20@200，箍筋ф8@200，砼等级C30。

2. 该塔与八善塔同为片石砌筑塔身，重新建造只是为提高抗震性能将砌筑材料改为水泥沙浆，其余基本是原拆原建，局部按照设计方案增加一些加固做法，同八善塔。

注：关于塔的形制，我们在去玉树之前，曾搜集了一张带比例的样图，到玉树后发现新寨嘉那嘛呢周围塔刹比例明显比我们搜集的塔刹样本偏胖，而当地寺院向我们提供的佛塔样图，其塔刹比我们见到的实物还要粗壮。由于十五座塔的维修深度各有不同，即使按照当地寺院提供的图样去对重新建造的塔进行整改，也会造成与只进行现状维修的塔的形制差异，且青藏地区不同的塔有不同的样本。因此，在方案设计时，我们均是以维持既有形制为原则。

2011年10月，辟邪塔已施工到塔刹部位，因天气转冷而停工，准备来年施工塔刹。在施工过程中，监督的喇嘛曾提出该塔设计比例不符合当地建制模数，但未提供塔样依据。

2012年1月，寺院更换现场监督的喇嘛（每年一换）。2012年5月在该塔建造过程中，另一位曾经参与过其他塔建造、作为旁站监督的喇嘛，再次提出该塔设计比例不符合他所掌握的塔的样本比例，要求局部修改，他提供的样本我们在前期勘察时是见到过的。鉴于僧人的强烈要求，考虑所在地区的特殊背景，我们同意施工方做局部调整。调整之后，塔的总高增加了2.1米。

注：所有塔的新补配的铜饰件全是从青海湟中县订制加工的。全部铜饰件均重新贴置南京生产的含金量99.3%—99.5%的金箔。

五　施工注意事项

1. 佛塔建造与修缮均可考虑由当地有建造经验的技术工匠承担，他们更熟悉当地佛塔的建筑形制、建造做法以及装藏、装饰等宗教传统习俗。但对于维修工程中的碳纤维加固项目，建议由专业技术部门或专业技术人员承担（如材料供应商承包专项实施）。

2. 应严格遵守相关规范要求和操作规程，作好材料检验和施工记录，以便确保设计的质量要求。

3. 应注意施工期间的气候条件，配备应有的防护措施，不得超规范要求条件强行施工。

4. 因前期勘测条件有限和存在不可预见内容，故在施工中发现或遇到问题，应及时与设计方联系，磋商解决方案，保证施工顺利进行。

施工篇

玉树新寨嘉那嘛呢震后抢险修缮工程第一标段施工报告

我公司具有多年积累的古建筑修复保护的设计和施工经验，尤其在施工方面，拥有一定的技术人员、机械设备和施工组织能力，我公司已完成ISO9001国际质量认证体系的建设。通过招投标方式，我公司获得承担新寨嘉那嘛呢抢险修缮一标段工程。以下是我公司施工报告中与施工有直接关系的内容节选。

一 施工原则

1. 为保证嘉那嘛呢抢险修缮工程的质量，我们依据文物保护原则，严格按照中国文化遗产研究院设计的《青海玉树新寨嘉那嘛呢堆震后抢险修缮工程施工图》设计做法，尊重当地的传统技术及时代特征和地域特点，传承嘉那嘛呢的堆放特色，使修后嘛呢堆、转经廊更加稳固。

2. 修缮施工要求

（1）确保施工安全，对嘛呢石搬运轻拿轻放，对临时拆除构件做好保护工作，施工过程注重文物与人身安全。

（2）修缮时尊重和传承当地的传统技术和建筑物的时代特色。

（3）遵照国家现行有关施工及施工验收规范进行施工，没有统一规定的参照当地传统做法实施。

（4）在修缮过程中的每一阶段，首先依据现场情况做好古建筑的保护措施，确保修缮时作好施工记录，留取完整工程技术档案资料，如发现新情况或与设计要求不符的情况，除做好记录外，应及时与设计单位及主管部门进行联系，以及时获得设计方的调整或变更设计依据。

（5）修缮中所用建筑材料必须满足优质材的标准，以确保修缮质量。

新寨嘉那嘛呢堆震后（修缮前）滑落、坍塌状况见下图（图一至图四）。

图一 转经廊坍塌照片

图二 转经廊坍塌照片

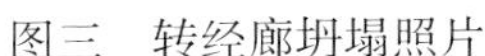
图三　转经廊坍塌照片

图四　转经廊压垮照片

二　施工情况

我标段负责嘛呢堆清理、归整及南侧转经廊的修复。

（一）施工顺序及布局

施工首先从清理、拆除转经廊开始，然后清理嘛呢堆上的经幡，再清理转经道。嘛呢堆的归整是从西向东展开的。

嘛呢堆从西向东一字排列有六个堆（A、B、C、D、E、F），其中 D、E 堆是俯视看似两个堆，划分两堆的是一条不落地的弯道。

开工前嘛呢石堆坍塌严重，通道内都是坍落的嘛呢石，六个堆几乎连在了一起，边界墙已经垮塌，转经廊挡墙全部倾斜，局部已经被坍落的嘛呢石压垮，嘛呢石堆顶部经幡直接盖在嘛呢石表面，刚进入现场看到这一切着实感到震惊，如此多量的嘛呢石，损毁程度的严重，让我方项目部管理人员人员顿时产生“老虎吃天，无从下手”的感觉。

经过项目部会议，决定先清理 A 堆嘛呢石边界。由于藏族同胞对嘛呢石的信仰与崇拜，在清理时必须轻拿轻放。刚清理 A 堆边界的嘛呢石时，没有足够的周转场地，所以尽量往堆顶部转移。工人站成一排，每一块石头都必须用手捧着传递，工人高峰期达到 280 人，每天完成大约 50 立方米的工程量。后来又选择用起重吊车共同转运，并专门订制了吊车调运需用的装嘛呢石的吊兜。吊车首先安装在 F 堆东北角，每天能完成 80 立方米。

但是使用吊车后的进度仍与工期要求距离很大，所以之后又购买了济南生产的恒升牌塔式起重机，臂长 46 米，塔身高度固定在 19 米，塔式起重机在完成 A、B 堆调运工作后，挪到斜通道内的中间位置。尽管塔吊和吊车配合使用，大大提高了工程进度，但所有装卸都仍需要人工手捧进行，人工量之大是之前没有想到的。

（二）重新垒砌嘛呢边界石

设计方原要求重新干摆嘛呢边界墙时基础增加埋深，后经施工清理嘛呢边界，发现基础状况很好，且寺院方提出边界嘛呢石要干摆在高70厘米的须弥台座上，由于涉及外观及工程量的变化，设计方提出应找出变更依据再决定是否调整。我们后来在施工中确实发现有砌筑台子的做法，设计人员经现场核实、确认，同意增加边界底部砌筑台子的做法，设计方随即调整方案，降低边界墙基础埋深，将50厘米砌体提高到地面以上作为边界墙基座，既满足寺院对边界墙的重整要求，又确保原加固意图，控制住工程总量不提高。

重新规整嘛呢石时，干摆墙是重要环节。刚开始垒筑时我们公司的工人没有经验，聘请了一些当地的藏族匠人师傅。垒筑时嘛呢石带雕刻经文的一面不能倒置，而且还要大块的嘛呢石，我们专门派30人挑选大块的嘛呢石，垒筑时一层叠压一层，和砌砖的方法类似，不能出现通缝，以保证嘛呢石边界墙体的稳定，墙体的收分大约5%。

另外，施工前嘛呢堆上的经幡密布，清理工程量很大，设计方在现场提出能否将其一部分利用到边界墙的加固中，后考虑宗教因素和经幡的耐久性，设计方提出用铺埋土工布条的做法提高嘛呢边界墙的整体性，确定在嘛呢石堆边界墙的内部竖向间隔50厘米压一层土工布条网格。该意见在现场经与甲方和我施工方协商后被三方认可。

重新垒砌嘛呢边界石时，又根据寺院方要求，设计方同意将转经通道取直并统一拓宽到2.4米。

（三）转经廊修复

根据寺院要求，为使信众转经时可以避雨，南侧转经廊外侧增加一排檐柱。中国文化遗产院根据此要求补充了转经廊修复设计施工图纸。设计方案只是增加了一排檐柱，加深了出檐长度，原转经廊的部分构件仍可继续使用。

由于嘛呢堆周边转经廊非同期和相对自由建造的背景，转经廊在各转经通道的处理粗略而随意，开始设计要求原拆原建，后来根据嘛呢堆整体整修的情况和这一过程设计方对嘛呢堆活态性质的认识，设计方最后调整了各通道口转经廊的端部处理做法，转经廊较修缮之前完整和美观。

根据中国文化遗产院设计方要求，转经廊彩画修复图案均由当地寺院认可，因八善塔前的转经廊分为另一标段，设计方不要求与八善塔前的转经廊彩画进行统一。

三　嘛呢堆及转经廊修缮做法

关于堆的整修方案最初是按照震前状态进行整修，施工期间寺院方提出将第四（D、E）堆上的斜弯道改为落地的直通道。设计方考虑该堆原本属于一堆，就该区域总体看，位于老嘛呢堆西侧曾消失的一堆已在不断扩展中，且一堆变两堆不仅涉及巨大的工程量变更，而且势必使D、E堆体量缩小。综合考虑后，设计方与寺院方沟通协调，达成恢复第四堆作为一堆的做法，且利用该堆斜弯道的空间，解决更多外来嘛呢石的堆放问题（图五）。

（一）嘛呢堆修缮前嘛呢堆现状

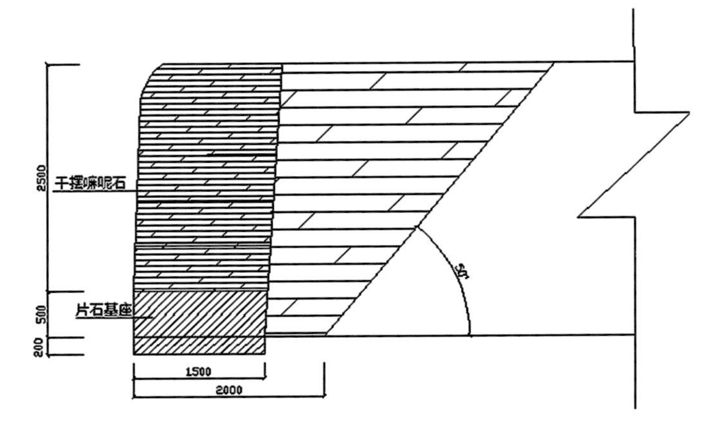

图五　嘛呢堆干摆墙砌筑示意图

嘛呢堆嘛呢石整体在地震的影响下使四周的嘛呢石全部滑落、顶部的经幡密麻乱织。在原有的嘛呢石四周堆放了现代新刻的嘛呢石；嘛呢石周围的毛石挡墙在地震中被破坏，全部倒塌、歪斜。南侧转经廊在地震中坍塌，木构架部分被深埋在滑落的嘛呢石中，转经筒几乎全部被损毁。

A 堆与 B 堆间通道全部被滑落的嘛呢石堵塞。

B 堆与 C 堆间的通道被滑落的嘛呢石堵塞，滑落的嘛呢石使三怙主塔塔座全部被埋，嘛呢石周围的毛石挡墙在地震中被破坏，全部倒塌、歪斜。南侧转经廊在地震中坍塌，木构架大部分深埋在滑嘛呢石中，转经筒几乎全部被损毁。

C 堆嘛呢堆在嘉那嘛呢堆中属于面积最小的一个，东北角依次为铊赞塔、新寨吉巴塔、通瓦荣卓塔、哲莫塔；正北面为辟邪塔。东北部四佛塔在地震中破坏严重，使塔座及塔刹大部分被损毁，B、C 间及 C、D 间通道全部被滑落的嘛呢石堵塞，佛塔塔座堆满滑落的嘛呢石，嘛呢石周围的毛石挡墙在地震中被破坏，全部倒塌、歪斜。南侧转经廊在地震中全部被损毁。

D 堆嘛呢堆和 E 堆嘛呢堆间的通道全部被滑落的嘛呢石堵塞，已不复存在。南侧的转经廊在地震中几乎全部被损毁，南侧大转廊的山墙为水泥空心砖砌筑，其上的砂浆层全部掉落，木构架闪歪严重，屋面为生土屋面，部分坍塌有漏雨现象。中间的西次间转经筒因构架变形，已不能转动。

F 堆嘛呢堆在桑秋帕旺经堂、查来坚贡经轮堂、甘珠尔经轮堂的北面，滑落的嘛呢石包围整个经堂，东侧的嘛呢石将整个八善塔塔座全部包围，八善塔几乎全部被损毁，坍落的塔刹摔落在嘛呢堆中，E、F 间原有通道全部被堵塞，在桑秋帕旺经堂后墙部位全部为滑落的嘛呢石。嘛呢堆上悬挂的大量经幡散落、杂乱无章。

（二）嘛呢堆修缮施工

我方严格按照中国文化遗产研究院设计的“青海省玉树新寨嘉那嘛呢堆震后抢险修缮工程设计方案”予以抢险修缮。

1. 先清理四周滑落的嘛呢，撤出嘛呢石顶部的经幡，然后按嘛呢石的大小、形制、和年代进行分类堆放，清理嘛呢石边界约 2—3 米。

2．找出原有地面，重新找平后下挖约 1500×350 毫米基槽，其下为 C20 素混凝土垫层，其上为毛石灌浆基础，室外 ±0.00 以上为宽 1500、高 500 毫米的毛石砌筑挡土墙，在毛石挡土墙上进行干摆嘛呢石，挑选规格较统一、大小一致的嘛呢石重新干摆至 2500 米。

3．先将基层清扫干净，然后用墨线弹出墙的厚度。根据设计要求，按照嘛呢石的排列形式进行试摆。摆第一层嘛呢石前先检查毛石挡土墙基层是否不平，如有偏差，用砂浆抹平。嘛呢石大的开口要用小的嘛呢石片垫在下面。注意小的嘛呢石片不要长出墙外，嘛呢石的接缝处一定要平整。

嘛呢石与嘛呢石接缝处高出的部分拉平。用细小的嘛呢石将残缺部分填平。把污染的嘛呢石清理以求得色泽和质感的一致。用清水和软毛刷子将整个嘛呢石清扫、冲洗干净，使之露出（图六）。

4．在干摆墙顶部向中心处约以 300 毫米向里收分（约 30 度），以保持新干摆墙与嘛呢堆的稳定性，为了保持原有的历史性和参考别处嘛呢石的形制，在干摆嘛呢石墙中立放大块“六字真言”、浮雕式佛像和吉祥图案，在大块嘛呢石周围处加设木框，四周用较大的嘛呢石压砌（图七）。

图六　嘛呢堆干摆墙施工

图七　干摆墙内镶嵌大块嘛呢石

图八　干摆墙间隔铺设土工布

5. 为提高新垒干摆嘛呢边界墙的稳定性，施工中我们遵循设计方的补充要求，在新干摆的嘛呢石墙内部每 500 毫米间隔铺设土工布条（图八）。

6. 在干摆嘛呢石中为了体现嘉那嘛呢的历史性，我方在干摆时尽量采用旧的嘛呢石，部分干摆墙的嘛呢石由于本身大部分被破坏，我方同三方洽商，从玉树州现存的嘛呢石中选取年代和材质与嘉那嘛呢堆一致的嘛呢石运至现场，进行干摆。

7. 干摆墙在施工中首先选择平整度、大小规格较统一的进行干摆，选择嘛呢石时要轻拿轻放，干摆前先挂线，保持干摆墙灰缝的顺直度及美观的要求，每层干摆墙必须在同一水平线上，每干摆 4—5 层后用木槌拍打平整。在大块嘛呢石缝隙内选用与开口大小一致的嘛呢石将其填充，选择的嘛呢石必须干净没有污物，部分被污染的嘛呢石用水冲洗干净后方可进行干摆。A 堆干摆墙的位置按原有的基础遗址进行恢复（图九）。

（三）土工布特点及应用作用

1. 土工布强力高，在干湿状态下能保持充分的强度和伸展。

2. 具有耐腐性，适用与不同酸碱度物质的结合，保持新干摆嘛呢石墙的使用寿命和质量。

3. 抗微生物性好，对微生物、虫蛀等对起自身的损害有良好的效果。

4. 土工布剪裁与施工方便，因其材质轻、柔，故运送、铺设、施工方便，对施工整体进度影响很小。

（四）嘛呢堆整修后

A 堆外侧干摆墙的位置按原有的基础位置进行恢复，与 B 堆之间的转经通道加宽至 2.4 米，通道边界

图九　A 堆干摆墙的恢复

墙取直。

B 堆外侧干摆墙的位置按原有的基础位置进行恢复，与 B、C 堆之间的转经通道加宽至 2.4 米，通道边界墙取直。

C 堆干摆墙的具体位置按原有的基础遗址进行恢复干摆，东侧干摆墙原方案为围绕房子，干摆墙现变更为拉直，与塔间隔约为 2.8 米。

D、E 堆恢复为一个整堆。

F 堆位于转经通道的边界墙取直，与经堂保持安全间隔，东侧与八善塔间的转经通道全部被打开。

嘛呢堆整修后为五个独立堆，加上西侧尚在堆放一堆，正好恢复原六堆格局。

原有的简介牌在大转经廊南侧，为协调整个嘛呢堆及转经廊的统一性，三方洽商决定改南侧的简介牌至东南角。

（五）转经廊维修施工

1. 转经廊拆除

（1）在拆除前对转经廊进行全面细致的调查、测量、录像、拍照，并在此基础上完成转经廊平、剖面草图，以此复核施工图设计图纸。

（2）根据转经廊的结构特点，按设计要求逐一实施自上而下拆卸。

（3）对代表性残损构件尽可能地在拆卸时勾画出草图式样并详加文字、照片记录和说明，以便修复时参考。

（4）拆卸挡墙体前，必须保证其后嘛呢堆得稳定性，防止其滑落。拆除的建筑垃圾集中堆放，并及时清理外运。

图一〇 转经廊木构件安装

2．修缮施工技术

在抢险维修设计方案中，关于转经廊只有拆除重建的文字要求，没有转经廊重建的设计图纸，在施工开始后，设计方及时到现场补充了转经廊的勘察，编制并提交了转经廊重新修建的施工设计图纸。根据使用方要求，新设计的南侧转经廊外侧增加了一排檐柱（图一〇）。

（1）部分转经廊被滑落的嘛呢石压塌，且部分建筑被埋在里面。首先清理滑落的嘛呢石。由于信徒和当地藏族群众虔诚的宗教信仰，视嘛呢石为神物，由于嘉那嘛呢石有300多年的历史，故其中的嘛呢石也有较长的时间，是研究藏文化、藏式雕刻及藏传佛教历史的实物教材，因此在本次的清理活动中采用人工转运的方法，对于不同的嘛呢石按其材质、大小、类型进行分类，对深埋在地下和原有嘛呢堆周围的隐蔽的嘛呢石采用人工挖掘，在挖掘中选用自制的挖掘工具，小心开挖，避免用力过大而破坏嘛呢石，大块完整的嘛呢石重新用毛刷水洗干净后再重新垒放，细小、破碎不能复位的嘛呢石粒被集中堆放，后经寺院方和建设方同意被运至河边集中处理。

（2）由于转经廊材质粗糙和建筑质量低下，部分木构件腐朽，加上地震导致转经廊大部分木构件损坏，故转经廊全部拆除重新修建时，增补了大量木构件。

（3）转经廊木构件制作所需的木材均为俄罗斯红松，购置木材时，有原产地合格证、运输检疫证明。部分构件木材取样送至当地试验部门，进行了含水量的检测以及其他物理强度的检测和试验。

（4）施工顺序：坍塌破损的构件清理→分类编码堆放→木柱制作→椽飞替木制作→挡墙基础开外→基础工程→挡墙砌筑→定位柱础安装→转经廊木构件安装→转经廊木基层制按→屋面苫背→屋面瓦瓦→油饰彩画。

（5）施工方法的总体部署：根据文物保护原则“修旧如旧，不改变文物原状”的总体思路进行修建，按原有风格和做法进行修建。屋面脊饰的艺术造型按照地震前简易做法恢复。建筑细部构造和原材配件等都先拍照，做好记录，进行细致的编号，保证了原貌的恢复。大木构架制作安装和墙体砌筑阶段，采用均衡流水施工法组织施工，以每日提供一段作业成品为目标，分工种依工序进行流水循序作业，以减少待工和窝工，提高工作效率。

（6）由于木结构极易腐蚀的特性，根据我方多年来在木结构方面的施工经验，在柱子与柱础结合面用沥青防腐漆对其柱子截面刷三道，椽子尾部200—300毫米也用防腐漆涂刷。

（7）木材含水率要求：用作承重构件或小木作工程的木材，使用前经干燥处理，含水率符合下列规定：

① 原木或方木构件，包括梁枋、柱、檩、椽等，含水率不应大于20%。

② 板材、斗拱及各种小木作，含水率采用表层检测方法，表层20毫米深处的含水率控制在不大于16%。

（8）屋面用20毫米望板柳叶缝横铺，其上满布塑料薄膜作为防水，再上苫草泥，待草泥屋面干至七八成后用红陶瓦瓦瓦。椽尾部用片石压砌，用M10水泥砂浆进行抹面。

（六）木构件安装做法要求

1. 柱础和柱子安装：按标高抹好水泥砂浆找平层，安装柱子时柱子底部要弹好定位线，确保柱中落在柱础中心位置。安装好的柱础用水准仪检测其标高，柱子安装后用线锥逐一进行检测，以保证所有檐柱标高的统一。

2. 梁、枋、桁安装：在圆柱子上弹出轴线和水平线，安装支柱之前，支柱下垫通长脚手板，支柱采用双支柱，间距600—1000毫米，支柱上垫100×100毫米方木，支柱中间加剪刀撑和水平拉杆，检测梁、枋柱中线对准度。

3. 椽子安装：安装之前，全部预制构件必须符合质量要求，在搬动、运输、储存过程中无损坏。在椽斗端部拉通线，尺量控制檐椽，飞椽椽头平齐。用尺量控制椽档均匀，拉通线，用尺量控制大连檐平直度、小连檐平直度。

4. 屋面木基层：转经廊椽子上用20毫米望板柳叶缝横铺，钉椽步骤，在已安装校正的檩条上钉样椽一根，定位操平，椽尾铁钉钉牢，椽首钉钉挂线，线一端扎结固定，另端通过椽头钉挂吊锤。保证檐椽标准线的横线平直，使椽头定位于一条平直的横线上。椽的铺钉，两人一组分前后看样钉椽，前者瞅准标准线，后者将椽尾钉在已确定画出的椽位线上。并对个别椽只进行前檐上支垫，使椽头平铺在同一水平线上。

望板的制作与安装：依设计文件要求望板为柳叶缝拼装做法，望板底看面刨光，宽边斜削柳叶缝槽，望板横铺，板宽在120—300毫米之间，最短不少于1米。

5. 屋面苫背及瓦瓦：望板上铺草泥苫背，草泥背必须拍实抹平，铺瓦前对所有瓦件必须优选，敲击声音清脆者属于合格瓦件，防止破损漏水瓦上房，铺瓦所用泥浆必须与苫背粘牢以防滑落、松动。瓦面瓦瓦按规范铺设，座泥浆要饱满，在瓦瓦结束后清扫瓦面，使瓦面排水畅通。

（七）油饰彩画

基层表面打磨平整→下木钉→表面除尘晾干→捉缝灰→细灰→石膏腻子→两麻一灰→头道漆→二道漆→旧细砂纸顺抹→三道漆→丈量起谱→分中打谱→配立粉材料→立粉→包胶→彩画饰面→彩画涂刷保护层。

1．木构件基层处理：

（1）基层处理：基层是指被油漆彩画涂饰的面层，基层处理是油漆彩画工程中非常重要的一个环节。基层处理包括清除尘污、油迹及粘附的杂物、基层干燥，为防止渗吸及提高涂料的附着能力等目的而涂布的封闭处理材料等，还包括为适应装修涂饰的施工而预先对基层进行的准备工作（图一一）。

图一一　木构件基层处理

（2）清理：木构件表面留有灰尘是难免的，施工前要用铲刀和毛刷清除木材表面粘附的灰尘。有油污和余胶的表面要用温水或肥皂液、碱水洗净后，用清水洗刷一次，干燥后用砂纸打磨光滑。

（3）打磨：经过清理后的涂饰表面要用 3/2 号的砂纸打磨，使其表面干净、平整。为便于涂饰，各种棱角要打磨平滑，木材表面的刨痕，可用砂纸包木块打磨，如有硬刺、木丝、绒毛等不易打磨时，可待刷完底油后再打磨。已经清理干净的基层上，对于基层的缺陷采用刮批腻子的方法，对于表面强度较低的基层还应涂增强底漆。

（4）木构件基层：木构件因受气候影响引起胀缩变形较大，传统工艺为披麻刮灰作法。本工程只做单皮灰（即捉缝灰、通灰、细灰）。具体操作程序如下：

a．砍净挠白：用铲刀和挠子将表面污物、裂缝杂物清理干净，以达到新木茬更牢固的与地仗粘接。木材如有较大裂缝，用刀尖顺着裂缝将其扩大，使油灰易于进入。大缝用木条嵌实钉牢，如有翘茬，则用钉子钉牢或去掉，遇有松节子时，需彻底清除掉或钉实。

b．下木钉：木构件因受气候干湿影响，木材缝隙会出现膨胀与收缩，导致嵌缝的腻子破损松动，所以在裂缝内要下木钉防止缝隙大小的变化，根据缝隙宽窄深浅确定钉的长短粗细，间矩约 10—15 厘米。为使受力均匀不易脱落，同一条缝内的木钉应同时均匀打入，缝内满刮腻子后，钉与钉之间用木条嵌实刮平，防止木材胀缩使腻子脱落。

c．底胶：为确保地仗和木构件更好地粘接，在完成前两道工序后，须刷一遍胶（用聚醋酸乙烯），这道工序比较重要，根据木构件质地的不同在较疏松的木构件上面深刷时可适当加水。

（5）基层要求：无论何种基层，经过处理后，涂饰前应达到以下要求：

a．基层表面必须坚实，无酥松、粉化、脱皮、起鼓等现象。

b．基层表面必须清洁，无灰尘、油污、脱模剂等影响粘接的任何杂物污渍。

c．基层表面应平整，角线整齐，无大缺陷，但不必光滑，以免影响粘接。

2．地仗灰的制作及操作程序：

（1）捉缝灰：以石膏粉 : 大白粉 : 面粉 : 骨胶液（干胶 : 水 =1:5）: 清漆 =7:3:2:7:3 调成硬糊状。满塞缝内，要求填实、填饱、填满，严禁出现蒙头灰，以防翘皮导致脱落，缺棱短角处要修补整齐，干后用铲刀清理余灰、飞刺，再用中号砂纸打磨，然后用棕刷打扫干净。

（2）通灰：又名扫荡灰，用皮子或较软铁板满刮构件，不可太厚，但要均匀一致，对凹凸不平处一定修补整齐，干后打磨，清除浮尘。通灰所使材料同捉缝灰，调制时在灰浆中略加水调成稀糊状，以便刮批均匀。

（3）细灰：清理完中灰以后，在原灰的基础上，将石膏粉的占比改成 3，大白粉的占比改成 7 即可。然后先在框线、坡棱等处以细灰找补整齐，再满刮大面处，其厚度不可超过 2 毫米，接头要平整，薄厚均匀一致，干后以细砂纸细磨一遍，清扫浮灰。

（4）石膏腻子：配比约为石膏 : 光油 : 水 =16:6:6。石膏先加光油混合搅拌，然后加水调至体积不胀，挑丝不倒即可，要随用随调，量不宜大。因石膏性质不同，又有过期不过期的差别，调配以适用为准（图一二）。

图一二　木柱地仗处理

3．油漆工程：

（1）细灰清扫干净后，在上架的椽子、飞头等处先满刷头遍漆。

（2）头道漆干后，以细砂纸顺磨，再用净湿布擦净浮灰、杂物等，接着刷二遍漆（上架油活只刷两道漆）。

（3）二遍漆干后，以细砂纸再顺磨，磨时要轻，不可太重，然后用净湿布揩净浮灰，刷第三道漆，此道漆是最后交活的一道工序，要求漆膜饱满，平整光滑，均匀一致，不花不流，光泽一致，不透底漆。

4．彩画放大样

彩画图样符合当地传统彩画的内容和形式风格，根据设计方要求由寺院方确认。

（1）丈量起谱：先丈量好所有构件的尺寸，按间次、长短宽窄依次按顺序编号，并画出定位图。然后配纸，用炭条在对折的牛皮纸上绘出所需的纹样，再用笔墨勾勒，经过扎谱后展开即成完整图案。大样绘完后用大针扎谱，针孔间距3毫米左右。

（2）分中、打谱：在分中打谱之前，用砂纸将生油地仗满磨一遍，用水布擦净，然后根据构件长宽尺寸定出横竖中线，将谱子定位摊平，用粉袋循孔拍打，使色粉透过针孔印在地仗上。

5．彩画设色

（1）刷色：刷色是一项繁杂的工作，为避免差错，传统以不同数字代表不同颜色，如：一米色、二淡青、三香色、四硝红、五粉紫、六绿、七青、八黄、九紫、十黑、十一红。这些代号写在谱子上经过扎孔、打谱印在地仗上，也有用粉笔直接写在地仗上。

（2）颜料用胶：传统彩画以矿物颜料为主，如铅粉、银朱、土红、樟丹、石黄、雄黄、铬黄、伏青、砂绿、洋绿等。颜色的胶结料，过去用广胶，比一般骨胶质量好。但是熬成的胶水容易变质，调成的颜色一两天用不完就有变黑现象，尤其夏天还会发霉。为了保证工程质量，严格把控用胶比例。

6．彩画材料

彩画材料一律使用国产矿物质专用材料，分以下几种：

（1）油绿：也叫“美术绿”。

（2）群青：又名“佛青”。

（3）樟丹：亦名“红丹粉”，以福建樟州产为上品。

（4）石黄：石黄有“雄黄”、“雌黄”，“中铬黄”等，以中铬黄耐久、遮盖力强而备受彩画界青睐。

（5）白色：有“铅粉”、“钛白”、“锌白”等，铅粉色白，但年久易氧化变黑。钛白为上品，锌白次之，目前市售（广西柳州）立德粉也是彩画界常用的上好白粉。

（6）胶料：按规定必须使用中国传统皮胶，目前已极为缺乏，改用骨胶（颗粒胶），严禁以化学胶代用。也可使用醇酸清漆调制油色（注：按此做法，可防雨水冲刷）。

（8）金箔（有库金、赤金）、铜箔：目前也有使用金粉代替，但金粉有真金粉和铜金粉。真金粉有钛金、销金，但造价比纯金箔还高。铜金粉使用方便，但保质期较短。

（9）土粉子：俗称“大白”，沥粉多用之。

7．油漆材料（以西北油漆厂产品为佳）

醇酸大红漆，醇酸大红磁漆，醇酸绿漆，醇酸清漆，醇酸稀料，醇酸黄漆（除磁漆外，其余皆为调合漆）。

8．地仗灰的配制

（1）油灰

a. 砖灰属商品供应，分粗、中、细三种粒度，其规格为：大籽灰 16 目 / 英寸，中籽灰 24 目 / 英寸，细灰 80 目 / 英寸。

b. 各种用途的级配：捉缝灰、通灰：大籽灰 70%，细灰 30%；压麻灰：大籽灰 60%，细灰 40%；中灰：中籽灰 20%，细灰 80%；细灰：细灰 100%。

c. 调灰及使麻的材料配比：

	油满	血料	砖灰	备注
捉缝灰、通灰	1	1	1．5	
使麻	1	1．2		
压麻灰	1	1．5	2．3	
细灰	1	10	39	加光油 1 水 6

（2）石膏腻子

配比约为石膏 : 光油 : 水 =16:6:6。石膏先加光油混合搅拌，然后加水调至体积不胀，挑丝不倒即可，要随用随调，量不宜大。因石膏性质不同，又有过期不过期的差别，调配以适用为准。

（3）立粉材料用胶

立大、小粉时胶水按季节变动配比，重量比如下：

	春秋雨季	夏季	冬季
干胶	100	100	100
水	140	100	200

四 文物保护管理与施工部署

玉树新寨嘉那嘛呢为全国重点文物保护单位，项目部管理人员具有一定的文物保护意识和施工管理能力。为了保证质量、工期要求和能有充足、可行的施工时间，如期完成维修施工任务，我公司具体部署如下：

（一）组织机构

根据本工程施工特点、规模及地理位置气候条件，结合我公司施工管理经验，结合《建设工程项目管理规范》（GB/T50326-2001）规定。项目经理部设置项目经理 1 人，项目工程师 1 人（文物修缮的专业人员）、施工员 1 人，职能部门有材料设备部、技术质量部、安全生产部、预算财务部（图一三）。

1．项目部成员职责

项目经理：全面负责该工程的各项工作，包括质量、安全、工期、成本、文明施工等，是工程项目的

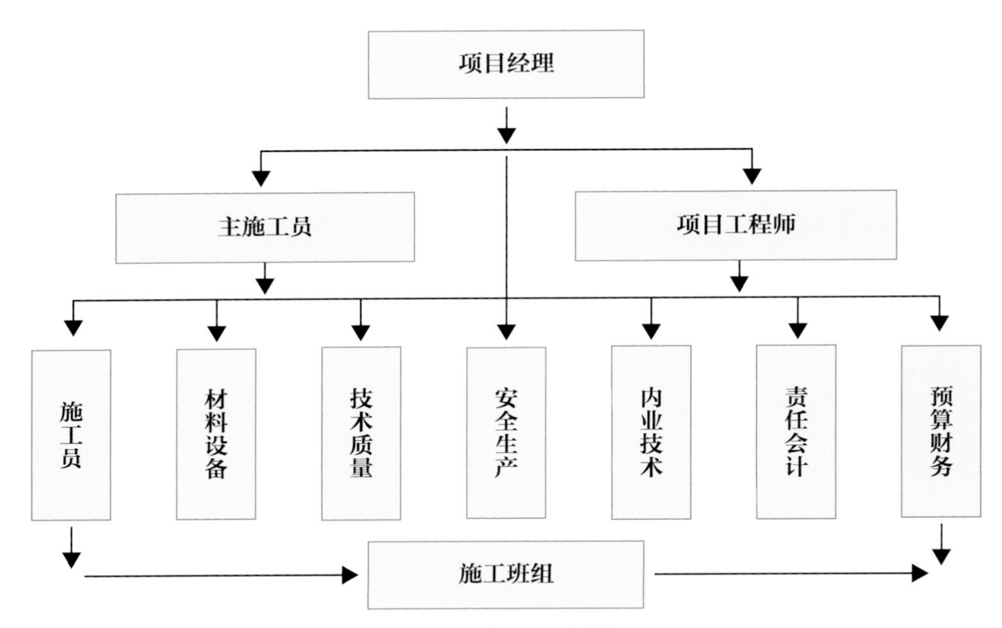

图一三　项目经理部设置

第一责任人，对外协调好甲方、监理的关系，对内处理好项目部内部、项目部与总公司、项目部与公司、项目部与当地有关单位等的关系，搞好项目部班子成员建设，及时落实工程款的回收工作。

项目工程师：负责该工程的质量、技术工作，编制该工程施工组织设计及各种施工方案，组织技术交底工作，及时有效地处理工程中发生的各种技术问题，严格控制施工过程中的工程质量，严把质量关，监督“三检制”的落实情况，及时做好质量验收资料。

主施工员：负责该工程的质量、安全、工期、文明施工等工作，是工程质量、安全、工期的直接负责人，严格按照施工图施工，进行过程控制，施工前做好各项准备工作，对操作班组进行质量、安全、工期、文明施工等交底，做好施工资料及贯标资料。

技术质量部：负责该工程的质量管理工作，施工过程中严格监督施工质量，进行全过程控制，及时做好质量保证资料。

安全生产部：负责该工程的安全管理工作，负责安全目标的落实和考核工作，严格监督项目部按照JGJ59-99标准和总公司的要求进行现场安全管理，负责做好安全方面的各种资料。

材料设备部：负责该工程的材料管理工作，负责现场材料整齐堆放，严格按照施工平面图进行布局，配合施工员做好材料方面的文明施工工作，严把材料进场关，不合格的材料坚决退场，工程所需的各种材料按照计划及时进场，做好材料管理资料及贯标工作。

预算财务部：项目施工前编制项目承包施工预算及工料大表，按照进度做好工程计量，按实报出验工月报，并与承包内控预算对比，做好设计变更、经济签证和索赔工作，协助项目会计做好工程成本分析，按月审结工作量，做好工程的竣工结算工作。

2．项目部施工管理体制

公司授权本项目部就本项目全权代表我公司行使职能，统一指挥本工程的一切劳务，协调好各方面的关系，排除各种障碍，确保工程能按预定计划顺利完成。项目经理对工程的质量、安全、进度、效益负有直接责任，项目部的工作对本承建公司负责，接受建设监理单位的监督及指导。

本工程按项目法施工。现场实施二级管理模式。

工程的质量合格是我们企业至诚至信的追求目标。对用户的承诺必须不折不扣地兑现。要明确严格按规范施工的工程就是精品工程。项目经理部严格遵照现行的国家规范标准和企业制定的各种规程、工艺标准、制度手册的要求，科学管理，精心施工，接受业主、监理单位和上级部门的监督、检查和指导，负责对本工程工期、质量、安全、成本计划的实施活动进行组织、协调、控制和决策，对各施工要素实施全过程的动态管理。对重要的分项工程要定人员、定职位、定责任、定权力、定利益，并及时进行监督和指导。

3．施工组织协调

工程施工过程是通过业主、设计、监理、供应商等多家合作完成的，如何协调组织各方的工作和管理，是能否实现工期、质量、安全、降低成本的关键之一，因此，为了保证这些目标的实现，制定以下制度确保各方面的工作协调好。

制定图纸会审、图纸交底制度。在施工之前，项目经理部、生产技术和施工队长应核对图纸，参加由业主组织的图纸会审、图纸交底会，会中确定的内容形成第一份施工文件。确保工程的顺利开始。

建立周会制度。在每周的固定时间召开由监理主持，业主、设计、施工各方参与的周例会，会中商讨一周的工程施工和配合情况，解决问题。可以将一周内的问题在召开周例会时，统一办理洽商。若遇特殊情况或急需解决的事情，可以立即找到业主、设计、监理商讨解决。

制定专题讲座制度。遇到较大的技术问题时，业主、监理、设计、有关施工方聚到一起商讨解决。此专题会不定时召开。

制定考察制度。所需的原材料，必须由供方提供质检部门的合格证书，项目的分供方要三家以上参与竞争，因此制定考察制度，组织业主、监理共同对主要分供方进行考察，经过综合评比最终选定合格满意的供方。再提供样品，由施工质检部门认可。

（二）施工质量管理规划

好的施工质量是企业信誉的窗口，所以在施工过程中必须严格按设计要求和国家现行施工验收规范精心组织施工，执行国家工程建设强制性标准，工程竣工验收时质量达到下述目标：

（1）工程质量一次验收达到国家现行相关验收规范的合格标准，各项技术资料达到竣工资料要求。

（2）施工范围内的全部工程使用功能符合国家文物修缮技术规范和业主要求。

（3）经政府部门验收评定单位工程质量达到同行业领先标准。

（三）施工现场管理规划

根据国家及青海省关于文明施工的有关规定标准，以及我公司相关的实施细则，从现场的总体规划管理、施工区域管理、生活区域管理、职工精神文明教育等方面，切合实际地制定专门实施细则，并认真贯彻落实，将该工地建成文明工地。

五　工程质量措施及质量情况

该项目自我公司中标后，编制《施工组织设计和方案》，并上报总监理工程师，审查通过后，于2011年7月26日开工。在施工现场建立了完善的质量保证体系和安全管理体系，把质量责任落实到每一个员工，在施工中严格执行“三检”，并切实严把原材料质量关。从开始施工至竣工，始终严格按照设计图纸和有关设计变更文件精心施工。遵守《中华人民共和国文件保护法》、《古建筑维护与加固技术规范》和《古建筑修建工程质量验收评定标准》。在不改变文物原状的前提下施工修缮。在监理工程师和主管部门人员的严格监督和正确指导下，无违反工程建设标准的施工行为，未发生质量事故和人员伤亡事故。在工程施工中期进行了本工程初部验收，验收结论为“工程质量优良，资料完整”。在后期的施工过程中继续加强施工管理，严把质量，不断地改进，各分部分项工程均符合古建筑施工质量验收评定标准，总工程质量验收为“合格”（图一五）。

图一五　玉树新寨嘉那嘛呢维修后全景

六　工程进度与完成承包范围

工程自2011年7月26日开工，我公司对本工程所需装饰构件及其他构件进行了提前订制，全面地划分了施工流水段，制定了互相交叉施工的计划报表。在施工中对各个施工段严格管理，统筹安排，使各段施工紧凑有序，各项与进度计划基本闭合，至2012年9月12日已完成我方所承包的所有工程量。

甘肃省永靖古典建筑工程总公司仿古一公司　冯仕军

玉树新寨嘉那嘛呢震后抢险修缮工程第二标段施工总结

一　工程概况

（一）震后残损现状

经堂：桑秋帕旺经堂屋面渗水、墙体歪闪开裂、墙皮脱落，柱子失效或严重开裂；查来坚贡经轮堂屋面渗水、墙体歪闪开裂、墙皮脱落；甘珠尔经轮堂平屋面渗水、墙皮脱落。

佛塔：八善塔及转经廊坍塌、三座房式塔坍塌，一座房式塔墙皮脱落、三怙主塔和嘉那道丁塔塔体局部开裂、墙皮脱落。

各种铜件缺损，油饰彩画脱落严重。

（二）抢险修缮后的状况

序　号	项　目	内　容
1	桑秋帕旺经堂	墙体加固：清除原抹面砂浆，清理干净砌筑缝隙，采用碳纤维布加固和钢筋网加固。 抹面采用聚丙烯纤维砂浆：20厚（最薄部位）聚丙烯纤维砂浆抹面要分两层（或三层）进行。 柱子加固：对失效及开裂柱子进行补筋、粘钢加固。对出现裂纹等损坏的梁板用碳纤维布粘接。 屋面：坡顶屋面按现状做法翻修，屋面瓦全部为琉璃瓦；平顶屋面重铺SBS防水卷材。 装饰：外墙表面用铁红色涂料（防水）罩面，内墙面及顶棚做白色涂料粉刷饰面。按要求对隔断、台阶、地面等拆除、翻修。
2	查来坚贡经轮堂	墙体加固：由于佛像大且无法移动等原因，设计进一步核实结构后，决定取消添加钢筋混凝土构造柱的做法，采用注浆和花秸泥重新抹面加固。 修补残损夯土墙。 屋面：坡顶屋面按现状做法翻修，屋面瓦全部为琉璃瓦；平顶屋面重铺SBS防水卷材。 装修：按现有材料和做法全面整修。
3	甘珠尔经轮堂	重点对转经桶固定架进行检修。 屋面：检修坡顶屋面；平顶屋面重铺SBS防水卷材。 装修：按现有材料和做法全面整修。

序　号	项　目	内　容
4	八善塔	八善塔：重建仍然按照震前八善塔的排序和间距，保持原形制。 转经廊：重新建造时，保持震前基本形制，重点加强后墙及基础做法。
5	房式塔（四座）	重修（三座）：重建房式塔可直接参照现存2007年建造的房式塔做法。 加固（一座）：重点检查塔脖（截面最小、出现开裂）部位，原则要求拆除塔刹，加固塔脖后重新砌筑塔刹，检查开裂处用碳纤维布加固。对塔体其他残损部分进行现状修补。
6	嘉那道丁塔、三怙主塔	加固：重点检查塔脖（截面最小、出现开裂）部位，原则要求拆除塔刹，加固塔脖后重新砌筑塔刹，检查开裂处用碳纤维布加固。对塔体其他残损部分进行现状修补。
7	油饰彩画	按照当地宗教建筑习惯装饰做法，重新油饰、彩绘。
8	铜兽件	按当地习俗填配铜件，贴金。

建设项目相关单位及建筑结构见附表。

一般情况	工程名称	青海玉树新寨嘉那嘛呢震后总体抢险修缮工程（第二标段）	建设单位	青海省文物管理局
	建设用途	文物抢险修缮保护	设计单位	中国文化遗产研究院
	建设地点	玉树州结古镇新寨村	监理单位	广东佛山市立德工程建设监理有限公司
	总建筑面积	4926平方米	施工单位	北京市园林古建工程公司
	开工日期	2011年7月26日	竣工日期	2012年8月30日
	结构类型	石砌体、木结构、钢筋砼框架结构，抢险加固	基础类型	扩大基础等
	高度	20.2米	投资金额	1935万元
构造特征	经堂	桑秋帕旺经堂一层外墙为石砌体承重墙结构，殿堂内为独立柱框架结构，二层、三层为空心砖砌块。查来坚贡经轮堂为夯筑土墙结合独立柱框架结构。甘珠尔经轮堂为砖砌体结合独立柱框架结构。		
	佛塔	新做的八善塔和三座房室塔为石砌体（水泥砂浆）结构，加固的佛塔为石砌体（土泥坐浆）外罩水泥砂浆。		

二　机构组成

（一）人员组成

北京市园林古建工程公司于2011年6月19日中标龙门桥搬迁复建保护工程后，公司抽调经验丰富的施工管理人员组成项目管理班子进行青海玉树新寨嘉那嘛呢震后总体抢险修缮工程（第二标段）的施工。建立以国家一级项目经理姚宝琪为首的项目经理部，有丰富对外联系经验的工程师李英为总协调，工程师罗福明担任生产负责人，安全员为穆胜利，施工员为刘国斌，古建专业质检员为姜俊良。

（二）机械设备和人员投入情况

由于与一标段协调等各种原因，2011 年 10 月 3 日开始拆除塔体。施工现场比预计情况复杂，为此采用人工拆除结合挖机进行作业。为了将塔体砌筑物和塔体内装藏物品区分开来，使得机械和人员投入大量增加，期间动用运输车 4 辆，挖土机 1 台，人员 50 人。清运建筑垃圾 500 余方，装藏物品（嚓嚓、青稞等）200 余方。

经堂和塔体加固、新建期间，高峰时期人员达到 260 人次，平均用工每天 120 人次。

三 质量管理情况

青海玉树新寨嘉那嘛呢震后总体抢险修缮工程（第二标段）既有新建的佛塔，又需要保护经堂、佛塔等文物建筑。本工程施工本着双重标准进行严格的质量控制和管理。在青海省文物管理局和广东佛山市立德工程建设监理有限公司的双重监督和管理下，对经堂和佛塔进行了全过程的抽检，工程质量合格。

（一）材料及试验控制

为了保证工程质量，所有用于本工程的材料，其来源都获得监理工程师的批准，其质量和性能都符合国家现行规范或所引用的其他标准，按相应的材料标准和试验规程进行材料性能试验或质量检验。在材料合格情况下实行材料竟标采购，以控制成本。同时选择最佳运输方式，组织材料运输。进场后做好材料的验收、保管、加工和发放工作。

为了保证材料的合格，我们提前将钢筋、水泥、砂石等进行送检，对旧塔的石材进行送检，对有风化的地方处理或重新填配，原则使用旧塔拆后剩余的木制构件，对震后损坏和糟朽的木制构件按原制进行了填配。

（二）施工过程中质量控制措施

在基础施工中，对基础的深度、持力层和地基处理进行了严格的质量控制，保证符合设计要求。

为了保证失效和开裂柱子的重接效果，采用钢筋焊接和商品砼浇筑配合振捣棒施工。接柱时对柱头部分剔凿、清理、冲洗、刷浆。对焊接的钢筋连接接头取样并送试验室进行了力学性能试验，检验合格。

对加固所使用的碳纤布优选厂家，派人到厂家学习，并在施工中严格遵循厂家的电话指导，保证了施工质量。

为了进一步加强对开裂柱等的加固效果，在征得设计方同意的情况下对柱子采取了角钢焊接加固。

多次复检梁柱，在灯光的照射下一寸一寸地仔细检查梁柱是否有开裂情况，对每道裂纹都不轻易放过。

塔体砌筑中提高水泥砂浆标号，对石材缝隙采用细石混凝土灌缝。在塔体砌筑时增加了构造柱和内部的圈梁；严格控制砌筑缝隙厚度、错缝宽度及砌体的垂直度、平整度，误差在允许范围之内。

经堂墙体加固：铲除原有墙皮后打孔布筋，为了保证拉结筋将墙体两侧钢筋网拉紧，拉结钢筋采用电焊形式；抹灰前用空压机对墙体进行吹扫，清除石材表面和缝隙中的泥土，然后用喷雾器喷水湿润墙体，再分次、分层抹灰，减少墙体抹灰的空鼓现象。一个月后派专人对墙体进行敲打，发现一处空鼓处理一处。

在抹灰前，沿墙体裂缝布置注浆孔，为以后注浆做好准备。但随着村民房屋的拆除，我们发现，石砌体墙仅两侧墙皮用泥浆码砌，中间石块为干摆码放，且由于石块较小，不可能过多地采用拉结砌筑。我们分析经堂的砌筑形式，由于条件限制，与当地民房砌筑形式应该一样。故在抹完聚丙烯砂浆后我们又决定对整个墙体（桑秋帕旺一层）从基础到一层梁底间隔 1.5 米梅花形满布注浆孔，进行注浆处理，尽可能保证墙体内部的整体性和牢固性。

（三）工程质量自检及质量评价

整个抢险加固工程（第二标段）共有单体建筑 19 个，划分为两个单位工程，15 个子单位工程，50 个分部工程，34 个分项工程。其中分项工程平均自检合格率 100%。自检评分 97.8。分部合格率 100%，自检评分 97.8。单位工程自检评分 97.8。

质量保证资料齐全有效，外观质量良好，符合设计要求及现行检验标准规定，质量合格。

施工过程中，严格按照《中华人民共和国文物保护法》、《中华人民共和国古建筑保护法》、《房屋建筑施工技术规范》、《房屋建筑工程质量检验评定标准》等国家现行规范标准和业主、监理的要求，严格管理，精心组织施工，使本工程达到一次性验收合格的好成绩，圆满地完成了工程抢险修缮任务。

（四）工程变更情况

本工程历经一年多，主要有如下变更：

（1）桑秋帕旺经堂一层拆除铝合金隔断铺设木地板，门前台阶和门厅拆除瓷砖碎拼青石板（当地石材）。

（2）桑秋帕旺经堂加固由碳纤布粘贴的形式改为钢筋网抹砂浆后增加注浆量。

（3）桑秋帕旺经堂二层木栏杆进行更换。

（4）查来坚贡经轮堂一层和门厅两侧现代机瓦更换为琉璃瓦。

（5）八善塔内部增加构造柱。

（6）重建的三座房式塔现代机瓦屋面更换为琉璃瓦，原仿边麻墙改为传统边麻墙。

（7）辟邪塔根据寺院提供的图纸修改砌筑，加大加高外部尺寸。

（8）三座经堂根据实际情况重新布置照明电气工程。

（9）对僧舍进行加固翻修。

四 施工进度控制情况

工期要求 396 个日历天。计划开工日期是 2011 年 7 月 26 日，计划竣工日期是 2012 年 8 月 30 日。后因场地拆除搬迁、供水、供电、天气气候条件等原因，使工期顺延到 2012 年 9 月 30 日完成抢险修缮任务。

我公司按照施工合同在 2011 年 7 月 4 日进入施工现场开始准备施工，但震后居民搭设的临时帐篷等尚未搬迁，施工现场无法围闭，转经人员沿着建筑物转经，施工无法进行。

（一）塔体拆除

房室塔和八善塔的拆除重建受到一标段嘛呢石搬迁的严重影响。房室塔拆除于 2011 年 10 月 3 日进行，八善塔拆除于 2012 年 4 月 15 日进行，原投标施工计划于 2011 年 7 月 26 日进行此项工作。

留给我公司的施工时间只有 5 个月，可以想象拆除重建的整个过程是何等的紧张而艰难，但在甲方的正确领导、监理的积极配合、政府的大力支持、各界专家的正确指导下，我公司与时间赛跑，在短短的 5 个月左右就完成了塔体抢险修缮工作。以“一日当三日 24 小时作业，歇人不歇机，工具不离手，站满空间，站满时间”的施工组织理念，弥补进场晚及进场施工后遇到诸多困难的不利局面。

（二）塔体重建

受施工现场场地狭窄的实际条件所限，房式塔（托赞塔、通瓦荣卓塔、新寨吉巴塔）只能一个一个拆除重建而不能同时施工。托赞塔于 2011 年 10 月 3 日开始拆除，由于塔内嚓嚓、青稞等装藏物品繁多，且又不能随意丢弃，我公司多次联系寺院和当地有关部门，最后决定将嚓嚓等装藏物品清运至通天河，由河水对它洗涤冲刷干净，符合当地的宗教习俗。拆除过程中每个散落于建筑垃圾中的嚓嚓藏民都要清点出来，严重拖后了拆除施工进度，本应 8 天完成的托赞塔拆除用了 20 天，为了保证来年房式塔塔体砌筑，我公司克服严寒下雪等恶劣的气候条件，于 2011 年 11 月 15 日完成其他两座房式塔的拆除工作，仅留塔基于来年开挖。

2012 年 5 月 3 日开挖托赞塔基础，5 月 8 日基础砌筑，5 月 23 日完成房式塔一层到边麻墙位置。寺院要求改仿边麻为真边麻墙。由于边麻草受采割时间限制（只有冬天采割且需经过各种审批手续），寺院方答应提供的边麻草迟迟不能到位，到 7 月 5 日才运来边麻草，严重滞后了塔体的施工进度。三座方式塔（托赞塔、通瓦荣卓塔、新寨吉巴塔）在 2012 年 8 月 10 日完成主体结构。受屋面琉璃瓦变更的影响，8 月 25 日开始屋面施工。9 月 10 日完成屋面工程。9 月 15 日完成装饰装修工程，达到验收条件。

八善塔及转经廊受一标段嘛呢石搬运的影响，于 2012 年 4 月 15 日开始拆除，5 月 1 日完成（莲聚塔—神变塔）5 个塔体基础开挖，最后一个塔体（菩提塔 2）于 2012 年 7 月 5 日提供场地后开始施工，八善塔主体结构于 2012 年 7 月 20 日完成，受气候条件影响，油饰彩画工程于 2012 年 9 月 20 日完成，达到验收条件。

其他三座塔体的加固工程在塔体重建期间穿插完成。

（三）经堂抢险加固

经堂四周堆满嘛呢石，嘛呢石在当地藏民心目中是神圣的，加固墙体的脚手架无法搭设，由于一标段未提前安排此处嘛呢石的搬运，经协调在嘛呢石上铺设塑料布，然后再搭设脚手架，但也为施工后期嘛呢石上建筑污渍的清理留下了隐患。

桑秋帕旺经堂由于改变加固方式，受气候条件的影响，注浆于2012年4月20日白天开始，每注浆5个小时后就必须停歇，否则容易受冻，影响注浆质量，2012年6月10日完成注浆。桑秋帕旺经堂琉璃瓦屋面在2011年10月6日完成，但瓦面颜色和整体效果不太理想，我公司决定返工重做，受新定琉璃瓦烧制时间影响，2012年7月6日完成屋面瓦瓦工作，7月13日完成平屋面防水。室内外油饰彩画工程于2012年8月22日完成。后增加变更的门厅及台阶青石板碎拼工程在2012年8月25日完成，二层木栏杆和一层木地板在2012年9月21日完成，达到验收条件。

查来坚贡经轮堂土墙采用花秸泥抹面，于2011年9月21日完成铲除旧面和重新抹面工程，2012年6月检查空鼓严重，经设计、监理和施工方协商，调整做法，在2012年8月10日完成墙体抹面。查来坚贡经轮堂现代板瓦屋面变更为琉璃瓦屋面，在2012年7月12日完成。装修装饰（含油饰彩画）在2012年8月25日完成。

甘珠尔经轮堂室外装饰装修、屋面检修及防水工程在2012年8月24日完成。受寺院方存放物品的影响，室内于2012年8月21日交由我公司施工，2012年9月25日完成室内油饰彩画工程，达到验收条件。

五　施工安全及文明施工情况

我公司建立了以项目经理、安全员为首的安全文明施工领导小组。在施工过程中，为确保工程顺利进行，本着“安全第一、预防为主”的方针，制定了各种管理制度，包括安全技术交底制、周五安全活动制、定期检查与隐患整改制、安全生产奖罚制与事故报告制，制定了应急救援预案。

在施工安全保证体系及措施方面，我们严格执行各种安全操作规程和安全规章制度。首先加强安全生产的宣传教育工作，做到“人人讲安全，事事讲安全，时时讲安全”。在食堂、宿舍及机料仓库及抢险修缮的建筑处设置灭火器，特别注意了油库和材料库的防火。冬季停工期间派驻专人留守工地。施工现场和生活区禁止乱拉电线。各种机械的传动外露系统均设置封闭防护罩。吊机作业区严禁站人，靠近居民生活区的施工作业面在其周围用彩钢与外界隔离。施工危险地段（包括场所）设相应的醒目标志和标语，严禁非作业人员进入施工危险地段。夜间施工作业面的照明保证有足够的高度。施工人员安排合理，不使过度疲劳。

采取多种形式对职工进行入场前和入场后的文明施工教育，进行消防演练，提高职工安全文明意识，维护我公司的文明形象。实现了无事故、无火灾、无扰民、现场清洁。

六　环境保护及节约用地措施

加强建设工地的环境保护，特别是对扬尘治理采取了系列的措施和投入了大量人力物力，弃土弃料在指定位置堆放整齐，并全部覆盖，临时工程用地在征用完土地后进行恢复，达到与出租人签订的合同要求并让出租人满意。工程完工后，清除所有占用场地的杂物。装藏物除嚓嚓等泥制品清运到通天河由河水冲刷外，其余装藏物品全部集中堆放，然后派专人码放于嘛呢石堆内。

建筑垃圾和生活垃圾分开堆放，定期联系垃圾填埋处理厂专车拉运到指定地点进行处理。

由于征地红线仅为建筑物外5米范围内，围挡外侧就是当地居民转经道路，受雨天影响，转经道路泥泞不堪，我公司定期购买级配石和碎石等填筑物对转经道路进行维护，受到当地居民的称赞。在整个建设工程中，每日派两人对道路两侧既有道路进行清扫和安全隐患清理，保障建设期间施工区的安全和文明。

七 施工技术

（一）抢险修缮的原则和部署

（1）制定抢险修缮的原则

遵守《中华人民共和国文物保护法》中文物保护“不改变文物原状”的原则，对原有构件最大限度地保留和使用，对经堂、塔体构件进行编号，并对构件的所在位置作出精确的标注，除极个别已失去承载能力的构件外，原则上不做更换，以粘接加固、局部修补为主，必须更换的构件在隐藏部位作出标记，并绘制塔体木架架构图。

对油饰彩画部分，尽可能保留原有油饰彩画，如确需重新油饰彩画时应尊重当地宗教民族习俗，按照当地油饰彩画施工工艺进行施工。

（2）施工部署

极短时间内精心编制施工组织设计，对工程质量、工期、安全、文明施工作出详细的交待。成立专家成员小组对其合理性作出评审、修改。在施工程序上细化到每个工序，对各种可能发生的可预见的情况制定应对处理预案。

（二）抢险修缮主要施工技术

按照文物尽可能保持原貌的原则，结合抢险加固修缮施工特点及现场情况，工程有如下几个技术难点在施工中进行了着重考虑：

（1）如何原物照旧，拆除后再在复建时原位还原？塔体如何建造？由于震后坍塌，塔体内部构造如何？只有根据现状去测量和还原。

（2）塔内装藏物品如何处理？

（3）经堂失效的柱子如何支顶加固？

（4）桑秋帕旺经堂石墙墙体如何加固？

（5）查来坚贡经轮堂坍塌的土墙如何加固？

针对上述问题我们根据设计方案做了详细的切实可行的施工方案，经过施工过程的检验证明是完全正确的。现阐述如下。

1. 塔体拆除及还原做法

为了保证复建时原有材料能在原位置恢复，我们在拆除旧塔时就进行编号拓样等工作。但是由于震后塔体局部坍塌，个别构件损坏，局部构造无法详细测量。在拆除塔体时我们首先清除坍塌部分，然后对未坍塌部分每个不同的截面进行测量，绘制测量图和构造图。测量木材尺寸、木构架形式及在墙体中的位置、塔体标高、外形尺寸等等，对木材等构件进行编号，为复建塔体做好准备。

根据拓样、塔体木架构架图和测量绘制的塔体整体图，对照设计施工图纸，确定最终的施工详图，并报设计单位审核确认。

2．桑秋帕旺经堂失效梁柱加固做法

桑秋帕旺经堂三层有一根砼柱破损严重：钢筋弯曲，现浇的砼破碎，且还有破布填塞其中。根据设计要求，加固方法已确定：更换钢筋，局部重新浇筑混凝土，然后粘钢加固。但如何支顶混凝土梁成为施工难点，根据现场情况几经反复研究论证，决定根据实际采用如下方法：

（1）支顶开裂柱头之上的托梁，使开裂柱呈不承重状态，以便于进行补强加固。

沿柱子一侧将木隔扇部分拆除，剔除隔扇下部墙体到下层砼梁面。用14号工字钢在下部梁面和上部梁托木之间进行支顶，采用400毫米 ×400毫米 ×10毫米钢板做上下垫板。

完成后如上法对柱子另一侧进行支顶，将两侧支顶焊接在一起。

（2）清除柱子开裂和破损混凝土。剔除混凝土已开裂、疏松破坏部分，下部清理至完好截面，柱头清理至托木下皮。

（3）将已发生变形的钢筋截断，每侧预留钢筋长度不得小于10d=200毫米，以保证焊接长度。

（4）用千斤顶将梁预订10—20毫米，在两侧加装钢垫板后拆除千斤顶。根据锯截后的钢筋缺口长度，用Φ20钢筋与上下预留钢筋接头，采用双面焊焊接，以使补配钢筋与原主筋形成一体，按照@100毫米捆绑ø10箍筋。

（5）采用15毫米厚覆膜胶合板制作模板，在与梁托结合部位做漏斗型进料口，高出柱顶150毫米，保证在浇筑混凝土时柱子与梁底结合紧密。浇筑C30混凝土28天后将多余混凝土剔除，修整柱面，为粘钢做好准备。

（6）待混凝土固定化后，在柱子四角用环氧结构胶粘接角钢，角钢之间焊接缀板，缀板间距100毫米。

（三）桑秋帕旺梁柱裂纹加固施工做法

（1）剔除原抹面砂浆，查看梁柱是否有裂纹。

（2）沿裂纹上下各200毫米范围内用磨光机对混凝土面打磨干净。

（3）根据生产厂家的配比要求配合A、B两种组份，在混凝土表面抹胶，过一段时间胶成半干状态后，一人用板压住布一端，让其紧贴砼面，另一人紧拉碳纤布，将布缠在混凝土柱上，然后用压光板压密实。

（4）碳纤布搭接不少于100毫米，粘接方法同上。

（5）两天后用聚丙烯纤维砂浆抹面1—2厘米，待砂浆强度达到90%（15天后），在柱四角粘L50×50角钢（角钢与柱间用环氧树脂粘接），角钢见焊接缀板。

（6）聚丙烯纤维砂浆抹面压光。

经过总结我们发现，柱裂纹发生部位都是接头或施工缝部位，为原施工时混凝土接缝部位未剔除浮浆、凿毛处理所致。

（四）桑秋帕旺墙体加固做法

桑秋帕旺经堂墙体现有两种型式：

（1）外墙为碎小片石夹杂木板等物体，用黄泥土黏合填充，抹面用水泥砂浆厚 20 毫米左右。现均有开裂破损，后墙两侧角有裂隙和微小凸出现象。

（2）内墙采用空心砌块砌筑，但未加拉结筋等构造形式，仅外侧抹面采用 20 毫米后水泥砂浆。现均有开裂破损现象。

内外两侧脚手架搭设完成并经过验收合格后方可进行墙体加固处理。加固采用碳纤维布及钢筋网两种形式，视实际情况确定。

由于墙体厚约 800 毫米，需要两到三根钻头焊接在一起（最难打的一个孔，打坏了 17 根钻头）。另外钻孔时为防止另一侧的片石位移，需在另一侧用方木板对钻孔位置的墙体进行对顶。孔洞采用梅花形布置，间距不大于 800 毫米。

一层片石墙用 50×50 毫米的钢丝网（Ø2 毫米）和钢筋网，二层空心砌块墙只用 @200 毫米的 Ø6 钢筋网，一二层均采用 @800 毫米的 Ø6 钢筋拉结固定。

工序：洒水降尘→剔除原砂浆层→布眼打孔→布钢筋（丝）网→空压机除尘→喷雾器浇水湿润→抹第一遍聚丙烯纤维砂浆压实→抹第二遍聚丙烯纤维砂浆压实→抹第三遍聚丙烯纤维砂浆压实，钢筋保护层不小于 20 毫米厚。

在施工时预埋注浆管 Ø25 毫米，@1.5 米梅花形布置，后又在二层梁底和基础上方加布两排注浆管以加强注浆效果（个别注浆孔注进 170 袋水泥之多）。

（五）查来坚贡经轮堂残缺墙体补砌和墙体加固做法

查来坚贡经轮堂墙体采用黄土夯筑，女儿墙采用碎小片石及其他杂物砌筑。残缺部位在前墙两侧角与前墙上部部分。墙体加固主要是对裂缝注浆处理。

1. 残缺墙体砌筑

（1）在墙角上部将松散失效的黄土墙铲除到坚硬部分，下垫一层机砖，用 100 毫米圆木将屋面支顶牢固。

（2）铲除其余部位松散失效的黄土墙到坚硬部分，铲除时做成台阶形状，台阶视实际情况确定，但长度不得小于三砖。

（3）用混合砂浆砌筑机砖，砌筑时要加 ¢6 钢筋对新旧砌体进行拉接，小残损部分也要根据实际面积，下竹或木钉，掺泥灰用力拽入，插捣密实，缝隙部分灌混合砂浆。

（4）女墙转角部位用条砖砌筑，错层加 90 度双向 ¢6 钢筋进行拉接，拉接长度不小于三砖长。

前墙铲除松散失效的黄土墙到坚硬部分，下竹或木钉，掺泥灰用力拽入，插捣密实，上铺 100 × 50 毫米木板再进行机砖砌筑，缝隙部分灌混合砂浆。砌筑时每隔 5 匹砖与原黄土墙采用竹或木钉或横砌砖进行连接。

2. 墙体裂缝注浆

墙体裂缝主要是黄土夯墙原始裂缝。

（1）沿裂缝每隔800毫米挖一横向沟缝，下100×100毫米方木，裂缝每侧长度不得小于800毫米，局部位置长度视实际情况确定，掺泥灰用力拽入，插捣密实。

（2）铲除原花秸泥抹面，沿裂缝重做花秸泥抹面，预留注浆孔和排气口。

（3）注浆材料选用黄泥和白灰混合泥浆灌缝。

3. 土墙花秸泥抹面

2011年施工时工序：铲除原墙面→喷雾器湿润→抹第一遍花秸泥→抹第二遍花秸泥→抹第三遍花秸泥。

2012年抹麻刀灰时发现多处空鼓现象，又重新施工，工序：铲除开裂空鼓部位→下竹木钉→刷泥浆→花秸泥中加胶→薄层多次抹压。这种修补土墙花秸泥抹面的方式，很好地解决了土墙空鼓问题。

（六）原有油饰彩画清理做法

原有建筑的内部装修常年在酥油灯烟火的熏染下布满烟油，不见初始面貌，我们用面粉和成面团，用面团一遍又一遍揉掉油饰彩画上的油污，有时一个部位需换好几个面团才露出油饰彩画的庐山真面目。

八 施工体会

回顾整个工程，在业主、设计单位、监理和施工单位的共同努力下，诸多困难均迎刃而解。这得力于施工项目部前期充分的准备工作，与施工过程中文物部门、监督部门、业主单位、监理单位、设计单位和各级政府部门的大力支持是分不开的，工程的顺利竣工更是与在一线勇战酷暑、披星戴月的施工人员分不开的。正是各方的努力使工程在诸多不利的条件下，交了一份完美的答卷。

北京市园林古建工程有限公司 姚宝琪

玉树新寨嘉那嘛呢震后抢险修缮工程监理报告

一　概述

（一）工程特点和建设规模

本工程位于青海省玉树藏族自治州玉树县结古镇新寨村嘉那嘛呢石经城内，新寨村位于结古镇东3公里外，距西宁838公里，海拔3600余米。

本次青海玉树新寨嘉那嘛呢震后总体抢险修缮工程的主要任务就是对地震中损毁严重的嘉那嘛呢石经城建筑群进行维修加固。工程分为第一标段和第二标段。第一标段：嘛呢石堆抢险加固重点是清理嘛呢石堆原有通道和所有石堆边界坍塌部分，重新干摆石堆各边界的“嘛呢墙”，重新砌筑转经廊，消除因地震引起的石堆不稳定状态，同时与规划衔接，使嘛呢石堆有序、安全地增长。第二标段：佛塔主要维修加固有15座，其中八善塔和辟邪塔、三座房式塔全部重新建造，嘉那道丁塔、三怙主塔和一座房式塔现状维修；殿堂主要维修加固对象为桑秋帕旺经堂、查来坚贡经轮堂、甘珠儿经轮堂，桑秋帕旺经堂重点加固内、外墙体，查来坚贡经轮堂重点处理夯土墙的加固维修，甘珠儿经轮堂重点整修屋面。

嘉那嘛呢石经城建筑群从它的历史沿革、文化传承、宗教信仰和建筑艺术等方面看都是无与伦比的。它不仅具有很高的历史文化价值，更是中华民族大团结的桥梁和纽带。所以青海玉树新寨嘉那嘛呢震后总体抢险修缮工程必须尊重历史，尊重藏族文化，尊重当地的宗教信仰，采用当地的施工工艺。

工程造价：工程总投资约为7000万元。

预计工期：第一标段预计开工日期为2011年7月26日，预计竣工日期为2012年9月12日。总工期计划408日历天。

第二标段预计开工日期为2011年7月26日，预计竣工日期为2012年8月30日。总工期计划396日历天。

工程质量：达到合格质量等级标准，争创优秀工程。

（二）监理组织机构及监理业务范围

1. 项目监理组织机构形式

工程所在地的结古镇新寨村深处青藏高原的腹地，四周是连绵的群山，气候十分独特。主要特点是高寒缺氧、日照时间长、紫外线强、年平均气温在零上4度左右，平均海拔3700米左右。工程所在地一年只有冷暖两季，冷季长达七八个月，暖季只有四个月，日照多、水量少、蒸发量大；夜雨多、日雨少，气候比较干燥，日温差较大。由于降水高度集中，加上地形等诸多因素的影响，工程所在地内冷季大风盛行，沙暴天气较多。暖季冰雹、雷雨出现次数频繁。同时，因海拔高，形成气压低、沸点低和空气含氧量低的特点，空气含氧量仅为海平面含氧量的1/2—2/3，水的沸点为86℃。适合施工的时间只有5个月左右（即每年5月1日至10月1日），而该工程通过招标确定施工单位的时间已经是2011年6月28日，该年度真正符合施工条件的时间不足90天，而且三通一平的工作还没开展，留给施工的时间少之又少，而完成施工任务的时间是铁定的，工期极度紧张，任务极其繁重。青海玉树新寨嘉那嘛呢石经城作为玉树地区最重要的宗教和历史文化建筑，历史上对藏区宗教和文化的发展，对地区经济、社会稳定和民族团结起过极其重要的作用。青海玉树新寨嘉那嘛呢震后总体抢险修缮工程作为玉树灾后重建十大工程之首，各级政府高度重视，修复建设期间各级领导、专家多次来现场检查、指导和协调工作，力争将青海玉树新寨嘉那嘛呢震后总体抢险修缮工程评为国家十大古建筑精品工程。参建各方也十分重视本次修复建设工作，特别是中国文化遗产研究院的文物保护专家和设计师多次来到现场给予很多的技术指导和技术支持。广东立德建设监理有限公司受青海省文物管理局的委托对本工程实施监理，深感荣幸，更深感责任重大。公司董事会高度重视，为了确保在本项目实施过程中有效地开展监理工作，顺利实现监理目标，根据青海玉树新寨嘉那嘛呢震后总体抢险修缮工程的规模、特点、环境气候条件、工作条件、生活条件、工程发包模式、委托监理的范围和内容、监理投标书的承诺及我公司的能力，特委派总公司副总经理、高级工程师潘颂辉为本项目的总监理工程师，抽调还在四川汶川指挥5.12汶川大地震灾后文物抢救保护工作的汶川项目负责人杨飞帆为本项目的总监理工程师代表和玉树项目负责人，并根据项目特定的条件组建了青海玉树新寨嘉那嘛呢震后总体抢险修缮工程监理项目部，作为本工程项目实施的监理组织，全面指导本工程的监理工作。

2. 项目监理组织机构的组成

项目监理组织机构的组成见图一。

3. 项目监理人员

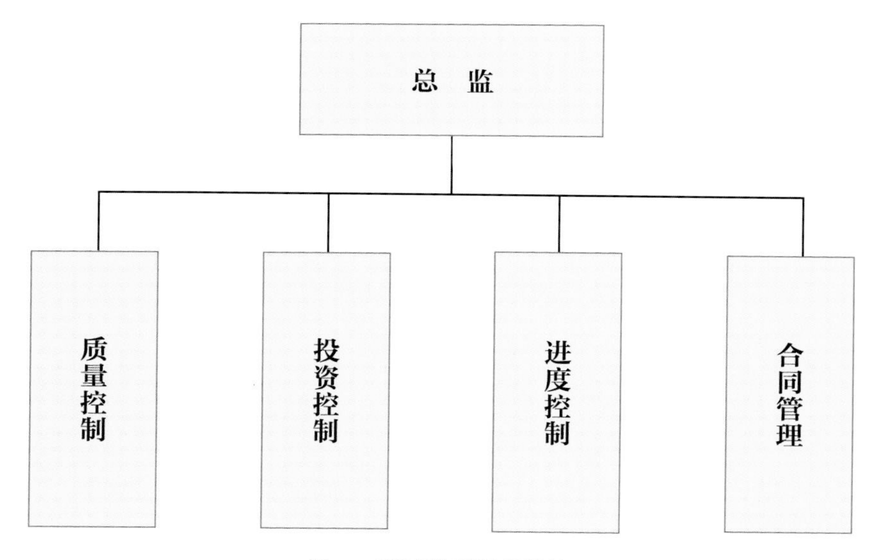

图一　项目监理组织机构

项目监理人员组成见表一。

表一 项目监理人员一览表

序号	姓名	上岗证号	职称	专业	备注
1	潘颂辉	建（国）注监工字第 00201647 号	高级工程师	工民建	总监
2	杨飞帆	建（粤）监工字第 B07-1183 号	工程师	建筑学	总监代表
3	张则好	建（粤）监工字第 B07-1089 号	工程师	工民建	专业监理
4	林伟铭	建（粤）监工字第 C07-1852 号	助工	工程管理	监理员

项目总监理工程师潘颂辉 1996 年毕业于华南理工大学建筑工程系工民建专业，毕业后一直在从事监理工作，是具有多年监理工作的专业技术人员和具有多年基建项目管理经验的管理者，从事监理工作多年，2001 年获国家注册监理工程师（国家级监理）证书，并于 2011 年取得高级工程师职称，潘颂辉在担任总监理工程师项目中，有四项工程获得广东省"双优"样板工程，一项工程获得广东省优良样板工程，一项工程获得"2007 年度广东省建设工程金匠奖"。潘颂辉本人被评为"2007 年度佛山市优秀总监理工程师"、"2008 年度广东省监理行业优秀总监理工程师"。

总监代表兼玉树项目部负责人杨飞帆 1998 年毕业于广东工业大学建筑学系室内环境设计专业，毕业后从事设计工作一年，于 1999 年开始从事监理工作，2001 年负责下属公司春晖古建筑工程公司的工程部，2004 年负责立德监理公司第五监理分部兼管立德造价咨询公司招标代理和造价咨询业务，2005 年获中级建筑装饰工程师，2007 年获广东省专业监理工程师（省级监理）证书，2009 起受汶川文体局委托负责"汶川 5.12 大地震"灾后文物抢救保护工作的监理和项目管理工作以及部分市政、道路、房建工程的监理工作，2012 获国家注册监理工程师（国家级监理证书），具有多年从事大型文物项目的工程监理和项目管理经验。

4. 监理业务范围

监理业务范围是青海玉树新寨嘉那嘛呢震后总体抢险修缮工程施工阶段及保修阶段监理。

在监理开展过程中，机构监理人员遵守"公正、诚信、守法、科学"的监理职业道德准则，通过目标规划、动态控制、组织协调、信息管理、合同管理等方面的监理工作，确保实现青海玉树新寨嘉那嘛呢震后总体抢险修缮工程项目的"四控制（投资控制、进度控制、质量控制、安全控制）、一协调、二管理（合同管理、信息资料管理）"的预期目标。

5. 监理工作依据

在青海玉树新寨嘉那嘛呢震后总体抢险修缮工程实施过程中，我监理方根据监理依据，认真开展监理工作，使监理工作做到有法可依、有法可循。

（1）依据有关法律、法规和政策文件。

依据的法律、法规和有关政府文件是：《中华人民共和国建筑法》，《中华人民共和国合同法》《中华人民共和国文物保护法》，《中华人民共和国文物保护法实施细则》，国际古遗迹理事会中国国家委员会发布的《中国文物古迹保护准则》，中华人民共和国国务院令第 279 号《建设工程质量管理条理》，中华人民共和国国务院令第 393 号《建设工程安全生产管理条例》，中华人民共和国国务院令第 377 号《中华人民共和国文物保护法实施条例》，中华人民共和国文化部令第 26 号《文物保护工程管理办法》，《纪念建筑、古建筑、石窟、寺等修缮工程管理办法》，《中国古建筑的保护与维修》，《青海省玉树地震灾后文物抢救保护工程竣工验收办法》，《国务院办公厅关于加强基础设施工程质量管理的通知》（国办发【1999】16号），原国家计委《建设项目（工程）竣工验收办法》（计建设【1990】1215号，《青海省人民政府办公厅关于印发规范玉树地震灾后恢复重建项目审核管理工作意见的通知》（青政【2010】45号），国务院印发的《玉树地震灾后恢复重建总体规划的通知》（国发【2010】17号），青海省政府印发的《青海玉树地震灾后文化遗产恢复抢救规则的通知》（青政【2010】47号），《批转省文化新闻出版厅等部门玉树地震灾后文物保护工程建设工作指导意见的通知》（青政【2011】14号）。

（2）依据项目的设计图纸、由业主提供的勘察设计文件及有关工程文件资料、技术资料等。

（3）依据国家现行的设计、施工、检测规范及验收评定规范和标准。

相关规范和标准有：《建设工程项目管理规范》（GB/T50326-2001），《建设工程监理规范》（GB50319-2000），《建筑电气工程施工质量验收规范》，《混凝土结构工程质量验收规范》，《古建筑修建工程质量检验评定标准》（CJJ70-96），《生漆》（GB/T14703-93），《建筑工程施工质量验收统一标准》（GB50300-2001），《建筑安装工程质量检验与评定标准》，《建筑安装分项工程施工工艺规程》，《建筑工程施工与验收规范》，《古建筑木结构维护与加固技术规范》（GB50165-92），《建筑抗震鉴定标准》（GB50023-95），《民用建筑可靠性鉴定标准法实施条例》（GB50292-1999），《建筑抗震加固技术规程》（JGJ116-98），《民用建筑修缮工程查勘与设计规范》（JGJ117-98）。

（4）依据监理合同文件、施工承包合同文件（包括分包合同和购销合同）、招投标文件、业主批准的监理规划及建设工程项目相关的文件。

二 投资、进度及质量控制的监理

（一）投资控制措施及效果

1. 建设项目投资情况

工程投资总额：工程总投资约为7000万元（实际中标价：第一标段：22620899.33元；第二标段：19350598.12元，其余为环境整治专项及增量）。

2. 施工过程中的投资控制

项目的投资控制是一项主要任务，它贯穿于工程建设的各个阶段，贯穿于工程建设的各个环节。费用是评价工程建设的一项重要指标。为了能够更好地控制投资，项目监理部主要从以下方面进行控制：

（1）各专业监理工程师对施工图纸及预算进行详细审查。

（2）在审查施工组织设计及施工方案时，对施工技术、施工工艺和施工方法进行重点审查，寻找最合理的施工方法，力求将施工费用降到最低；对不合理的设计及材料予以论证，力求合理，同时对不合理的设计变更及材料代用予以取缔。

（三）本项目承包方式为总价合同，在工程质量合格的前提下，施工单位按施工合同约定填报完成工程量清单和工程款支付申请表。然后，专业监理工程师进行现场计量，按施工合同约定审核工程量清单和工程款支付申请，并报总监理工程师审查；总监理工程师签署工程款支付证书后，报建设单位。

3．控制投资的主要方法

（1）认真组织好图纸会审，及时发现问题并加以修正，把住设计标准关；对于超出初步设计规定范围的项目，需经有关部门批准并明确所增费用的资金来源及走向；加强对设计变更的审查，控制变更费用；严格审批材料代用，对超标准代用不予批准。

（2）做好《施工组织设计》的审查工作，避免"非正常费用"的发生；严格审批承建单位的施工方案，对重大技术措施所发生的费用报请甲方批准；对施工技术方案进行经济性优化，施工技术方案的审定坚持适用、安全、合理、经济的原则；对多个可行的方案加以比较和评价，最后选用一个比较经济的方案。

（3）建立健全现场签证的审核和审定制度，监理人员要认真核实签证工程量，确保签证真实合理；专业之间加强协调，避免由于各专业协调不够而发生的额外签证。

（4）专业工程师与结算公司的费用工程师认真审核图纸，分析概算内容与蓝图和现场情况的差距，有效地控制蓝图费用。

（5）建立健全预结算审批制度，加强预算外费用的管理；合理确定各单位工程的开工、竣工时间，严格按施工总体网络计划控制资金投放，确保各个阶段的投资目标不超出；费用审批人员对工程进度款的批复，严格以验收合格的工程量、公司预结算文件精神为依据。

（6）严把费用增加关，并将在工程竣工结算中与建设单位、施工单位及结算单位协商确定工程变更的价款。

4．投资控制的效果

该工程在建设方、监理方的严格控制下，并得到施工单位的大力支持和各有关部门的积极配合协助，较好地完成了青海玉树新寨嘉那嘛呢震后总体抢险修缮工程的投资控制目标。部分执行情况如下。

（1）尊重事实，实事求是，严格把好工程量增量计量关。嘉那嘛呢石堆是一个活态的堆，现在正以每年30万块的速度扩大，本工程进行方案设计时的嘛呢石工程量已然与2011年7月28日图纸会审时青海玉树新寨嘉那嘛呢震后总体抢险修缮工程范围内的嘛呢石工程量不同，虽然本工程是固定总价合同，但现场嘛呢石的工程量比图纸增加的工程量却不是一个成熟承包商所能预测和承受的，并且在招标时由于本工程情况危急，时间仓促，对工程量增量问题的约定很不明确，所以根据现场情况，本着尊重事实、实事求是的原则，监理方建议以设计方最后提交的设计施工图的时间点作为界定新增嘛呢石工程量的起算点，之前不属于新增工程量，之后增加的嘛呢石属于新增工程量，新增嘛呢石工程量的测量必须在建设方、监理方现场见证监督下共同完成，这个建议获得了建设方、设计方、施工方的共同认可。在测量实际的工程量时，监理方严格按照工程量计量有关规定，在有明确增加边界线的地方，执行全部测量全额签证，在没有明确增加边界线或存在争议的地方，对施工方提出的计量方法执行全部测量半额签证，例如，2011年7月28日嘉那嘛呢石堆周边外通道增加后的嘛呢石边界线与设计方最后提交的设计施工图的图纸、方案照片时的边界线有明显差别，根据现场实际情况，实测实量，执行全部测量全额签证；对于承包方提出的嘉那嘛呢石堆4条内通道和嘛呢石堆顶部增加嘛呢石工程量的测量和计算方法，由于承包方难以提供充分的证据，监理方建议按照承包方提出的测量和计算方法执行，但只能全部测量半额签证。监理方的建议最终也得到了建设方、设计方、施工方的共同认可。

（2）严格执行工程进度款审批程序，严把工程进度款支付关。甘肃省永靖古典建筑工程总公司项目经理违反施工合同约定，不听从监理工程师指令，监理方按照法律规定和业主的委托范围，行使支付权，暂停审批第一标段甘肃省永靖古典建筑工程总公司2012年6月和7月的“工程价款月支付申请书”，在征得业主方同意后，拒绝为甘肃省永靖古典建筑工程总公司签署2012年6月和7月的“工程价款月付款证书”。该支付权的行使，大大震撼了承包方，促使承包方严格执行合同规定、懂得尊重监理、遵守建设程序、听从监理工程师指令，大大提高了青海玉树新寨嘉那嘛呢震后总体抢险修缮工程的施工进度和施工质量。

（二）进度控制措施及效果

该工程于2011年7月26日破土动工，2012年11月11日完工。

1．进度控制方法

（1）本工程属于按设计图纸施工项目，因此保证施工人员的到位齐全和施工工序的顺序是保证施工工期的关键。对此，监理方采取了相应措施，与施工方及时沟通。首先要求施工方保证足够的人员下编制切实可行的项目施工进度计划，根据工程建设要求，合理安排施工顺序，并具有可操作性。其次，监理方设专人监督检查施工方执行施工计划的情况，如有偏差，协助施工单位及时分析原因，调整人员状况及人员人数，并采取有效的补救措施，施工单位也必须尽全力配合，全力保证进度，保证施工需要；最后，在严格保证施工进度的前提下，要求施工单位的施工管理人员全方位进行现场协调。施工过程中出现的施工问题必须在24小时内解决，从而为保证工期创造了先决条件。

（2）材料定货时间、到货时间，都是影响施工工期是否能按计划完成的决定性因素，对此监理方连同建设单位、施工单位、设计单位对材料供应商提出具体要求：首先材料供应商应根据工程施工网络计划，编制材料供应计划，合理安排材料交货期，对一些关键的材料要派专人到供货厂家验货催货；材料供应商应根据施工进度计划，反馈给施工方。材料供应商应根据工程建设的轻重缓急向现场提供物资，保证物资到货后满足施工实际需要；对到现场不合格的材料及时通知材料供应商联系厂家解决，对一些就地取材的材料也必须注意质量。

（3）根据项目《总体部署》要求，同施工单位反复多次修改、优化《总体施工计划》，落实人力、机械、工期，这给按期完成本工程奠定了基础。并及时批复进度资金，保证资金到位，以满足工程建设的需要。

（4）要求施工单位按总体施工计划编制月施工进度计划，并分解为周施工进度计划，上报监理审批，各专业监理工程师按此进行检查，一旦发现施工单位未按期完成计划，及时分析原因并要求采取相应措施，进行调整，从而保证总体进度不受影响。

（5）通过审批施工技术方案和施工进度计划，对施工单位提出建议，要求施工单位的各专业应采取相应的交叉及穿插平行作业等合理措施，以解决工期紧的难题。

（6）在项目实施过程中，根据现场实际具备的作业条件和设备、材料的到货情况，做好计划的动态控制，在保证项目总体工期目标不受影响的条件下，不调整局部施工作业计划，从而保证整个工程施工期间的作业，始终具有指导性和可操作性。

2．进度控制效果

该工程在建设方、监理方的精心组织下，通过施工单位的艰苦努力，各有关部门的积极配合协助，圆满完成了青海玉树新寨嘉那嘛呢震后总体抢险修缮工程的工期要求。部分执行情况如下。

塔式起重机的安全使用是甘肃省永靖古典建筑工程总公司能否圆满完成青海玉树新寨嘉那嘛呢震后总体抢险修缮工程第一标段工期要求的关键。

对于塔式起重机的使用，监理方和施工方都很纠结，因在古建筑修缮工程中很少使用，上级主管部门领导也特别强调要慎重，但在所有有关文物古建筑修缮的法律、法规、规范中从未有不允许使用塔式起重机的规定，且塔式起重机的使用只是作为一种施工工具，在文物古建筑修缮过程中并不是某种施工工艺或技术措施，与文物古建筑修缮原则并不冲突。青海玉树新寨嘉那嘛呢震后总体抢险修缮工程最紧迫的问题是时间问题，由于嘉那嘛呢堆施工场地有限、地面施工通道狭窄，如果采用全人工加小型三轮车地面搬运，必将影响工期和增加费用，极有可能实现不了工程第一标段工期目标，无论是从工期目标控制方面，还是从工地现场实际不利因素和有利因素方面，又或是从经济效益方面考虑，使用塔式起重机无疑是最佳选择。因为既可以充分利用本工程施工现场周边没有高压线路和没有高大建筑物等有利条件，又可以规避本工程施工场地有限、地面施工通道狭窄的不利因素，最大程度上发挥出塔式起重机空中作业的优势。但事物总有两面性，使用塔式起重机存在很大安全风险，特别在玉树地区还没有专门的塔式起重机的检测和监督机构，无法检测和监督塔式起重机的安装情况和使用情况。基于这种现状，建设方、监理方和施工方对使用塔式起重机问题存在很大争议，监理方通过对意向塔式起重机的实地考察和使用说明书的研究，配合意向塔式起重机基础对地质条件要求和嘉那嘛呢堆施工场地中意向塔式起重机基础安装地的地质勘探情况对比，并充分考虑意向塔式起重机的使用旋转半径情况，在综合各种情况分析研究和权衡利弊后，监理方和施工方共同作出使用济南恒升工程机械有限公司的 QTZ4708 塔式起重机的决定。该塔式起重机的安全使用为圆满完成青海玉树新寨嘉那嘛呢震后总体抢险修缮工程第一标段进度控制目标做出了巨大贡献。

（三）质量控制措施及效果

1. 质量控制方法

质量是工程的核心，直接关系到人身及财产安全。因此，必须坚持“质量第一”的原则、坚持预防为主，并要做好事前、事中、事后控制，重点做好事前、事中控制。监理主要对以下方面进行质量控制。

（1）设备、材料方面

对所有进入施工现场的材料、设备要求资料齐全。国家有统一验收标准的材料、设备按国家标准进行检验，国家没有统一标准的按出厂技术标准或设计提出的技术要求进行检验。进现场的材料监理方设专人负责检验，发现问题要求施工方立即处理或退货，对于有问题的材料、设备，监理方绝不允许使用。

（2）施工方面

a. 施工前准备

① 项目监理部进入现场后，针对本工程特点，编制《监理规划及实施细则》，并与施工单位共同确认《关键工序控制点》和《单位工程划分》。

② 要求各专业监理工程师认真熟悉图纸，并督促施工单位尽快熟悉现场，及时组织图纸会审和协助建设方组织设计交底。

③ 各专业监理工程师根据设计、现场要求及相关标准、规范，认真审查施工单位上报的施工方案，从而预防和避免质量事故发生，每份施工技术方案的审批都需经过2—3次修改，使其达到能指导施工的效果。

b. 施工中控制

① 专业监理工程师对施工单位上报的进场材料、设备及其质量证明资料进行审查，对未经监理验收或验收不合格的材料、设备，监理人员拒绝签认。

② 对施工单位资质及专职管理人员、特殊工种作业人员的资格证、上岗证进行审查，并在施工过程中经常性地进行专检或抽检，无证人员或资格不合格人员不允许上岗。

③ 本项目的施工过程中，各专业监理工程师及时到现场进行监督、检查施工人员的作业情况，对所发现的质量问题，及时发出口头及书面整改通知（共下发监理工程师通知单87份）。在保证施工进度时，不忽略施工质量，本工程旁站和平行检查共310余次。如：对嘛呢石干摆施工实施动态跟踪旁站，每道工序进行控制，并要求施工单位质检人员必须严格进行自检，达到设计要求。其次，对八善塔和辟邪塔、三座房式塔全部重新建造，对嘉那道丁塔、三怙主塔和一座房式塔进行维修；对主要殿堂维修加固，其中桑秋帕旺经堂重点加固内、外墙体；查来坚贡经轮堂重点处理夯土墙的加固维修；甘珠儿经轮堂重点整修屋面。并对修复加固后的情况进行跟踪检查，发现问题及时处理。最后对设备的使用过程进行全面监督检查，主要对各种施工机械，特别是塔式起重机的情况做了全程监控，使得在使用过程中机具出现问题的情况大大减少。

④ 专业监理工程师根据施工单位上报的工序报验表和自检结果进行现场检查，对符合要求的签字确认。对报送的分项工程质量验评资料进行审核、确定。

⑤ 专业监理工程师针对本专业特点及现场实际情况，做好预防控制措施。如放线前监理人员与施工技术人员进行沟通，首先确定基本点的位置无误后，才进行放线，避免返工现象。

⑥ 对现场需要返工处理的质量问题，监理人员对处理过程及结果进行跟踪检查和验收。

2. 工程建设达到的质量目标

（1）单位工程质量合格率100%.

（2）按设计要求复验的材料复验率100%，无错用，无使用不合格的设备、材料。

（3）中间交接及时并符合标准。

（4）竣工资料交验合格率100%。

3. 质量控制效果

该工程在建设方的领导和监理方的严格把关下，通过施工单位的艰苦努力，圆满完成了青海玉树新寨嘉那嘛呢震后总体抢险修缮工程的质量目标。部分执行情况如下。

（1）对嘛呢石干摆施工实施动态跟踪旁站，对每道工序进行控制，并要求施工单位质检人员必须严格进行自检，达到设计要求。

嘛呢石干摆施工作为一个特殊的监理对象，具有很多不同特性：

① 没有具体关于嘛呢石干摆施工的监理依据。既然没有关于嘛呢石干摆施工的技术要求、安全要求、质量标准及验收规范等监理依据，监理方该如何监理，在监理过程中应该执行什么标准？

② 该如何对待当地僧侣、信教群众自发垒筑的嘛呢石堆。既然已有垒筑完成的嘛呢石堆，理应作为嘛呢石干摆施工的样板，但该垒筑的嘛呢石墙只能是原始意义上的干摆，没有过多的技术含量，且存在

结构安全隐患，整体稳定性差，整体抗震能力低，确实不能作为施工的样板，也不能作为监理的依据，但其中一些干摆习惯还是值得借鉴的，比如嘛呢石的选材，嘛呢石上雕刻的经文文字必须正摆不能倒摆的原则，干摆的嘛呢石必须清理干净等等。

③ 既要保留当地传统工艺和做法的文物维修原则，又要合理采用现代建筑工程的先进技术。嘉那嘛呢石堆既然有很高的文化价值、历史价值和宗教功能，理应要保证嘉那嘛呢石堆的结构安全、整体稳定性和整体抗震能力。所以，嘛呢石干摆施工既要尊重当地传统文化、历史渊源和宗教要求，又要确保结构安全、整体稳定和整体抗震要求，监理方该如何把握、如何执行、如何实现？

④ 设计方案对嘛呢石干摆施工的具体要求不齐全。由于工程现状情况危急、设计时间紧，设计图纸的一些具体要求不齐全在所难免，监理方根据现状，该如何使用图纸、完善图纸，如何理解设计意图，如何与设计沟通，如何与设计互动，在施工过程中如何按照设计要求，履行监理职责，实现监理目标？

⑤该如何认识嘛呢堆、如何理解嘛呢堆？

监理方针对以上问题，依托单位总工室和技术部的技术力量，根据以往工作经验，特别是“汶川 5.12 大地震”灾后文物抢救保护工作的经历，发挥现场监理工程师的能力，做了以下工作：

① 要求施工方严格执行中国文化遗产研究院设计的“青海省玉树新寨嘉那嘛呢堆震后抢险修缮工程设计方案”中有关干摆嘛呢石的技术要求。

② 要求施工方按设计要求（如设计图纸与现场不符时，建设方、监理方和施工方三方先现场洽商，后报设计方出设计变更）清理干净干摆嘛呢石基座红线范围内的嘛呢石、经幡和垃圾，然后挑选出又长又大适合干摆的、年代久远的、图案精美的、有文化历史价值的、有代表性的嘛呢石分类堆放，以备后用。在干摆嘛呢石基座问题上，寺院方、当地文化部门与设计方出现分歧，设计方严格按照震前青海省玉树新寨嘉那嘛呢堆申报国家级文物保护单位时提交的青海省玉树新寨嘉那嘛呢堆申报材料和现状测绘图进行震后抢险修缮设计（没有设计露出地面的基座即 0.7 米的毛石基础；设计的嘛呢堆边线形状仍保留了震前青海省玉树新寨嘉那嘛呢堆边线形状，有直的、有斜的、有弧形的；设计的嘛呢堆转经通道也是保留了震前青海省玉树新寨嘉那嘛呢堆转经通道的大小和形状，通道尺寸有宽有窄，不统一）。设计单位在方案中严格控制修后形态的要求无可厚非，但寺院方、当地文化部门提出历史上的嘉那嘛呢堆是有青石基座的，且按宗教的说法，每一块嘛呢石就是一个佛，而嘛呢石的青石基座就是佛的枕头，有了枕头的保护，佛才不会受不洁之物的沾污；另外嘛呢堆边线形状应该是横平竖直的，现有弧形嘛呢堆及因此形成的弧形通道是为了方便快捷赶牛进玉树州肉联厂屠宰才形成的，并不是真正的嘛呢堆转经通道，如果继续存在，这本身就是对佛的不敬，因佛是不能杀生的；嘛呢堆转经通道按照藏传佛教的礼数应该是横平竖直、大小统一的，转经道宽最好是 2.4 米。寺院方、当地文化部门所提意见在情在理，有根有据，但如果在不改变原设计情况下继续增加相关内容，势必增加投资和延迟工期，在无法即时调和双方分歧情况下，建设方委托监理方对上述问题进行深入的调查研究和走访查证。对于青石基座问题，监理方通过嘛呢堆现场考古挖掘，在嘛呢堆内部不同部位、不同埋深发现部分青石砌筑体，有埋地下的、有半裸露的，年代不详，作用不详。根据青石的颜色、质感和砌筑材料（有泥巴，也有水泥）不同，证明现场发现的青石砌筑体是在不同时期不同年代砌筑的，而又根据对青石砌筑体周边地质的勘探，证明现存的青石砌筑体极有可能是作为宗教之用的基座，因为地质勘探的结果表明青石砌筑体底下是很厚的沙、卵石地质，而在这样的地质条件下，干摆嘛呢石墙根本不需要砌筑基础，所以只能是作为宗教之用的基座。基于这

种情况，经设计方到现场对发现的基座做法和地基情况的勘验确认，同意调整设计，将埋深0.7米毛石基础改为埋深0.2米，其余0.5米毛石砌体露出地面刚好作为露明基座。如此调整做法，不增加工程量，寺院方、当地文化主管部门都能接受。设计方对我们既严格把好方案关又积极面对不可预见情况的协调和处理给予了高度的肯定，我们对这件事的协调处理，避免了近200万的投资增量。

对嘛呢堆弧形边线及因此形成的弧形转经通道问题及嘛呢堆转经通道的宽窄问题，监理方通过对其他寺院高僧、当地信教群众和知情学者的走访调查，认为也在情在理，设计方通过对边界石基础的设计调整，也对嘛呢堆有了新的认识，同时权衡边界调直做法不会对工程量造成很大变化，最终同意调整方案，设计变更为将转经通道取直和统一宽度的做法要求。

③ 在施工方对基座/基础尺寸测量放线并经监理方确认无误后，施工方组织人员人工开挖1800毫米（宽）×350毫米（高）基槽，经施工方自检合格后报监理方和设计勘察方验槽，验槽合格后，进行基槽素土夯实，再进行1700毫米（宽）×150毫米（厚）C15素混凝土垫层施工，待素混凝土垫层保养达到龄期要求后，要求施工方按修改后的图纸砌筑1500毫米（宽）×200毫米（厚）青石基础和砌筑1500毫米（宽）×500毫米（厚）青石基座，并做深勾缝处理，且表面不能见水泥砂浆。在监理方确认青石基座横平竖直、走向笔直等技术参数合格后，要求施工方立即清理干净青石基座上的水泥砂浆。

④ 待青石基础和青石基座达到强度要求后，要求施工方先将青石基座的基层清扫干净，然后根据设计要求和墙体收分要求拉好干摆墙的施工线。由于设计上只对干摆墙顶部做收分要求（向中心处约以300毫米向里收分，约30度左右。另：后来发现设计图对边界墙外轮廓是画出收分的，只是没有标注说明，我们以为没有收分要求），而根据我们监理方在参与“汶川5.12大地震”灾后文物抢救保护工作中对羌族石砌碉房和碉楼的调查研究表明：⑴墙体收分具有很好的抗震效果，墙体收分较大的建筑损毁程度轻于直墙体或收分小的建筑。羌族石砌碉房和碉楼建筑传统上楼体下宽上窄，石墙自下而上逐步减薄，外墙稍向内倾，向上有明显的收分，内墙仍与地面垂直，外墙由下向上逐渐内收形成底宽顶窄的梯形，整栋建筑有若覆斗形。汶川5.12大地震后，汶川羌族寨子有一个明显的现象是：许多外墙收分较大的老房屋墙体垮塌较轻甚至保存完好，而墙体收分不明显或直墙体的房屋墙体垮塌严重。如位于河谷的理县桃坪羌寨、位于高山的汶川县龙溪乡的阿尔村和龙溪寨等皆是如此。笔者认为：究其原因，外墙墙体收分形成的下宽顶窄的结构，减轻了墙体上部的自重、增强了墙体基础的稳固性，同时又可使墙体上部的重力内倾而不易向外坍塌，而内墙上部的受力又为横向铺设于每层建筑两侧墙体的密集木梁所支撑，故墙体不易垮塌，具有很好的抗震作用。虽然石砌碉房和碉楼不等同于干摆嘛呢石墙，但两者之间有很多共通之处，具有很强的借鉴作用。基于此研究结果，为了保证新干摆嘛呢石墙的整体稳定性和抗震能力，在与设计方杨新老师商议后，监理方要求施工方对2.5米高干摆嘛呢石墙也做收分处理，执行墙高每米收分10厘米的方案。⑵墙体布筋、使用“过间石”的建筑损毁程度轻于未布筋、未使用“过间石”的建筑。在各村寨的夯土碉房和碉楼中，凡墙体保存较好的建筑，皆是每一板夯土墙（每一板夯土墙大约墙厚60厘米，高60厘米，长120厘米）错缝夯实，每一板夯土墙上下不通缝，左右用墙筋连接，墙筋多由“丁刺材”铺设，它长100—150厘米。丁刺材有如狼牙棒一样，周身长满长刺。若没有丁刺材，也可用细竹竿替代，其作用犹如现代建材的钢筋，铺在墙里（圈梁中）起抗拉作用。在墙体的转角处上下层交错铺砌石锁，俗称“过间石”，长条形，它长60厘米左右不等，宽20厘米，厚15厘米。在建筑中起压接接口的作用，主要使横墙与纵墙之间的接头压接紧密，不裂缝，而墙体未布筋或布筋少、未使用或少用“过

间石”的建筑，大多发生倒塌。使用了“墙筋”方法的夯土墙体，亦较未使用“墙筋”方法的墙体受损轻。汶川县威州镇布瓦村的一些黄土碉房，因在墙体中使用了“墙筋”方法和在墙体转角处使用了“过间石”方法，避免了直角相交的二幅外墙墙体在地震时发生分离而垮塌。经历过“汶川5.12大地震”至今仍屹立在茂县黑虎寨的石砌羌碉是唐贞观十年（公元636年）开始修建的，全部采用片石砌筑，片石与片石之间，全采用“品”字形压接（现代建筑用语为不通缝），转角处均采用过间石（也叫石锁）衔接，起横墙与纵墙的拉接固锁作用。

显然，墙体使用“墙筋”、砌筑“过间石”的方法，大大增强了墙体的整体性，提高了墙体的抗震性能。虽然夯土墙不等同于干摆嘛呢石墙，但两者之间也有很多共通之处，也具有很强的借鉴作用。基于此研究结果，为了保证新干摆嘛呢石墙的抗拉强度和抗震能力，增强干摆嘛呢石墙的整体稳定性，以改善干摆墙的施工质量，设计方杨新老师对嘛呢堆上的经幡有是否可以利用的想法，我们监理方想对2.5米高干摆嘛呢石墙也使用“墙筋”、砌筑“过间石”的方法。经设计方、施工方、监理方共同商议，适合使用软性的土工布。因为土工布具有以下优点：①韧性好。由于使用塑料扁丝，在干湿状态下都能保持良好的韧性。②耐腐性好，防虫防蛀。在不同酸碱度的空气和水中都能长久地耐腐蚀，能防止微生物、虫蛀等对自身的损害，因此能长时间发挥干摆嘛呢石墙墙筋作用，保证干摆嘛呢石墙的稳定性和提高干摆嘛呢石墙抗震性。③土工布施工方便。由于材质轻、柔，故运送、铺设、施工方便。具体使用过程中，执行墙高每米铺一层土工布“墙筋”的方案。但施工方在按照嘛呢石干摆的形式和技术要求进行试摆时，出现1500毫米厚干摆嘛呢石墙中最外一匹嘛呢石往往与其他嘛呢石完全分离的现象，整体稳定性和整体抗震性差。为了彻底解决这一问题，监理方根据现代钢筋混凝土结构中圈梁的原理和作用，对土工布“墙筋”方案进行调整，调整后的土工布“墙筋”方案为：干摆嘛呢石墙纵向（上下方向）每隔1米在嘛呢石墙最外围使用挑选出备用的又长又大的类似“过间石”的嘛呢石干摆一匹“嘛呢石圈梁”与在同一层干摆嘛呢石墙横向（左右方向）每隔2—3米使用挑选出备用的又长又大的类似“过间石”的嘛呢石干摆一匹的“嘛呢石圈梁”组成一层“嘛呢石圈梁”，并在其上面铺土工布“墙筋”，共同作用形成一层“土工布嘛呢石圈梁”，且横向“土工布嘛呢石圈梁”上下错开设置，梅花状排列，使得完成后的干摆嘛呢石墙在整体稳定性和整体抗震性大大加强；砌筑“过间石”的方法主要应用在干摆嘛呢石墙堆的转角处上下层交错铺砌，在干摆嘛呢石墙堆中起压接接口的作用，主要使横墙与纵墙之间的接头压接紧密，大幅度提高干摆嘛呢石堆的整体稳定性和整体抗震性。

⑤ 在干摆嘛呢石施工过程中除了保证干摆嘛呢石堆的整体稳定性和整体抗震性等结构安全外，还应体现出青海省玉树新寨嘉那嘛呢堆应有的美感、应有的艺术价值、应有的历史文化价值和宗教信仰功能。根据玉树结古寺丁巴活佛的提议，监理方要求施工方在干摆嘛呢石墙中镶嵌有一定体量、年代久远的、图案精美的、有文化历史价值的、有宗教信仰作用的和有代表性的嘛呢石，为了保证所镶嵌嘛呢石的稳定性和抗震性，要求施工方在大块嘛呢石周围加设木框，四周用较大的嘛呢石压砌牢固。

⑥ 在干摆嘛呢石施工过程中，为了保持新寨嘉那嘛呢堆历史的完整性，监理方要求施工方在干摆时尽量使用同一历史时期、同材质的嘛呢石。

⑦ 在干摆嘛呢石施工过程中，除了遵循以上大的原则外，还应注意一些小节，例如：在摆第一层嘛呢石前先检查青石基座是否水平，如有偏差，用砂浆抹平；嘛呢石大的缺口要用小的嘛呢石片垫好，小的嘛呢石片也不要露出墙外；嘛呢石接缝处的缺口也要用细小的嘛呢石将残缺部分填平整；嘛呢石的接

缝处一定要尽可能错开，不要形成通缝；嘛呢石与嘛呢石上下左右接缝处不平整时，要用木槌轻轻敲打平整；把污染的嘛呢石用清水和软毛刷子清理干净后才能使用；干摆墙在施工中首先选择平整度和大小规格较统一的嘛呢石进行干摆，选择和搬运嘛呢石时要轻拿轻放等。

⑧ 监理方对嘛呢堆的认识和理解也经历过一个很长的过程，在这过程中，随着最初设计方与寺院方、当地文化部门对嘛呢堆的理解、认识的分歧和碰撞，严重的分歧和不断的碰撞，使监理方也不得不对嘛呢堆重新思考、重新理解、重新认识；紧随着设计方对嘛呢堆新的认识、新的解读，不断地修改、变更，特别是设计方多次在现场指导和现场交底，向我们表达对嘛呢堆活态性质的不断理解和设计方的设计要求思路，使得监理方对嘛呢堆有了一个更深层次的理解和认识：新寨嘉那嘛呢堆所具有的艺术价值、文化价值、历史价值和宗教功能，对维护社会稳定、民族团结、国家统一有着重大意义，它已然不是一个纯粹意义上的嘛呢堆，而是一个活态性质的嘛呢堆，它的修缮原则已然不是“不改变原状“的问题了。后来，监理方根据施工过程中认识的变化，对监理依据和监理目标进行了不断的调整，最终与设计方的想法相吻合，实现了设计意图，履行了监理职责，实现了监理目标，得到设计方的充分认可。

（2）对转经廊、八善塔、辟邪塔和三座房式塔全部重新建造；对嘉那道丁塔、三怙主塔和一座房式塔现状维修加固；对桑秋帕旺经堂内、外墙体重点加固；对查来坚贡经轮堂重点处理夯土墙的加固维修；对甘珠儿经轮堂重点整修屋面等工程的施工进行动态跟踪旁站，对每道工序进行控制，并要求施工单位质检人员严格进行自检，达到设计要求。

a. 要求施工方严格按照中国文化遗产研究院设计的“青海省玉树新寨嘉那嘛呢堆震后抢险修缮工程设计方案”和监理方审批后的“青海省玉树新寨嘉那嘛呢堆震后抢险修缮工程施工组织设计”组织施工。

b. 监理方将转经廊施工作为重点监控对象，对每一道工序进行严格控制，确保质量关。

本次震后抢险修缮工程中转经廊的原设计方案是按转经廊现状的体量、尺寸和样式做恢复性设计的，其中第一标段施工方做出一段样板后，寺院方认为70厘米宽的转经廊不人性化，玉树地区雨雪天气普遍，70厘米宽的转经廊只能为转经筒遮风挡雨，而不能为僧侣、信教群众转经时遮风挡雨，现存70厘米宽的转经廊是当地寺院、信教群众在自筹资金不足的情况下自发建造的，属无奈之举，希望国家在这次震后抢险修缮工程中将转经廊修建成130厘米宽的，能为信教群众在转经时遮风挡雨。经建设方、设计方、施工方和监理方商议，最后共同决定：虽然转经廊的宽度由70厘米改成130厘米，虽然会增加工程投资和施工工期，但能为藏族人民做一件实实在在的好事，也是我们党和国家投巨资对青海省玉树新寨嘉那嘛呢堆进行震后抢险修缮的初衷，而作为玉树灾后重建的工作者，理应为党和国家分忧，为灾区人民谋福祉，所以，参建各方一致同意工程修改，满足僧侣、信教群众的愿望。监理方为了实实在在做好转经廊施工的监理工作，实现监理目标，做了以下工作：

① 要求施工方做好施工前的拆除工作。

在拆除前，监督施工方对现存转经廊进行现状测绘，包括测量、拍照，并在此基础上完成转经廊现状的样式草图。

要求施工方根据现存转经廊的结构特点，对现存残损转经廊实施自上而下拆卸。对能用的旧木料，尽可能保留使用。

要求施工方对拆卸下来的所有构件尽可能勾画出式样草图并详加文字记录和说明，以便后期制作安装时参考。

要求施工方在拆除转经廊墙体时，必须在保证嘛呢堆的安全稳定情况下进行，防止其滑落伤人，对拆除产生的建筑垃圾集中堆放，并及时清理外运。

要求施工方在转经廊拆除完成后，对原转经廊基础进行局部考古挖掘，确认原转经廊基础形式，上报设计方。

② 要求施工方按设计文件和监理方审批的施工组织设计方案组织施工。

由于转经廊木构件制作所需的木材均为外地制作后运到玉树，监理方要求施工方大批量制作前需提供所用木材样板，并提供木材原产地证明、运输检疫证明、木材含水率检测报告以及其他物理性能的检测、试验报告。木材含水率要求：用作承重构件或小木作工程的木材，使用前经干燥处理，含水率符合下列规定：原木或方木构件，包括梁枋、柱、檩、椽等，不应大于20%；原木或方木构件表层20毫米深处的含水率不应大于16%；板材、斗拱及各种小木作，不应大于其他木材平均含水率。

要求施工方按照转经廊施工顺序施工：施工前的清理→木柱制作→椽子、飞替木制作→转经廊挡墙基础工程施工→转经廊挡墙砌筑→柱基础安装→转经廊各木构件安装→转经廊屋面木基层制作安装→屋面苫背→屋面铺瓦→油饰彩画。

③ 要求施工方在转经廊木构件制作安装施工中严格执行木构件制作安装施工工艺。

由于木构件极易腐蚀，监理方要求施工方对转经廊木构件可能与水接触的部位进行防水、防腐处理。

柱础和柱子安装：安装之前，按标高要求检查柱顶石基础情况，检查施工方是否按施工测量放线的位置定位安放好柱顶石，检查柱子是否浑圆、直顺，并满足设计要求，要求施工方在柱子安装之前对各木构件进行核对，检查各构件的数量及位置编号；安装时，要求施工方以柱子中线对应柱顶石十字墨线（轴线）进行安装定位，同时查看柱子上端榫卯朝向是否正确，定位后要对柱子进行支护固定；柱子安装完毕后要用线锥逐一进行检测，确保整体符合要求。

梁、枋、桁安装：要求施工方安装梁、枋、桁等上架构件时，必须保证梁架中线位置与柱子中线对正，安装程序按古建传统做法进行，并符合古建操作顺序。

椽子安装：安装包括方檐椽、飞椽、方翼角椽、翘飞椽以及大连檐、小连檐等。要求施工方安装之前，先检查各种椽子制作质量，要求各种椽子用料不得使用有透节疤、劈裂和顺木纹的木材，必须选用通长直顺的木料，木材含水率小于15%，按设计要求和古建传统操作程序进行加工。椽飞等要放实样、套样板，画线制作，各部件尺寸要准确，样板制作并经检验合格后，方可成批加工制作。加工方檐椽子要求浑圆顺直，檐椽上头压掌的合掌面角度要正确平整。飞椽椽身必须方正顺直，在木望板上钉钉，从底面看不得有露钉现象。各种椽子加工制作完成应分类码放，并做好防潮防暴晒措施，以防各种椽子变形。各种椽子运输或搬运当中，应注意轻搬轻放，不得磕碰损坏，确保成品质量。安装时，先检查各构件的数量及位置编号，并按设计要求对号入座，椽子找平时不得过多砍伤桁檩，可用通常垫木或砍刨椽尾找平。钉椽时严格按檩子上的椽划线位置钉，保证椽头方正平齐、椽档均匀。具体安装过程中，要求施工方按古建传统做法进行，并符合古建操作顺序。

屋面木基层：要求施工方严格按照设计要求制作安装转经廊屋面木基层。要求望板做法为柳叶缝铺钉，望板表面刨光，顶头严密，并做柳叶缝槽，木基层上要做护板灰，望板采取横装板，望板安装檐椽与飞椽基本相对不偏斜，横望板错缝窜档宽不大于800毫米。板头盘截方正，望板顶头缝符合要求，望板铺钉牢固，柳叶缝严实。望板厚度一般不低于15毫米，望板长度最短不少于1500毫米。

屋面苫背及铺瓦：要求施工方严格按照设计要求制作安装转经廊屋面，屋面用望板柳叶缝横铺，其上满铺塑料薄膜防水层，再上满铺草泥，草泥背必须拍实抹平，待草泥屋面干至七八成后用红陶瓦铺面，铺瓦前对所有瓦件必须优选，敲击声音清脆者属于合格瓦件，禁止破损漏水瓦进入施工现场，瓦面排水坡度必须符合要求，以防雨水倒灌，铺瓦所用泥浆必须与苫背粘牢以防滑落、松动。瓦面铺装必须按规范铺设，座泥浆要饱满，在铺装结束后及时清扫屋面，保证瓦面排水畅通。

④要求施工方在转经廊油饰彩画施工中严格执行油饰彩画施工工艺。

要求施工方严格按照监理方审批的施工组织设计方案中有关油饰彩画施工要求组织施工。油饰彩画施工顺序：基层表面打磨平整→下木钉→汁浇→表面除尘晾干→一单皮灰→石膏腻子→头道漆→二道漆→细砂纸顺抹→丈量起谱→分中打谱→配立粉材料→立粉→包胶→彩画饰面→彩画涂刷保护层。

要求施工方按要求对木构件基层进行处理。

要求施工方严格执行地仗灰的制作及操作程序。

要求施工方严格执行油漆工程施工工艺。

要求施工方在放大样工序中严格执行相关程序。

要求施工方在彩画设色工序中严格执行相关施工工艺。

要求施工方按要求选用合格彩画材料。

要求施工方按要求选用合格的油漆材料。

（3）监理方将桑秋帕旺经堂、查来坚贡经轮堂和甘珠儿经轮堂屋面防水作为重点监控对象，对每一道工序进行严格控制，确保质量关。

桑秋帕旺经堂、查来坚贡经轮堂和甘珠尔经轮堂在地震中都受到不同程度的损坏，特别是屋面漏雨情况十分严重，本次屋面防水工程分两种情况，琉璃瓦屋面采用水泥砂浆、瓦面结合的自防水方式。平顶屋面采用 SBS 卷材防水方式，我们以平顶屋面防水施工为例，进行全过程的严格控制。

a. 要求施工方必须做好找平层。

① 基层条件：铺设找平层前，基层需干净、干燥。

② 冲贴或拉线根据设计厚度贴灰饼、冲筋，冲筋的间距为 1.5 毫米左右，冲筋后即可进行找平层施工。

③ 抹找平层施工、压实及压光。原施工组织设计是采用 20 毫米厚 1:2.5 水泥砂浆找平，表面压光的施工方案，但施工现场实际的水泥砂浆找平层厚度平均达到 110 毫米，局部达到 180 毫米，如果继续按原施工方案施工，必将因水泥砂浆找平层过厚造成收缩开裂，影响工程质量，根据实际情况，监理方在复核楼板找平层承载力后，要求施工方将水泥砂浆找平层改成瓜米石混凝土找平层，并将找平层的厚度控制在最小值，瓜米石混凝土经机械震板震实后，表面人工刮平，木抹搓平压实。应由远到近、由高到低进行。最好在每分格内一次连续铺成，严格掌握坡度。表层铺抹后用铁抹子压实三遍成活。

④ 分格缝设置。分格缝设置板端，间隔 6 米设置一道。分格缝采用预留 20×20 毫米的分格条，待瓜米石混凝土收水后，压实抹平，在终凝前取出嵌缝条。成活后取出分格条填密封油膏。

⑤ 边角处理。基层与突出屋面结构的交接处和基层转角处，找平层均做成半径 20 毫米的圆弧，并抹光：在内排水的水落口周围，找平层应做略低的凹坑。找平层的施工质量要求见表二。

表二找平层施工质量要求

项目	施工质量要求
材料	找平层所用的原材料、配合比必须符合设计要求
平整度	找平层应粘接牢固，用 2 米直尺检查空隙不得超过 5 毫米，每米长度不得多于一处。
坡度	1%—2%
转角	两个面相交处均应做成圆弧
分格	要求顺直并填密封材料

b. 要求施工方严格执行 SBS 防水卷材施工工艺。

① 清理基层：施工前将验收合格的基层清扫干净。

② 涂刷基层处理剂。基层处理剂可用喷或涂等方法均匀涂布在基层表面。施工时，将配制好的基层处理剂搅拌均匀，在大面积涂刷施工前，先用油漆刷蘸胶在阴阳角、水落口、管道及烟囱根部等复杂部位均匀地涂刷一遍，然后用长拖滚刷进行大面积涂刷施工。厚度应均匀一致，切勿反复来回涂刷，也不得漏刷露底。涂刷基层处理剂后，常温下干燥 4 小时以上，手感不黏时，即可进行下道工序的施工。基层处理剂施工后宜在当天施工防水层。

③ 特殊部位的增强处理：屋面容易产生漏水的薄弱处，如山墙水落口、天沟、突出屋面的阴阳角，穿越屋面的管道根部等，除采用涂膜防水材料做增强处理外，还应按下列规定处理。

卷材末端的收头及封边处理：为了防止卷材末端剥落或渗水，末端收头必须用与其配套的嵌缝膏封闭。当密封材料固化后在末端收头处再涂刷一层聚氨酯防水涂料，然后用 108 胶水泥砂浆（水泥：砂：108 胶 = 1：3：0.15）压缝封闭。

檐口卷材收头处理：可直接将卷材贴到距檐口边 20—300 毫米处，采用密封膏封边，也可在找平层施工时预留 30 毫米半圆形洼坑，将卷材收头压入后用密封膏封固，再抹掺 108 胶的水泥砂浆。

天沟卷材铺贴：卷材应顺天沟整幅铺贴，尽量减少接头，少于 50 毫米，并压在屋面卷材下面。

水落口卷材铺贴：水落口杯应用细石混凝土或掺 108 胶的水泥砂浆嵌固，与基层接触处应留出宽 20 毫米深 20 毫米的凹槽，嵌填密封材料，并做成以水落口为中心比天沟低 30 毫米的洼坑。在周围直径 500 毫米范围内应先涂基层处理剂，再涂 2 毫米厚的密封膏，并宜加衬一层胎体增强材料，然后做一层卷材附加层，深入水斗不少于 100 毫米，上部剪开将四周贴好，再铺天沟卷材层，并剪开深入水落口，用密封膏封严。

阴阳角卷材铺贴：阴阳角的基层应做成圆弧形，其圆弧半径约 20 毫米，涂底胶后再用密封膏涂封，其范围距转角每边宽 200 毫米，再增铺一层卷材附加层，接缝处用密封膏封固。

高低跨墙、女儿墙、天窗下泛水及收头处理：屋面与立墙交接处应做成圆弧形或钝角，涂刷基层处理剂后，再涂 100 毫米宽的密封膏一层，铺贴大面积卷材前顺交角方向铺贴一层 200 毫米宽的卷材附加层，搭接长度不少于 100 毫米。高低跨墙及女儿墙、天窗下泛水卷材收头应做滴水线及凹槽，卷材收头嵌入后，用密封膏封固，上面抹掺 108 胶水泥砂浆。当遇到卷材垂直于山墙泛水铺贴时，山墙泛水部位应另用一平行于山墙方向的卷材压贴，与屋面卷材向下搭接不少于 100 毫米；当女儿墙较低时，应铺过女儿墙顶部，用压顶压封。

④ 冷粘法铺贴合成高分子防水卷材的操作要点如下：

根据卷材铺贴方案，在基层表面排好尺寸，弹出卷材铺贴标准线。

大面防水层自粘卷材铺贴——基层处理剂干燥后，及时弹线并铺贴卷材。铺贴时将起始端固定后逐渐展开，展开的同时揭开剥离纸，铺贴时由低向高。

卷材宽度，屋面工程不小于60毫米宜搭接80毫米，地下工程一般不小于100毫米，接茬处不小于150毫米。搭接缝应压实粘牢，边缘用密封膏封闭。

立面卷材收头，应先用金属压条固定，然后用卷材密封膏封闭。

平面铺贴卷材：将涂胶干燥后的卷材用筒芯重新卷好，穿入一根直径30毫米、长1500毫米的钢管，由两人抬起，依线将卷材一端粘贴固定，然后沿弹好的标准线向另一端铺展，铺展时卷材不应拉得过紧，在松弛状态下铺贴，每隔1000毫米左右对准标准线粘贴一下，不得皱折。每铺完一幅卷材后，应立即用长把压辊从卷材一端开始，顺卷材横向依次滚压一遍，排除卷材粘接层间的空气，然后用外包橡皮的大压辊（30千克）滚压，使其粘贴牢固。

立面铺贴卷材：铺贴泛水时，应先留出泛水高度的卷材，先贴平面，再统一由下往上铺贴立面，铺贴时切忌拉紧，随转角压紧压实往上粘贴。最后用手持压辊从上往下滚压，不得有空鼓和粘接不牢等现象。

卷材接缝粘接：卷材搭接方式有搭接法、对接法、增强搭接法和增强对接法四种形式。

卷材搭接缝粘贴：首先将搭接缝上层卷材表面每隔500—1000毫米处点涂氯丁胶，基本干燥后（手感不黏），将搭接缝卷材翻开临时反向粘贴固定在面层上，然后将配制搅拌均匀的接缝胶粘剂，用油漆刷均匀地涂刷在翻开的卷材接缝的两个粘接面上，涂刷均匀一致，不得露底，也不得堆积成粘胶团。涂胶量一般以0.5—0.8千克/米为宜，干燥20—30分钟后（手感基本不黏），即可进行粘合。粘合从一端开始，用手边压合边驱除空气，不得有空鼓和皱折现象，然后用手持压辊依次认真滚压一遍。在纵横搭接缝相交处，有三层卷材重叠，必须用手持压辊滚压，所有接缝口均应用密封膏封口，宽度不小于10毫米。

卷材收头处理：为使卷材粘接牢固，防止翘边及渗漏应用密封膏封严后，再涂刷一遍涂膜防水层。

⑤ 成品保护：

要求施工人员应认真保护已经做好的防水层，严防施工机具等把防水层戳破；禁止施工人员穿带钉子的鞋在卷材防水层上走动。

穿过屋面的管道，应在防水层施工以前进行，卷材施工后不应在屋面上进行其他工种的作业。如果必须上人操作时，应采取有效措施，防止卷材受损。

屋面工程完工后，应将屋面上所有剩余材料和建筑垃圾等清理干净，防止堵塞水落口或造成天沟、屋面积水。

施工时必须严格避免基层处理剂、各种胶粘剂和着色剂等材料污染已经做好饰面的墙壁、檐口等部位。

水落口处应认真清理，保持排水畅通，以免天沟积水。

（4）监理方将桑秋帕旺经堂、查来坚贡经轮堂和甘珠儿经轮堂屋面瓦瓦也作为重点监控对象，对每一道工序进行严格控制，确保质量关。

桑秋帕旺经堂、查来坚贡经轮堂和甘珠尔经轮堂的屋面在地震中都受到不同程度的损坏，特别是屋面的结构都发生了不同程度的错位、开裂、变形，且三个经堂由于建设的年代不同，屋面所用瓦的材质、颜色、尺寸都不尽相同，使得整体效果很不协调、很不统一，经参建各方商议，建设方最终同意确定三个经堂屋面统一使用琉璃瓦。监理方为了做好监理工作，实现监理目标，做了以下工作：

a. 要求施工方按设计文件和监理方审批的施工组织设计方案组织施工。

① 屋面使用的琉璃瓦（脊）件的规格、品种、质量、颜色、脊的分层做法必须符合设计要求或古建常规做法。

② 使用掺灰泥瓦瓦。

③ 瓦件在运至屋顶前必须集中对瓦件逐块“审瓦”，有裂缝或砂眼、残损或变形严重、釉色剥落的瓦不得使用。板瓦还必须逐块用瓦刀（或铁器）敲击检查，发现微裂纹、隐残和瓦音不清的应及时挑出。

b. 要求施工方严格按照古建常规做法使用好施工机具。

① 主要工具：铁锹、筛子、瓦刀、水管子、梯子板、帘绳、小线、灰桶、小水桶、工具袋、泥抹子。

② 主要机具：手推车、砂浆机、云石机。

c. 要求施工方严格执行作业条件检查程序。

① 屋面苫背工程完成，自检合格，并通过监理方验收。

② 砂浆已按要求加工配制完成，自检合格，并通过监理方验收。

③ 脚手架的搭设已满足施工需要，自检合格，并通过监理方验收。

d. 要求施工方严格执行瓦瓦施工操作工艺。

①审瓦：瓦件和脊件在运至屋面以前，必须集中逐块“审瓦”。有裂缝或砂眼、残损或变形严重的瓦件和脊件不得使用。板瓦还必须逐块用瓦刀或铁器敲击检查，发现微小裂纹、隐残和瓦音不清的应及时挑出来。核对各种瓦件和脊件的种类、数量，能满足瓦瓦和挑脊的需要。

② 分中、号垄、排瓦当、抹瓦口：按正当沟的规格尺寸，确定屋面的瓦口尺寸，以底瓦坐中为原则，按分中号垄的位置，檐头排钉瓦口，脊部逐个号出每垄瓦的位置，前后坡对应，垄数相同。

③ 冲垄：在大面积开始瓦瓦之前，先瓦上几垄瓦作为屋面瓦瓦的高低标准。首先瓦边垄，边垄“冲”好以后，按照边垄的曲线（囊线）在屋面的中间将三趟底瓦和二趟盖瓦瓦好。如果瓦瓦的人员较多，或屋面面积较大时，可以再分若干段冲垄，这些瓦垄都必须以拴好的“齐头线”、“楞线”和“檐口线”为标准。

④ 檐头头勾滴：檐头勾头和滴水瓦要拴两道线，一道线拴在滴水尖的位置，滴水的高低和出檐均以此线为标准。第二道线即冲垄之前拴好的“檐口线”勾头瓦的高低和出檐均以此线为标准。滴水瓦摆放好以后，在滴水瓦的蚰蜒当处放一块遮心瓦（可用碎瓦片代替），其上放灰扣放勾头瓦，勾头瓦要紧靠着滴子，高低、出进要跟线。

⑤ 瓦底瓦：瓦底瓦一般分为如下四个顺序：

开线：先在齐头线、楞线和檐线上各拴一根短铅丝（叫做“吊鱼”），“吊鱼”的长度要根据线到边垄底瓦翅的距离确定。然后“开线”，按照排好的瓦当和脊上号好垄的标记把线的一端固定在脊上，其高低以脊部齐头线为准。另一端拴一块瓦，吊在檐头房檐下，此线称“瓦刀线”，一般用三股绳或小帘绳。瓦刀线的高低以“吊鱼”的底棱为准，如瓦刀线的囊与边垄的囊不一致时，可在瓦刀线的适当位置绑上几个钉子来进行调整。底瓦的瓦刀线应拴在底瓦的左侧（瓦盖瓦时拴在右侧）。

瓦瓦：拴好瓦刀线以后，铺灰（或泥）瓦底瓦。如用掺灰泥瓦瓦，还可在铺泥后再泼上白灰浆，此做法为“坐浆瓦”，底瓦灰（泥）的厚度一般为40毫米，底瓦要窄头向下，从下往上依次摆放，底瓦的搭接密度应能做到“三搭头”。檐头和脊跟部位则应“稀瓦檐头密瓦脊”。底瓦要摆正，无侧偏，灰（泥）

饱满。底瓦垄的高低和直顺程度都应以瓦刀线为准。每块底瓦的“瓦翅”宽头的上楞都要贴近瓦刀线。

背瓦翅：摆放好底瓦以后，要浆底瓦两侧的灰（泥）顺瓦翅用瓦刀抹齐，不足的地方再用灰（泥）补齐，“背瓦翅”一定要将灰（泥）“背”足、拍实。

扎缝：“背”完瓦翅后，要在底瓦垄之间的缝隙处（称作“蛐蜒当”）用大麻刀灰塞严塞实，并将“扎缝”灰盖住两边底瓦垄的瓦翅。

⑥ 瓦盖瓦，勾瓦脸：按楞线到边垄盖瓦瓦翅的距离调整好“吊鱼”的长短，然后以吊鱼为高低标准“开线”。瓦刀线两端以排好的盖瓦垄为准。盖瓦的瓦刀线应拴在瓦垄的右侧。瓦盖瓦的灰（或泥）应比瓦底瓦的灰（或泥）稍硬，用木制的“泥模子”把灰（或泥）“打”在蛐蜒当上边，扣放盖瓦，盖瓦不要紧挨底瓦，应留有适当的“睁眼”，瓦盖瓦要熊头朝上，安放前熊头上要挂熊头灰（节子灰），安放时从下往上依次安放。上面的筒瓦要压住下面筒瓦的熊头，并挤严挤实熊头上挂抹的素灰。盖瓦垄的高低、直顺都要以瓦刀线为准，每块盖瓦的瓦翅都要贴近瓦刀线。如遇盖瓦规格有差异时，要掌握“大瓦跟线，小瓦跟中”的原则。琉璃瓦的底瓦宜勾抹瓦脸。底瓦、盖瓦每瓦完一垄，要及时清理瓦面，擦瓦面。

⑦ 捉节、夹垄：将瓦垄清扫干净后用小麻刀灰（掺颜色）在筒瓦相接的地方勾抹、捉节。然后用夹垄灰（掺颜色）粗夹一遍垄。把“睁眼”初步抹平，操作时要用瓦刀把灰塞严拍实。第二遍要细夹垄，睁眼处要抹平，上口与瓦翅外棱抹平，瓦翅要“背严”、“背实”，不准高出瓦翅。下脚应直顺，与上口垂直，夹垄灰与底瓦交接处无小孔洞（蛐蛐窝）和多余的“嘟噜灰”，夹垄灰要赶光轧实。夹垄后要及时将瓦面擦干净。

e. 要求施工方在进行挑正脊施工时，注意以下情况：

① 捏当沟：按脊件的宽确定当沟的位置，挂线用麻刀灰粘稳当沟。当沟的两边和底棱都要抹麻刀灰，卡在两垄盖瓦之间和底瓦之上。当沟的外口不要超出通脊砖的外口。当沟应稍向外倾斜。正脊的前后侧都要捏当沟，当沟与垂脊里侧平口条条交圈。

② 砌压当条：在正当沟之上拴线铺素灰砌一层压当条，压当条的八字里口要和当沟外口齐。

③ 砌群色条：在压当条之上拴线铺灰砌群色条。群色条应与压当条出檐齐。群色条之间要用灰砖填平。四样以上应将群色条改成“大群色”（相连群色条）。八样、九样不用群色条。七样可用也可不用群色条。

④ 安放正吻：正吻应放在群色条之上。无群色条时放在压当条之上。在安放正吻之前应先计算吻座（又叫“吻扣”）的位置，方法如下：找出垂脊当沟外皮位置，吻座里皮应在当沟以里。就是说，两坡的当沟要能卡住吻座，但又不能太往里，否则会遮住兽座的花饰。另外还要考虑到应能保证正吻上的腿肘露在垂脊之上，叫做“垂不掩肘”。按此原则确定吻座的位置。如发现吻座与排山勾滴的座中勾头之间距离较大，可在吻座下面加放琉璃吻垫。如果仍不能将正吻垫至合适的位置，还可以在吻座下面立放一块（或半块）筒瓦。吻座放好后，即可拼装正吻。正吻外侧以吻锔固定，里面要装灰。还要把背兽套在横插的铁钎上，铁钎应与吻桩十字相交并拴牢。背兽安好后应注意安放兽角。最后安放剑把。四样以上的正吻还应放铁制的吻索和吻钩。吻索下端连接一块铜制筒瓦。这全套物件称之为“螭广带”。安装时，螭广带并不拉紧，但下端要用铁钎穿过铜制筒瓦钉入木架内。

⑤ 砌正通脊：在群色条之上、两端正吻之间，拴线铺灰砌正通脊。脊筒子事先应经计算再砌置，找出屋顶中点，以此为中放一块“脊筒子”，这块筒子叫“龙口”，然后从龙口往两边赶排，要单数。通脊里要用横放的铁钎与脊桩十字相交并拴牢，每块通脊的铁钎要连接起来。清代中期以前多在通脊中间填装木炭和瓦片，然后浇白灰浆。后来多用麻刀灰和瓦片填充。如为麻刀灰作法，应注意不要装满和灌浆，

以防止通脊涨裂。

⑥ 瓦扣脊筒瓦：在正脊筒子（正通脊）之上拴线铺灰，砌放扣脊筒瓦（盖脊筒瓦）。扣脊筒瓦宜比正脊规格大一样。

⑦ 勾缝、打点：用小麻刀灰（掺色）打点、勾缝，并将瓦件、脊件表面擦拭干净。

f. 要求施工方必须对成品进行保护。

① 琉璃瓦（脊）件在运输过程中应采取必要的保护措施，不要碰掉釉面或棱角。勾头、滴水的码放不要压断“滴水唇”和“烧饼盖”。

② 琉璃瓦件的切割宜使用云石机，减少损坏量。

g. 要求施工方在施工中应注意的质量问题。

内在质量：底、盖瓦泥要饱满，瓦翅要背实，夹垄灰、扎档灰要背实，打雄头灰要严实。

外观：底、盖瓦不跳垄，盖瓦垄直顺，囊度顺畅，底瓦不喝风，特别是底瓦不侧偏。夹垄灰垂直一致，颜色均匀，瓦面完成后，必须干净透亮。

二　安全控制措施及效果

青海省玉树新寨嘉那嘛呢堆震后抢险修缮工程的安全控制分施工区域安全控制和生活区安全控制两部分。施工区域安全控制的主要内容包括：文明安全施工控制、施工机械安全使用控制、安全用电控制、消防安全控制等。生活区安全控制的主要内容包括：安全用电控制、消防安全控制。在施工高峰期，施工区域的施工工人高达 250 余人，生活区有 24 顶帐篷，共住了 120 余人，两个施工单位交叉作业，人员复杂、众多，存在很大的安全隐患，且新寨嘉那嘛呢堆建筑群是藏区非常重要的宗教场所，施工期间虽然按要求做好了施工围蔽，但仍然无法阻止虔诚的信教群众进入施工区域进行转经活动，这对青海玉树新寨嘉那嘛呢震后总体抢险修缮工程的安全控制提出更高的要求，种种情况表明：在这样的施工环境条件下，工程的安全管理和监督显得极其重要。

我项目监理部针对青海省玉树新寨嘉那嘛呢堆震后抢险修缮工程的特点，依据相关法律、法规，根据我监理方对文物建筑施工现场的安全管理经验，对该工程中的各个施工单位在工程实施过程中可能出现的各种安全隐患采取相应的措施方法，以达到预防和防治的目的，要求施工单位落实施工责任的同时落实安全责任，牢固树立安全第一的思想，警钟长鸣。要求监理工程师每次检查现场质量、进度的同时，检查现场安全，并作为例会时的一项讲评内容，同建设方进行联合检查，高标准、严要求，消除“低、老、坏”现象。加强高空作业的安全防护，对于悬空作业尚无立足点，必须适当建立牢固的立足点，如操作平台、脚手架等，作业用的安全设施必须经过施工方检查合格后，方可使用。有安全隐患的施工立即制止。从而保证了施工的安全，整个施工过程安全工作始终处于受控状态，以实现对本工程项目的安全控制目标。

第一，在施工准备阶段，将施工方对施工工人进行的“三级”安全教育和安全技术交底工作纳入到监理方的安全管理和安全监督体系内，使“三级”安全教育和安全技术交底确确实实落实到每个施工人员，不搞形式，不走过场。

以往的经验教训证明，很多施工方往往不重视“三级”安全教育和安全技术交底工作，为了应付监理方的检查，往往对这项工作搞搞形式，走走过场而已，直到发生安全事故才后悔莫及。为了杜绝这样的安全隐患，监理方根据本工程各施工单位存在交叉作业、人员众多、人员素质参差不齐的不利因素，针对施工人员对文物保护的观念和意识不强、文明安全施工意识不强、施工机械安全使用观念不强、安全用电知识缺乏、消防安全认识不足等情况，将监理方的检查落实到一线施工人员，要求施工方在进行“三级”安全教育和安全技术交底工作时必须有专业安全监理工程师全程参与和监督，并且要求安全监理工程师重点检查施工项目部各有关人员配备情况，了解施工人员的基本素质情况，特别严格检查特种施工人员持证上岗情况，在三级”安全教育和安全技术交底工作结束后，我监理方以抽查形式对三级”安全教育和安全技术交底工作进行考核，以该考核合格率作为施工单位有资格进场施工作业的合格施工人员人数的控制依据和作为支付施工单位文明安全施工措施费的重要参考依据。

第二，施工现场的文明安全施工演示、施工机械安全使用演示、安全用电知识普及、消防安全知识讲座。

在青海省玉树新寨嘉那嘛呢堆震后抢险修缮工程实施过程中，为了不断强化施工人员文明安全施工和施工机械安全使用的意识，也为了不断提高施工人员的安全用电知识、消防安全意识和整体素质，监理方除了不断加强巡查、平行检验和旁站外，还经常进行施工现场文明安全施工演示、施工机械安全使用演示等，以使一线施工人员不断强化安全施工、安全使用施工机械的意识。还及时协助建设方定期组织召开施工现场“安全用电知识讲座”和“消防安全知识讲座”，并由建设方联系玉树相关供电部门和消防部门到现场讲授安全用电知识、临时用电安装使用注意事项、消防安全知识、火灾的防范措施、火灾自救措施以及消防器材的配备要求和使用方法。通过这种“安全用电知识讲座”和“消防安全知识讲座”在青海省玉树新寨嘉那嘛呢堆震后抢险修缮工程实施过程中定期的召开，以使一线施工人员的安全用电知识和消防安全知识不断增强。同时，这些工作也是贯穿于青海省玉树新寨嘉那嘛呢堆震后抢险修缮工作全过程的一项重要工作。这些工作的成功实施，不但使施工人员进一步掌握和熟悉文明安全施工要领、施工机械安全使用方法、安全用电知识和消防安全知识，更增强了施工人员对施工现场安全隐患的防范意识和自信心，也使得施工人员更加深刻体会到“预防为主，安全第一”的安全责任。

第三，在每周监理例会上，针对施工方管理层进行的安全施工知识学习。

监理方将安全施工知识学习作为每周监理例会的一个专项议题，明确要求各施工单位项目经理、技术负责人、安全负责人、专职安全员必须参加，并提交每周的安全施工报告。通过反复的安全知识学习，使施工方管理层清醒地认识到自己所肩负的职责和所要承担的责任，也使施工方的安全负责人、专职安全员每周都能经历安全警示教育，从而对安全意识形成一种条件反射，并将这种安全意识的条件反射贯穿于整个青海省玉树新寨嘉那嘛呢堆震后抢险修缮工程实施过程，最终实现安全控制目标。

第四，监理方对施工区域和生活区进行不定期的安全工作大检查。

为了引起施工方对安全工作的足够重视，监理方提出在青海省玉树新寨嘉那嘛呢堆震后抢险修缮工程实施过程进行不定期的安全工作大检查方案，经与建设方、各施工方商议，并制定出相应的实施方法，明确了检查的范围、检查内容、检查人员组成、处罚办法等，通过不定期的安全工作大检查的实施，不但有效杜绝了施工方对安全工作做做样子、走走过场、应付检查的现象，而且更加有效地提高了施工方对青海省玉树新寨嘉那嘛呢堆震后抢险修缮工作施工现场安全管理的重视程度和加强安全管理的迫切性，从而使新寨嘉那嘛呢堆震后抢险修缮工程的安全控制目标在一个有序、稳定的状态下实现。

第五，监理方要求施工方编制各种安全应急预案，并在专业安全监理工程师的监督下进行实际有效的演练。

安全应急预案实际有效的演练和加强实际培训，是提高一线施工人员对突发安全事故的应对能力和自防自救能力最有效的方法。针对青海省玉树新寨嘉那嘛呢堆震后抢险修缮工作施工现场的实际情况和特点，监理方要求施工方根据这些实际情况和特点编制各种可能发生的安全事故的应急预案，专业安全监理工程师严格审核这些安全应急预案，并监督施工方严格按照专业安全监理工程师审核的安全应急预案进行演练，从而使一线施工人员的安全知识理论通过了实践的检验。通过这些实践的历练，可以更好地应对各种将要面临的安全隐患，以及在发生安全事故时能够保持一个平常的心理状态，学会如何自保自救，不要因慌乱而造成不必要的伤亡，从而降低安全事故所造成的人为破坏和人员伤亡。

四　工程内部的协调管理

青海省玉树新寨嘉那嘛呢堆震后抢险修缮工程建设规模大，工程投资集中，建设工期紧，工程周围地理环境、人文环境复杂，气候条件恶劣，这使本工程的现场协调管理显得非常重要。随着各施工标段、各施工段、各施工面的展开，各施工标段、各施工段、各施工面之间存在交叉作业的可能。监理方根据施工现场的实际情况，在存在交叉作业的范围内，通过每周的监理例会、现场协调会、工程专题协调会等协调平台，统筹调度，积极协调，发现问题及时解决，将问题消灭在萌芽状态，阻止了各方矛盾、争议的扩大化，从而使各方彼此相互理解、相互谅解、相互配合、相互支持。

（一）协调内容

（1）协调解决施工单位与建设单位的矛盾和问题。

（2）协调解决施工单位与供应单位的矛盾和问题。

（3）协调解决施工单位与设计单位的矛盾和问题。

（4）协调解决设计单位与供应单位的矛盾和问题。

对于出现的问题，监理积极主动对现场情况进行实地勘验、核实工程量，并形成书面材料上报业主，使之与设计沟通，保证施工工期。

五　合同管理

本监理公司受业主委托负责施工阶段和保修阶段的监理。

发包人是青海省文物管理局，承包人分别是甘肃省永靖古典建筑工程总公司（负责第一标段）和北京市园林古建工程公司（负责第二标段），承包范围为监理合同明确的全部内容。

（一）监理职责

1. 工程施工准备阶段

参加项目前期业主方组织的有关会议，协助业主方编制完成项目总体部署；对设计深度提出要求，以满足施工进度。

2. 工程施工阶段

（1）督促、检查施工单位严格执行工程承包合同和工程技术标准。审批相关施工方案，并监督、检查其方案的实施。

（2）经项目部同意后，向施工单位签发单位（项）工程开工报告份。

（3）对施工现场进行安全、文明施工等全方位管理。

（4）审批施工单位的材料计划和材料报审。

（5）确认预算外新增工程量（拆除、恢复、新增）。

（6）监督、检查施工单位严格按照施工图纸及指定的施工规范、技术标准进行施工，巡视、平行检查、旁站相结合，及时沟通设计修改、设计缺陷。

3. 工程竣工验收阶段

（1）参加项目监理部组织的初验和建设方组织的最终验收。

（2）督促、检查施工单位整理交工资料，及时上报建设单位。

（3）向项目部提供监理档案一套。

（二）合同管理效果

本工程的发包人和承包人按双方签定的合同内容，履行自己的权利和义务，发包人能够按时支付各项工程费用和进度款，承包人保证了工程的工期和质量，合同双方在履行合同过程中没有出现违约现象。

1. 监理人义务的履行

（1）项目监理部的组建。

本公司按照青海玉树新寨嘉那嘛呢震后总体抢险修缮工程的监理投标书的承诺和委托监理合同的约定，于 2011 年 7 月 4 日开工典礼后的第二天正式成立了以潘颂辉为总监理工程师，杨飞帆为总监理工程师代表的青海玉树新寨嘉那嘛呢震后总体抢险修缮工程项目监理部，并及时向业主方报送了项目监理部人员名单。监理工程师根据工程进展需要分阶段、分专业陆续到位上岗，满足了项目监理部对青海玉树新寨嘉那嘛呢震后总体抢险修缮工程前期“三通一平”工作、“四控制（投资控制、进度控制、质量控制、安全控制）、一协调、二管理（合同管理、信息资料管理）”工作的需要，进而很好地实现了监理目标，实现了监理合同约定的监理人的义务。

（2）《监理规划及实施细则》、《旁站监理方案》及其他相关方案的编制。

按照委托监理合同和监理投标承诺书的约定，项目监理部于 2011 年 7 月 5 日派 3 名监理人员进驻施工现场，协助业主和承包方做好开工前的准备工作，同时总监理工程师组织专业监理工程师对青海玉树新寨嘉那嘛呢震后总体抢险修缮工程的设计文件（包括设计方案、施工图等）、合同文件（包括施工合同、监理合同、设计合同、设备材料购销合同等）、招投标文件（包括招标文件和中标单位的投标书）等进行了认真的查阅和研究，并着手准备编制《青海玉树新寨嘉那嘛呢震后总体抢险修缮工程监理规划及实施细则》、《青海玉树新寨嘉那嘛呢震后总体抢险修缮工程旁站监理方案》，在充分考虑到青海玉树新寨嘉那嘛呢震后总体抢险修缮工程的建设规模大、社会影响力大、工期短、社会关系复杂等因素，并结合玉树结古地区的环境、气候、交通运输条件等，项目监理部从实际出发，以能够切实指导监理人员操作为前提，在总监理工程师主持下，根据监理投标时的《青海玉树新寨嘉那嘛呢震后总体抢险修缮工程监理大纲》，于2011年7月30日完成了《青海玉树新寨嘉那嘛呢震后总体抢险修缮工程监理规划及实施细则》、《青海玉树新寨嘉那嘛呢震后总体抢险修缮工程旁站监理方案》的编制工作并报公司技术负责人审批后及时报送业主方，认真、负责履行监理人的义务。

（3）协调业主方解决和做好“三通一平”和施工现场围蔽工作。

及时有效做好“三通一平”和施工现场围蔽工作是青海玉树新寨嘉那嘛呢震后总体抢险修缮工程是否能按时完成的关键，嘉那嘛呢周边道路和空地不仅是我们施工的操作面也是藏族同胞进行宗教活动和经济创收的重要地方，施工现场围蔽必然损害藏族同胞和信教群众的既得利益，在嘉那嘛呢周边转经是藏族同胞和信教群众最神圣、最不可缺少的宗教活动，所以要想及时有效做好“三通一平”和施工现场围蔽工作，必须要解决藏族同胞能围着嘉那嘛呢进行宗教活动的新场所和解决因此失去工作人员的再就业问题，我方经过现场勘查和调研，在经过与业主、承包方商议，最终确定了封闭小转经道，开辟新大转经道和在将来工地开工后吸收解决部分失业人员再就业的方案，最终在大家共同努力下，及时有效完成了玉树新寨嘉那嘛呢震后总体抢险修缮工程的“三通一平”和施工现场围蔽工作，同时也获得了藏族同胞和信教群众的理解和支持。

（4）协助业主召开设计交底和主持图纸会审工作。

2011年7月5日至2011年7月27日期间，总监理工程师组织专业监理工程师对青海玉树新寨嘉那嘛呢震后总体抢险修缮工程的设计方案、施工图纸、工程量清单进行了认真细致的查阅，找出施工图纸存在疑问的地方，整理后于2011年7月28日上午主持召开青海玉树新寨嘉那嘛呢震后总体抢险修缮工程设计图纸会审，监督指导承包方整理汇总监理方、承包方、设计方、业主方的意见和建议，形成设计图纸会审记录文件。2011年7月28日下午协助业主方主持召开青海玉树新寨嘉那嘛呢震后总体抢险修缮工程设计交底，会后根据业主方要求在设计图纸会审记录文件基础上整理汇集出会议记录文件。

（5）施工过程中向业主方提供相关咨询、建议和服务。不论在委托监理合同约定的范围内或范围外，我监理人员在不同时期、不同范围、不同标段，以不同的方式，从工程投资、进度、质量、安全等方面尽心、尽力、尽职、尽责向业主方提供客观、科学、公正的建议或意见，特别是2011年10月13日帮助业主方修改承包合同条款并提出合理、可行、正确的修改意见或建议；2011年12月19日协助业主方撰写《青海省玉树地震灾后文物抢救保护工程竣工验收办法》等文件，我方监理人员切实实现了为业主全过程、全方位服务的承诺，获得了青海省文物管理局冯局长的“尽心、尽力、尽职、尽责”的高度评价。

（6）以监理周报或监理月报方式定期向业主汇报施工进程。在青海玉树新寨嘉那嘛呢震后总体抢险修缮工程实施过程中，我总监理工程师组织专业监理工程师根据情况每周或每月收集本工程实施情况的信息资料，编制《青海玉树新寨嘉那嘛呢震后总体抢险修缮工程监理周报》，经总监理工程师签证后报送业主方审阅，使业主方及时、全面、真实掌握工程进展的具体情况。

2. 监理人权利的履行情况

（1）施工过程中的技术问题、生产工艺、材料选用等方面的建议权。

文物建筑的施工工艺和材料选用与现代建筑有所区别，因文物建筑本身具有很高的文物价值和不可再生性，所以必须坚持“材料之一致性或匹配性”、“可逆性或可去除性”的材料选用原则和“最少干预性”、

“保持历史真实性”的施工工艺选用原则，根据这些原则，我监理人员认真审阅设计文件、严格审核承包方的技术方案、生产工艺、材料选用等，及时将情况向业主方汇报，并提出可行性建议，保证了工程顺利实施。

（2）工程施工组织设计及其他技术方案的审批权。

根据要求，施工方在完成青海玉树新寨嘉那嘛呢震后总体抢险修缮工程设计图纸会审、设计技术交底后的第六天，即2011年8月3日向我项目监理部提交了《青海玉树新寨嘉那嘛呢震后总体抢险修缮工程施工组织设计》及其他专项施工方案，监理人员收到后第四天予以审核，提出审核意见，要求施工方从本工程实际出发，重新编制有针对性、可操作性、指导性强的施工组织设计及其他专项施工方案，以便于本工程顺利有效实施。

（3）工程质量的检验权。

在青海玉树新寨嘉那嘛呢震后总体抢险修缮工程委托监理合同约定的监理范围内，监理工程师在《青海玉树新寨嘉那嘛呢震后总体抢险修缮工程监理规划及实施细则》的具体指导下，对进入施工现场的所有材料、构配件、机械设备进行严格的检验，杜绝不符合设计要求、不符合合同要求、不符合数量和质量不合格的材料、构配件、机械设备进场，对符合要求的机械设备还要进行进场后的性能测试，确保能有效使用。对需要现场见证取样送检的材料，我监理人员严格按照见证取样送检制度的程序和要求执行，审查、签认第一标段甘肃省永靖古典建筑工程总公司的“材料、构配件报验申请表”共11份，机械设备进场性能测试18次/台，见证取样送检2次；审查、签认第二标段北京市园林古建工程公司“材料、构配件报验申请表”共28份，机械设备进场性能测试21次/台，见证取样送检6次。我监理人员严把材料质量关，严格执行了“材料、构配件报验制度”和“见证取样送检制度”。

监理工程师在《青海玉树新寨嘉那嘛呢震后总体抢险修缮工程监理规划及实施细则》的具体指导下，对各个施工标段的隐蔽工程、施工工序、各类检验批、分项工程、分部工程、单位工程进行严格的检验，对不符合设计要求、不符合合同要求、不符合验收规范或存在安全隐患的施工，及时要求承包方返工或暂停施工，并第一时间上报业主方。我监理人员严格按照《建筑工程施工质量验收统一标准》、《建筑工程施工与验收规范》要求，严格执行“工程报验制度”，未经专业监理工程师检查、签认认可，严禁承包方进入下道工序施工，从工作程序上严把工程质量关，在施工过程中做好事前、事中、事后控制，特别是尽量做好事前、事中控制，尽可能少做事后控制，做到早检查、早发现、早处理、早解决，将事故扼杀在萌芽状态。我方监理人员检查、签认第一标段甘肃省永靖古典建筑工程总公司的“工程报验申请表”共77份，检查、签认第二标段北京市园林古建工程公司“工程报验申请表”共103份。

（4）工程进度的监控权和检查权。

工程进度的监控权和检查权主要体现在两个方面:（1）严格认真审查承包方编制的“工程总进度计划”、“工程月进度计划”、“工程周进度计划”“工程日进度计划”，对编制不合理的进度计划，予以退回，并提出修改意见。（2）在工程实施过程中监控、检查承包方工程进度的实际情况和偏离情况，并在每周监理例会上讨论、纠正承包方施工进度的进展情况和偏离情况，使工程合理、正常推进。

由于设计时间紧张，设计方案和施工图存在一些不足，设计方案有理想化成分，在将理论化的东西转化到实际过程中，还需要花费大量的时间修改、完善，再加上施工进展过程中出现了一些客观、人为及其他不可预见的不利因素，有对工期滞后的影响，为有利于参建各方对工程进度的监控，确保工程顺利进展和按期完工，业主方、监理方要求承包方根据剩余实际工程量编制“工期进度倒排计划”上报项目监理部审核，并由总监理工程师批复实施。针对工期延误问题，本着实事求是的精神，根据《建设工程监理规范》的规定，结合实际情况，公平、公正、科学审批承包方提出的“工程临时延期申请”，最后，在“工程临时延期申请”的基础上，总监理工程师与业主代表商议后签署“工程最终延期审批表”，妥善、合理解决承包方的工期索赔问题。

（5）工程进度款的审批权。

根据合同文件约定，每月25日前承包方提交当月已完成的合格工程量清单和“工程价款月支付申请书”，我专业监理工程师在28天内对承包方已完成的质量合格的工程量予以认真、科学、公正的计量和签认，并由总监理工程师签署“工程价款月付款证书”。

在本工程实施过程中，监理方审批第一标段甘肃省永靖古典建筑工程总公司的“工程价款月支付申请书”共9份，签署“工程价款月付款证书”共9份；审批第二标段北京市园林古建工程公司的“工程价款月支付申请书”共11份，签署“工程价款月付款证书”共11份。

3. 监理职业道德教育和项目监理部规章制度的履行情况

（1）在工程实施过程中，本工程项目监理部时常不忘对监理人员进行监理职业道德教育，让每个监理人员牢记“公正、诚信、守法、科学”的监理职业道德准则，公平、公正维护好参建各方的合法权益。

（2）在工程实施过程中，本项目监理人员在《青海玉树新寨嘉那嘛呢震后总体抢险修缮工程监理规划及实施细则》的指导下，严格遵守项目监理部制定的规章制度，严格履行委托监理合同约定和监理投标书承诺的监理人员行为准则，坚守监理职业道德，不“吃、拿、卡、要”，不接受本工程承包方的任何报酬或经济利益，不介绍材料供应商、施工队、分包单位介入本工程，不参与可能与委托人利益相冲突的任何活动，不泄露委托人、设计方、承包方提供并申明的秘密。

六　信息资料收集与管理

建设工程监理的主要方法是控制，控制的基础是信息，信息资料的收集管理是工程监理任务一项重要工作内容，是对工程进展实施有效控制的前提。及时掌握准确、完整的信息资料，可以使监理工程师耳聪目明，可以更加卓有成效地完成监理任务，所以，我监理工程师十分重视建设工程项目的信息管理工作，并注重掌握其管理方法。

在施工准备阶段，监理工程师通过对国家、省有关法律、法规类信息资料的收集、研究，在实际施工中使监理工作做到有法可依、有章可循。

通过对国家现行的设计、施工、检测规范及验收评定规范和标准类信息资料的收集、研究，以便在实际施工中使监理工作有根有据、针对性强、可操作性强、指导性强。通过对监理合同文件、施工承包合同文件（包括分包合同和购销合同）、招投标文件、业主批准的监理规划及建设工程项目相关的文件类信息资料的收集、研究，以便在施工阶段监理人员严格履行委托监理合同，监督施工承包合同的履行，公平、公正维护双方合法权益，顺利实现监理目标。通过对依据项目的设计图纸、由业主提供的勘察设计文件及有关工程文件资料、技术资料类信息资料的收集整理，监理人员能够掌握充足的技术资料，便于完成监理目标的投资控制、进度控制和质量控制。通过收集整理承包方提供的施工组织设计信息，监理人员能够全面了解承包方整个施工过程的施工部署情况、技术力量情况、人员素质情况、施工机械设备配置情况、施工方案、施工进度计划、技术措施及安全措施等信息，以便于全面控制，并对一些不合理的地方提出整改意见，努力做到监理目标的事前控制和事中控制，尽量避免事后控制。

在施工阶段，监理工程师通过对“监理例会”、“工程协调会”、“工程专题会议”等有关会议的纪要、记录和其他文字形式记载的资料及在工程实施过程中参建各方协商达成的协议、意见等文件资料的收集，为监理人员协调双方关系，处理合同争议，费用索赔，处理工期延误等提供依据。通过收集整理有关设计部门出具的设计变更文件及相关图纸资料，为监理工程师审核工程结算提供依据，通过对材料、构配件及机械设备的合格证、质量保证书、质量检测报告、性能测试报告、材料配合比检验报告等资料的收集整理，确保了工程材料质量，杜绝了不合格材料进入施工现场。通过对承包方的施工测量定位放线记录、施工记录、隐蔽工程检验记录、分项/分部工程质量检验评定书、单位工程质量检验评定书等信息资料的收集整理，完善了监理工作程序，监理人员做到了对每道施工工序的有效控制。

七 工程评价

青海玉树新寨嘉那嘛呢石经城是全国重点文物保护单位，并准备申报世界文化遗产。青海玉树新寨嘉那嘛呢震后总体抢险修缮工程作为玉树灾后重建十大工程之首，是重中之重，受到各级领导的高度重视。在重建各方共同努力下，特别是得到广大藏族同胞和信教群众的理解与支持，青海玉树新寨嘉那嘛呢震后总体抢险修缮工程得以顺利实施并完成了全部工程内容。

（一）项目管理方面

该项目是由青海省文物管理局自己管理，本工程管理方面最大的亮点是根据工程实际情况和在对施工、监理等行业的充分考察和调研后，向行业口碑好、实力强、有担待、有责任的单位发出英雄帖，邀请全国各地的优秀单位参与投标。虽然必须按照国家规定进行公开投标，但由于青海省文物管理局的诚意邀请，深深打动了全国各地的优秀企业，他们不远千里来到青海参与投标，这在很大程度上杜绝了投标单位挂靠、围标、串标、买标、卖标的行为，挑选出想做事、会做事、能做事的中标企业。青海玉树新寨嘉那嘛呢震后总体抢险修缮工程能按时、按量、优质完成，最主要的因素就是正确选择了本工程的设计、施工和监理单位，为本工程顺利完成奠定了最坚实的基础。

（二）设计方面

本项目是由中国文化遗产研究院承担的设计任务。中国文化遗产研究院是直属国家文物局的文化遗产保护科学技术研究机构，是新中国第一个由中央政府主办并管理的文物保护专业机构，是中国最顶级的文物保护工程设计单位。主要研究领域涵盖了文物保护科技、古代建筑及岩土遗址保护、设计规划以及博物馆、水下考古等多个学科方向，形成了社会科学、自然科学、工程技术科学各具特色又交叉融合的文物保护专业体系。具有中华人民共和国考古发掘资质、文物保护工程勘察设计甲级资质、可移动文物技术保护设计甲级资质、可移动文物修复一级资质以及文物保护工程施工一级资质等。本工程的设计团队是一个有责任心、勇于承担、不断探索和超越、水平高超的队伍，中国文化遗产研究院的设计资质符合本工程的设计要求。从设计图纸的质量上看，没有发现较大问题，保证了工程的质量和进度，对青海玉树新寨嘉那嘛呢震后总体抢险修缮工程按时、按量、优质完成起到不可代替的作用。

（三）施工方面

第一标段施工方甘肃省永靖古典建筑工程总公司是西北五省（区）文物古建筑修缮施工的佼佼者，具有房屋建筑施工总承包一级资质、园林古建工程施工总承包二级资质、市政公用工程施工总承包二级资质，国家文物局批准的古建筑维修保护、近现代文物建筑保护工程施工一级资质。甘肃省永靖古典建筑工程总公司施工团队是一支具有丰富的民族地区建设经验的施工队伍，特别是具有藏传佛教寺院修缮经历，对藏传佛教建筑的修缮具有相当的水平，但本标段的施工团队由于身体不适等原因，在青海玉树新寨嘉那嘛呢震后总体抢险修缮工程实施第一年，出现技术力量减员，工程项目部的技术力量不足以服务本标段施工任务，所以造成很多不必要的拆除返工现象，特别是一些技术含量大的工序，由于缺乏熟练技术工人，只能请当地的民工代替，结果也只能是拆除返工，不仅浪费人力物力，更浪费了最宝贵的时间，真正体现了“会做者不能做，不会做者能做”的无奈之举。在青海玉树新寨嘉那嘛呢震后总体抢险修缮工程实施的第二年，本标段的施工团队吸收上一年的经验教训，对技术工种和非技术工种区别对待，从甘肃带来各种熟练技术工人，有针对性地使用熟练技术工人和非技术工人，既产生经济效益，又符合相关规范要求，达到相当好的效果。本标段的施工团队能根据施工现场实际情况接受监理方建议，在做好保护措施情况下使用机械化搬运，特别是塔吊的应用，是保证本标段嘛呢石搬运、砌筑工程按时完成的关键。甘肃省永靖古典建筑工程总公司施工资质符合本工程的施工要求，在施工过程中克服了施工任务量大、施工时间紧、施工环境复杂等各种困难，虽然建设初期有很多不足和缺陷，但经过本标段施工团队后期的努力和付出，还是按期保质完成了各项任务，是青海玉树新寨嘉那嘛呢震后总体抢险修缮工程项目部一个良好的合作伙伴。

第二标段施工方北京市园林古建工程公司是国内批准成立最早的一家园林古建施工单位，具有建设部批准的园林古建专业承包一级资质，国家文物局批准的古建筑维修保护、近现代文物建筑保护工程施工一级资质，北京市园林局批准的园林绿化施工二级资质，还具有建筑装修装饰工程专业承包二级资质。本标段的施工团队是一支具有丰富建设经验的施工队伍，技术力量强、施工装备齐全。北京市园林古建工程公司的施工资质符合本工程的施工要求，在施工过程中克服了施工任务量大、施工难度大，施工时间短、施工环境复杂等各种困难，按期保质完成了各项任务，是青海玉树新寨嘉那嘛呢震后总体抢险修缮工程能按时、按量、优质完成不可缺少的好帮手。

（四）供应方面

在供货周期短、就地取材难、大部分材料需要外运进来等情况下，施工方千方百计地积极、主动开展工作。但由于受当地气候条件、地理环境、矿产资源、地质灾害、交通运输条件等因素的影响和制约，材料供应滞后，对施工工期产生一定影响。但在施工单位的努力下，基本保证了工程的质量和进度。

（五）监理方面

本工程的监理任务由广东立德建设监理有限公司承担。广东立德建设监理有限公司成立于2001年1月，经过十二年的磨砺成长，已成为具有一定规模的民营工程监理企业，自2002年起连续11年被评为“广东省守合同、重信用企业”，是广东省监理协会监事单位，具有房屋建筑监理甲级、市政公用监理甲级、公路工程监理乙级、人防工程监理丙级、地质灾害治理监理丙级、招标代理乙级资质，还具有国家文物局批准的第一批和广东省唯一的文物古建筑监理甲级资质。在“5.12汶川特大地震”后，承担了汶川县文体局组织的灾后文物抢救保护工程工作全部监理工作，受到汶川县文体局的高度评价，具有丰富的地震灾后文物抢救保护工作经验。广东立德建设监理有限公司的监理资质符合本工程的监理要求，本监理团队是一支具有丰富文物保护工程监理和地震灾后重建经验的监理队伍，技术力量强、觉悟高、能吃苦。本项目部监理人员都是具有多年监理工作经验的专业工程师，工作认真，原则性较强。在项目施工过程中，从质量、进度、投资及安全四大方面进行控制，发挥监理人员的优势，起到组织、协调的作用。对于重点部位进行全程跟踪，及时发现存在的问题，并主动进行协调，为本项目圆满完成奠定了基础。对于在施工过程中出现的问题，立即着手解决，不拖不靠，并且事后认真分析出现问题的原因，对工程质量进行严格监督、控制，确保工程不出现任何质量缺陷。把“安全”意识放在施工首位，在保证质量和进度的同时，首先保证安全。安全措施没有落实的，停止施工。所以本工程从施工开始到竣工，没有出现大的质量事故，也没有出现安全事故，工期、投资也按计划完成。在监理工作过程中我们深刻地感到，监理工作就是服务工作，给业主提供全方位的优质服务是监理人义不容辞的责任。作为一个立德监理人，可以体谅技术水平有缺陷，但绝不能容忍对监理工作的服务态度，立德人不敢说在青海玉树新寨嘉那嘛呢震后总体抢险修缮工程中付出多少，更不敢说做出有多大贡献，但立德人为青海玉树新寨嘉那嘛呢震后总体抢险修缮工程的顺利完成，确实付出了一个监理人应该做到的“尽心、尽力、尽职、尽责”。监理工作需要根据中国的国情、实情在不规范的外界条件下开展工作，协调错综复杂的关系，同时完成业主委托的合同内外的工作。作为监理人，在青海玉树新寨嘉那嘛呢震后总体抢险修缮工程的实施过程中确实存在很多不足和缺点，立德人从不讳言自己的不足和缺点，因为只有知耻才会后勇。监理工作需要规范的市场环境，需要规范的建筑市场，更需要业主的鼎立支持。我们坚信：在业主的支持下，我们的监理事业会从小到大，逐步走向辉煌。

八　一些思考

第一，如果作为一个监理工程师盲目附和上级领导的指示，不支持使用塔式起重机，结果会怎样？

对于塔式起重机的使用，监理方开始非常纠结。我们还没有在古建筑修缮工程中监理过此类事件，特别是上级主管部门领导又特别强调不轻易使用，但在所有有关文物古建筑修缮的法律、法规、规范中也从未有不允许使用塔式起重机的规定，且塔式起重机的使用只是作为一种施工工具，在文物古建筑修缮过程中并不是某种施工工艺或技术措施，与文物古建筑修缮原则并不冲突。作为一个现场监理工程师，到底是盲目遵从上级指示还是从客观条件出发，根据现场实际情况采取相应的解决措施呢？遵从上级指示，没有风险和责任。而根据现场实际情况使用塔式起重机，虽然对整体工期有很大的帮助，但是，违背领导指示，又要承担极大的安全风险。青海玉树新寨嘉那嘛呢震后总体抢险修缮工程最紧迫的问题是时间问题，因为嘉那嘛呢堆施工场地有限、地面施工通道狭窄，如果采用全人工加小型三轮车地面搬运，必将严重影响工期，极有可能实现不了工程第一标段工期目标，无论是从工期目标控制方面，还是从工地现场实际不利因素和有利因素方面，又或是从经济效益方面考虑，使用塔式起重机无疑是最佳选择，既可以充分利用本工程施工现场周边没有高压线路和没有高大建筑物等有利条件，又可以规避本工程施工场地有限、地面施工通道狭窄的不利因素，最大程度上发挥出塔式起重机空中作业的优势。但事物总有两面性，使用塔式起重机存在很大安全风险，特别在玉树地区还没有专门的塔式起重机的检测和监督机构，无法检测塔式起重机的安装情况和使用情况。作为青海玉树新寨嘉那嘛呢震后总体抢险修缮工程的现场监理，立德监理人非常清楚知道本工程能及时完成并投入使用的巨大意义，对维护玉树地区的社会稳定和民族团结有着非常重大的政治意义。建设方、监理方和施工方对使用塔式起重机问题存在很大争议，通过对意向塔式起重机的实地考察和使用说明书的研究，配合意向塔式起重机基础对地质条件要求和嘉那嘛呢堆施工场地中意向塔式起重机基础安装地的地质勘探情况对比，并充分考虑意向塔式起重机的使用旋转半径情况，在综合各种情况分析研究和权衡利弊风险后，在确保安全的前提下，支持在青海玉树新寨嘉那嘛呢震后总体抢险修缮工程中使用塔式起重机，并在安全监管上参照执行相应规范，确保了整个施工工程的顺利进行。该塔式起重机的安全使用为圆满完成青海玉树新寨嘉那嘛呢震后总体抢险修缮工程第一标段进度控制目标做出了巨大贡献，我们体会，作为一个现场监理工程师尊重领导的关键不是机械、盲目执行其指令，而要充分领会领导意图，比如不能使用起重机的指令是为安全着想，因此做到确保工程安全，才是执行领导指令的关键。

第二，如果青海玉树新寨嘉那嘛呢震后总体抢险修缮工程没有监理参与，结果会怎样呢？

对于这个假设，我们无法预测具体的结果，但广东立德监理的青海玉树新寨嘉那嘛呢震后总体抢险修缮工程的结果却是有目共睹的。我们不是在强调监理在青海玉树新寨嘉那嘛呢震后总体抢险修缮工程中有多大作用，做了多大贡献，只是想说明一个事实：如果监理确实做到“尽心、尽力、尽职、尽责”，那将是一个工程按时、按质按量顺利完成必不可少的因素。一个称职的监理必须具备一定的专业知识和实践经验，足以应付和解决施工过程中所遇到的有关质量控制、进度控制、投资控制、安全控制等问题；也必须具备一定的管理知识和实际管理能力，认认真真履行监理的合同管理、信息资料管理的职责，确确实实发挥监理的管理作用，为建设方提供更多有效、优质的有关合同管理方面的服务和建议；更应具备一定的沟通能力和协调能力，在青海玉树新寨嘉那嘛呢震后总体抢险修缮工程实施过程中，最大可能发挥出监理作为参建各方之间的纽带和桥梁作用，积极努力做好工程内部关系的协调管理，同时积极帮助建设方做好工程外部关系的沟通协调，在工作中及时发现问题及时解决，将问题消灭在萌芽状态，阻止各方矛盾、争议的扩大化，从而使矛盾各方彼此相互理解、相互谅解、相互配合、相互支持，为实现建设目标作出应有的贡献。事实胜于雄辩，由广东立德监理的青海玉树新寨嘉那嘛呢震后总体抢险修缮工程的质量情况、进度控制结果、投资控制效果都是有目共睹的，寺院方面满意，信教群众满意，州上主管部门满意，参建各方更加满意。没有监理参与的青海玉树新寨嘉那嘛呢震后总体抢险修缮工程，结果如何，无从推测，但一定不会是现在这样的效果。

第三，对于这样一个活态性质的遗产，监理的依据和标准是什么?

当然设计文件是施工和监理的依据，但是设计方每次到现场都会跟我们沟通许多关于设计要求背后的理念是什么，他们是出于何种考虑形成的设计要求。尤其是对“活态”性质的理解，他们能抛弃固有想法，由最初对于寺院方提出的要求很排斥，到后来用心体会“活态”性质，不是一味用批复的设计文件去对抗，而是充分了解情况，换位思考，想办法积极解决问题。即便调整变更设计，他们也都尽量把他们的设计意图跟我们监理和施工单位讲清楚，让我们理解他们的设计要求，理解他们的变更目的，使我们能自觉情愿的按照他们的设计意图去监理。设计方对我们“叫真”的工作态度和要求表示非常的肯定。我们渐渐从中体会到对于这类项目的监理，还有很多是非标的内容，设计方也对我们强调监理要在这个项目中理解“活态”遗产的性质，有些设计意图不是成型的设计文件能准确表达的，设计也不是一步能到位的，监理如果不能与设计方有很好的沟通，单纯依据设计文件，不能理解设计方的整个保护理念，有可能在执行中只关注工程的局部而失去对整体的把握。尤其对于堆的整理加固，各方都没有经验，都是在工程中一点点摸索，包括设计方也在跟随施工调整要求，如果监理方不能跟随设计方及时理解设计意图，就很难根据设计要求监管施工。

从设计方既坚持原则又对新事物不断认识和探索中，从他们能根据实际情况灵活调整设计的要求中，我们不仅看到了一个负责任的设计单位，而且，我们也从甲方和设计单位对我们的信任、嘱托中，感受到监理工作的重要，感受到要做好监理，对设计意图及设计背后的理念的理解的重要。在这个项目中，我们特别体会到，除了设计文件，设计理念也是监理依据和标准的重要组成部分，尤其是对于“活态”文化遗产保护工程，涉及很多“非标的”问题。

我们感到，对于这样一个活态性质的遗产修缮工程，我们对于质量监理的把握固然有设计文件和设计方的设计要求作为依据，但是对于工程质量的评价，还要看当地群众的满意度。这个满意度似乎没有标准，但其实却是最高的标准，这是我们监理这么多年来在此项目中获得的一个特别感受。

广东立德建设监理有限公司玉树项目部

编制人：杨飞帆

总监理工程师：潘颂辉

2013 年 5 月 7 日

玉树新寨嘉那嘛呢震后抢险修缮工程第一标段竣工验收意见

2013 年 8 月 31 日至 9 月 2 日，青海省文物管理局组织相关单位和专家对“青海玉树新寨嘉那嘛呢震后总体抢险修缮工程（一标段）”进行竣工验收。该工程的建设单位为青海省文物管理局，设计单位为中国文化遗产研究院，施工单位为甘肃省永靖古典建筑工程总公司，监理单位为广东立德建设监理有限公司。

与会专家实地察看了工程现场，查阅了工程资料，并听取了建设单位、设计单位、施工单位、监理单位的工程汇报，经质询答疑，并充分讨论后形成如下意见：

1. 青海玉树新寨嘉那嘛呢震后总体抢险修缮工程（一标段）严格按照国家文物局批复的设计方案、施工图设计以及文物保护原则进行施工，各种申报程序资料和施工技术资料齐全，符合程序和工程规范要求。

2. 通过在桑秋帕旺经堂、查来坚贡经轮堂等处干摆嘛呢堆，复原滑落的嘛呢堆，修复残损的木质构件等措施，使得地震造成的文物本体破损部分得到有效加固，建筑结构稳定性得到提高，达到了抢险加固的目的，收到较好的效果。

3. 在工程实施过程中，设计与施工结合紧密，实现了动态设计和信息化管理，确保了工程质量。

4. 工程资料基本齐全、规范。

该工程符合设计要求，通过竣工验收。

建议：进一步收集、补充、完善施工资料。

验收组组长：陆清有

2013 年 9 月 2 日

玉树新寨嘉那嘛呢震后抢险修缮工程
第二标段竣工验收意见

2013年8月31日至9月2日，青海省文物管理局组织相关单位和专家对“青海玉树新寨嘉那嘛呢震后经堂、佛堂抢险修缮工程（第二标段）”进行竣工验收。该工程的建设单位为青海省文物管理局，设计单位为中国文化遗产研究院，施工单位为北京市园林古建工程公司，监理单位为广东立德建设监理有限公司。

与会专家实地察看了工程现场，查阅了工程资料，并听取了建设单位、设计单位、施工单位、监理单位的工程汇报，经质询答疑，并充分讨论后形成如下意见：

1. 青海玉树新寨嘉那嘛呢震后经堂、佛堂抢险修缮工程（第二标段）严格按照国家文物局批复的设计方案、施工图设计以及文物保护原则进行施工，各种申报程序资料和施工技术资料齐全，符合程序和工程规范要求。

2. 通过对经堂、佛堂的维修加固，使得地震造成的文物本体破损部分得到有效加固，建筑结构稳定性得到提高，达到了抢险加固的目的，并在施工过程中充分尊重和吸收了使用单位提出的合理化建议，使工程的施工更加合理。

3. 工程资料基本齐全、规范，达到行业验收标准。

4. 工程资料基本齐全、规范。

该工程符合设计要求，通过竣工验收。

验收组组长：陆清有

2013年9月2日

工程体会

嘛呢石·嘛呢堆·嘛呢精神

——嘉那嘛呢抗震项目的实践体会

2010年4月14日玉树发生7.1级地震，21日全国默哀警笛拉响的时刻，我因启动一个新项目，正在开往西宁的火车上。2008年我曾参加四川抗震救灾项目，我想这一次院里也会有响应。为此临行前，我向当时的建筑所表态，如果需要，我可以参加玉树抗震项目，我做好了随时从西宁直接去玉树的准备。大约十余天后，我接到院里要求去玉树的电话通知。

新寨嘉那嘛呢是我院承担的玉树抗震救灾第一个项目，也是玉树最先启动的文化遗产类抢险维修保护工程。

与其他项目不同的是，该项目对象的历史跨度，向前可以追溯到三百年前嘛呢石的出现，往后，最年轻的一座房式塔为2007年建造。其次，嘛呢堆的体量每天都在增长中。这些对象的构成既有传统形制又有现代成分，既有明确形态，又具活态性质。

初到玉树地震灾区，满目疮痍，尽管正常的生活秩序被打乱，但信仰发自内心，无时不有，震后余生的信众一如既往，且对生者祈福和对逝者祈祷的心愿更加强烈。每天从早到晚，藏族信众围绕嘛呢堆转经、磕长头，供奉嘛呢石，络绎不绝。一边是被震垮塌的嘛呢堆等待归整，一边是卡车把从外面震毁建筑中收集起来的嘛呢石款款运来。嘛呢堆边界外闪，随时可能滑落，新运来的嘛呢石又不停地往上堆放。地震之后嘛呢堆以超常速度增长，转经道被震坍落的嘛呢石拥堵，使原本可利用的场地更显局促。活态、充满信仰和执着是嘛呢堆初始给我们的深刻印象。

这样一组具有不同物质形态、在不同历史背景下发展起来的具有活态性质的文化遗产，是以往我们在文物保护工程中未曾遇到的，超出了我们对一般不可移动文物的认知范畴。要在六天之内从测量做起，编制出适合的抢险修缮方案，我们感到措手不及，其考量不仅在技术层面，更多涉及到如何认识理解和保护传承其价值的问题，尤其是对嘛呢堆活态性质的认识，几乎伴随了整个抢险修缮工程的全部过程。

抢险修缮方案在初始阶段关于堆的“活态”认识是很肤浅的。在堆的自然堆放与人工管理的修饰之间，我们一开始只看到它们之间的外在关联，并没能从活态文化遗产的角度去领会它们之间的内在联系和驱动。对嘛呢堆的“活态”的认识，更多的只是其不断增长和扩大的概念。因此，在设计方案阶段，无论是堆的归整、加固，还是建筑的修缮，都没有跳出我们对于一般建筑本体维修不能改变原状的基本认识，以至于归整嘛呢堆的目标设计仍要求恢复震前状态，包括与嘛呢堆关系紧密的转经廊翻修，也都是以保持其震前随意简陋的外貌为目标。总之，方案阶段的设计思路与一般概念的修缮设计没有本质上的差异。

但嘛呢堆毕竟不是我们通常熟识的保护对象，每一块嘛呢石都饱含了藏族信众的情感和寄托，尤其是那些古老的手工雕刻的嘛呢石，因为沉淀了历史记忆和人的精神而神圣和不可怠慢。结古寺为此工程派出专门的僧人每天守候在施工现场，胜似旁站监理。

归整嘛呢堆的施工队伍基本上由当地藏民组成，主要是出于以工代赈的动机和发挥当地工匠传统技艺的需求，对嘛呢堆如何归整则都是由设计方确定的。由于我们最初对嘛呢堆构成中的自然成分和人工管理、修饰因素的共同作用只是表面认识，致使开始时的设计理念中对堆的活态性质仅仅是字面提及，并未能在方案中真正触及，至使施工一开始就遇到很多与设计方案思路相左的问题。

突出的问题是对嘛呢堆边界墙和转经道的整理要求。

原方案基本是沿袭“不改变原状”的设计思路，对于堆边界墙的整理是以现状干摆做法为依据，对于边界线及转经通道的归整是以维持震前不规则的平面轮廓和转经道宽窄不一的状态为依据，只是在边界墙重新码放时，在保留其外观不变的前提下，在内部增加一些有助于提高边界堆整体性的内拉接。

对于边界堆内部加强的做法，寺院方没有异议。但寺院方提出重新整理后的嘛呢边界石不能再直接搁在自然地面上，要求放在砌筑成型的“座”上。其次重新清理的转经道平面轮廓不能象震前弯弯曲曲，要统一取直，统一宽度尺寸，并将那条位于“咪”堆上后开辟的斜弯道取直，成为落地的转经通道。

关于嘛呢石不能再直接放在地面上的要求，当时是还伴有砌筑须弥座的要求提出的。由于此前寺院方曾提出过将嘛呢堆重整为六个塔的形式，被我们否决过，因为嘛呢堆再活态也不能随意到脱离堆的形态。所以在听到又有新的要求时，我们本能的反应是要坚守基本原则，把握好工程方向。因为当时所见的嘛呢堆边界石几乎都是直接从地面干摆而起的，并没有人工砌筑的台座，只有边界石摆放整齐与否的差异，所以我们仍然坚持要有实物依据。总之在当时的认识阶段，更侧重对嘛呢堆自然成分的感知，未能从对堆的人工修饰中，体会其带有的恭敬之心和审美追求，所以非常排斥在整修过程中出现过多的人为改变和施加。

按照原设计方案，嘛呢堆边界石重新摆放是要砌筑基础的，虽然视觉上依然是从地面直接干摆，尽管砌筑的基础与露明的基座有着相似的功能，但目的不同，体现的意思不同。

僵持一段时间后，工人们终于在清理坍塌边界的内部发现寺院要求的带基座的边界墙做法，有了实物依据（图一）。

图一 带基座的边界被后来扩展的边界墙遮挡

于是我们和甲方、监理和施工方协商，在不增加工程量的前提下调整边界石干摆的做法，即将原埋深70厘米（勘验地基后调整）减小到20厘米，其余50厘米露出地面，作为嘛呢堆边界墙的基座。与寺院想做须弥台的做法相比虽然简单，也没有达到寺院提出的台座的高度，但基座的意思已能体现，寺院方接受了我们的调整意见。对这个问题的协调解决过程，使我们对嘛呢堆的活态性质的认识迈进了一步。

对于寺院方拓宽和取直转经道的要求，我们根据边界被外包的情况，认识到转经道的宽窄是随堆的变化而变化的，从同意对局部过于不规则的边界做一些变动，到完全接受寺院意愿。

关于"咪"堆上不落地的斜通道，据说是当年在非正常历史时期，肉联厂为牛车运输方便而随意开辟的，其不恭敬之举显而易见。寺院方提出要将该斜通道改为落地的转经直通道，这与施工图设计方案的六堆概念是吻合的，且改为直通道使六个堆的格局更加清晰。但如果我们接受寺院方将"咪"堆斜道取直、落地的要求，势必涉及到现状最大的"咪"堆体积将会缩小，嘛呢堆整修后的整体气势有所变化。同时连带引起的工程量增加也是巨大的，原本计划拟清理的、新堆放的嘛呢石，临时转放到何处都还一时难觅去处（肉联厂未能按计划及时搬迁）。对此就事论事很难突破。换个角度去认识，或许能柳暗花明。

由于位于现有老堆西侧的"新堆"从一开始就被排除在老堆之外，因此，在六堆对六字真言的概念下，我们在方案里，已将新六堆的格局注入现存老堆里。另外放弃"新堆"与现有老堆的关系，也因为在"新堆"与老堆之间已有建筑阻隔。

应该承认，对于嘛呢堆我们不仅存在对其活态性质认识上的差距，而且对六个堆的概念最初也是模糊的。查看我们关于嘛呢堆的一系列图纸，可以看到不论是现状图、方案图、还是施工图都有六个堆的格局存在，但现状标注的六个堆格局和方案图、施工图上六个堆的格局是不同的（图二至图六）。

图二　修前嘛呢堆鸟瞰照片

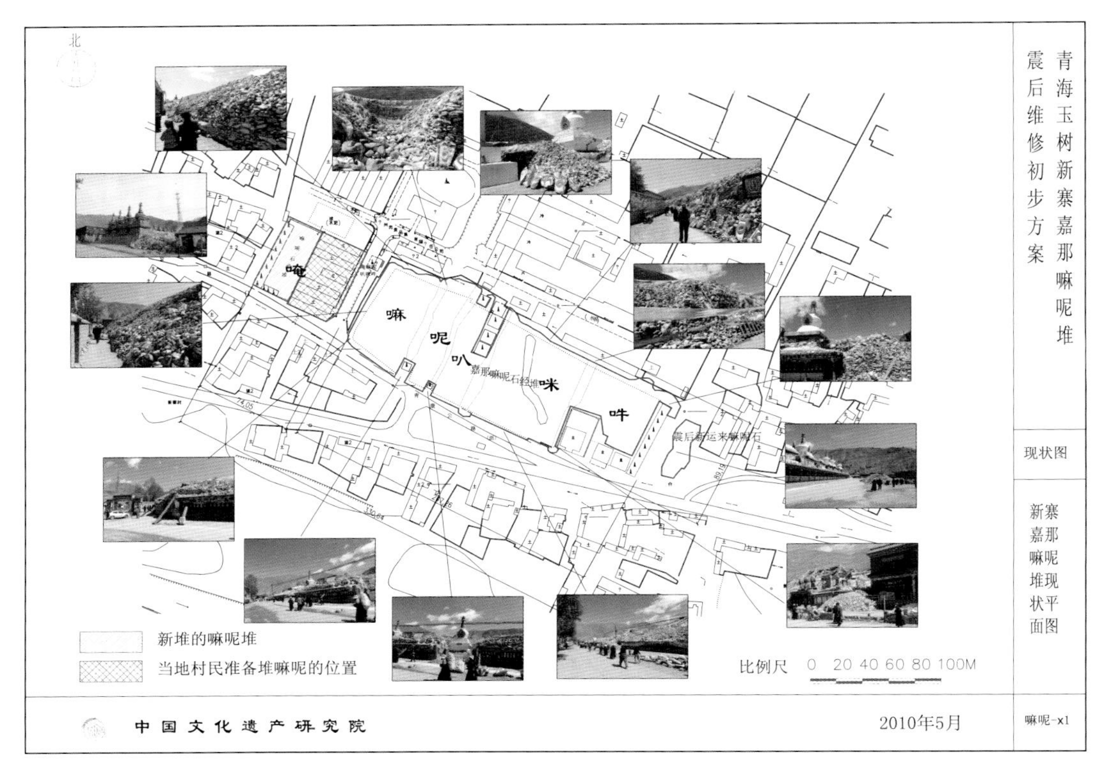

图三 嘛呢堆现状图

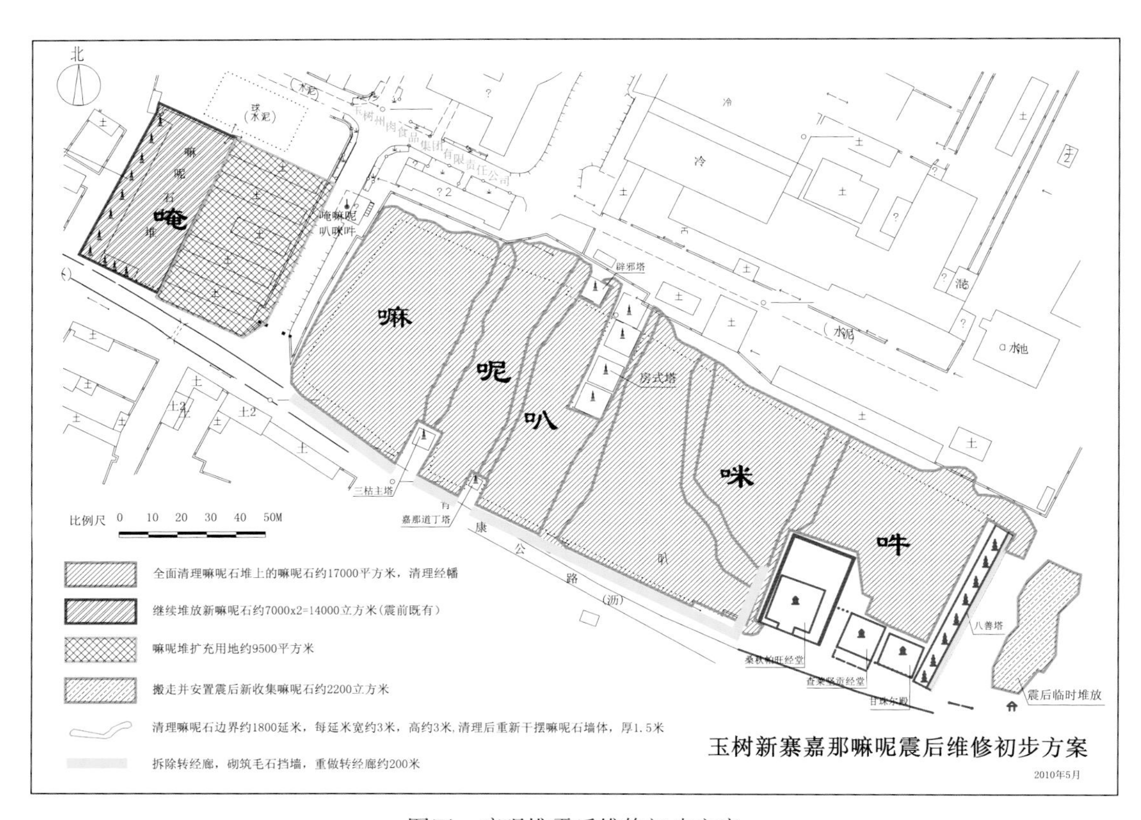

图四 嘛呢堆震后维修初步方案

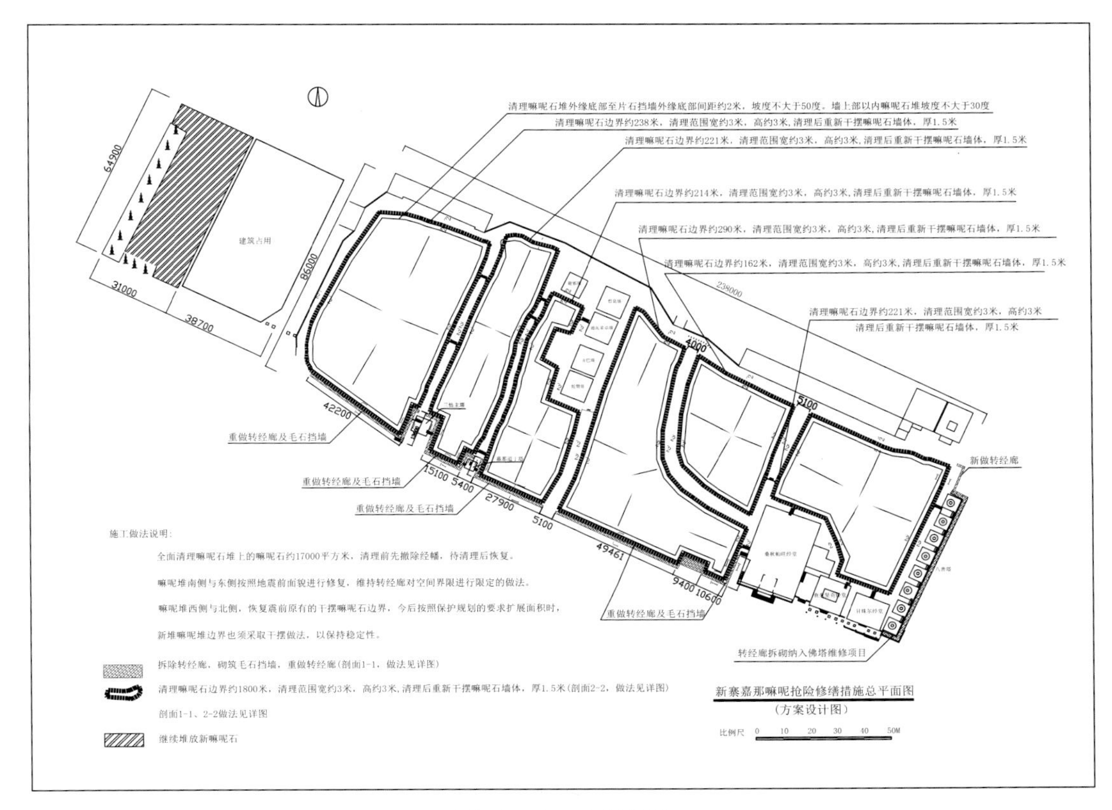

图五　施工方案总图

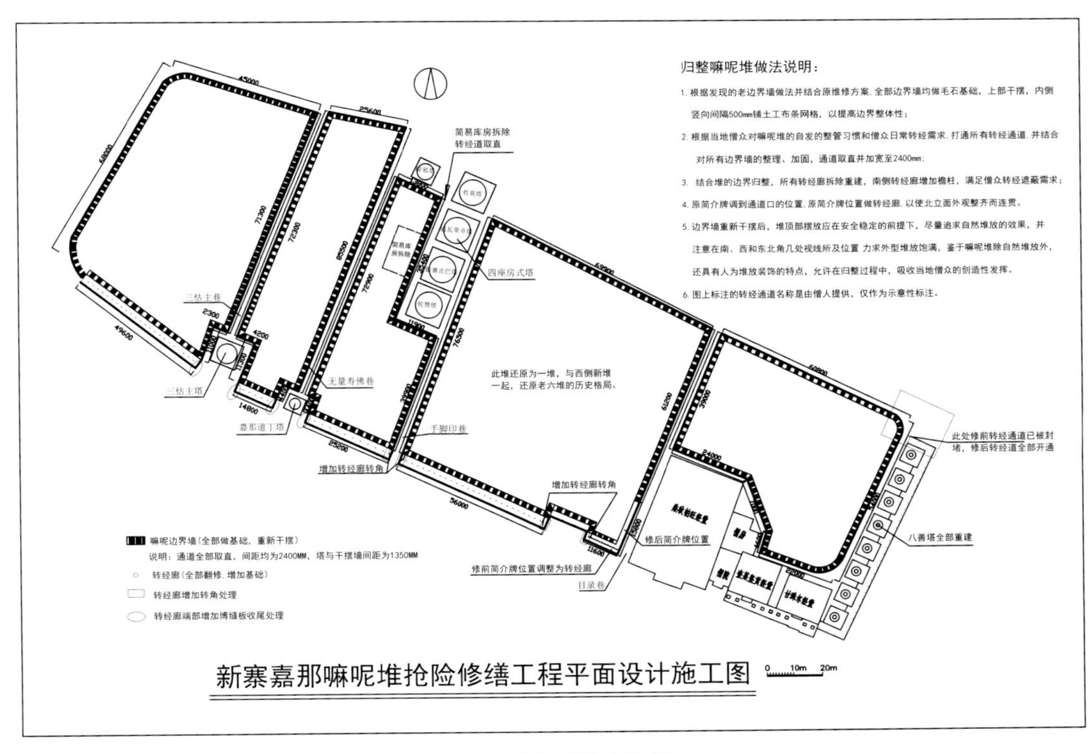

图六　最终调整实施图

首先嘛呢堆现状总图是依据网上搜索到的嘛呢堆俯视照片，再通过全占仪复核嘛呢边界尺寸后绘制的。最先的嘛呢堆现状总图上我们对六个堆的格局是包含了最西侧“唵”堆的，因人们称“唵”堆为新堆，故从一开始，几方都认同“唵”堆不再属于老堆范畴。加之嘛呢堆上方因被大量经幡覆盖，鸟瞰照片模糊呈现出老堆六堆格局，迎合了我们对于六堆数量的追求，使我们忽视了对“老六堆”历史格局完整性的关注。

嘛呢堆方案设计总图是在现状总图基础上绘制的，延续了现状总图上的六个堆的格局标注，方案阶段的设计是笼统的清理、归整要求。从原方案设计总图上，我们可以看到嘛呢堆之间的四条南北向转经通道与“咪”堆上的不落地的斜通道在线条表现上是没有区别的，而比对现状总图中“咪”堆上的不落地的斜通道，则是用虚线绘制的。问题是对这一差异，我甚至绘图人并没有深刻的实物印象，而嘛呢堆数量与六字真言对应的印象则更为深刻，加之方案设计时对边界整理的笼统要求，使得从方案图进一步引申到施工图设计时，虽然没有在嘛呢堆的施工总图中明确标注与六字真言的对应，但图面已在不经意中将“咪”堆上的虚线改成了实线，这一变化，明确将“咪”堆划分成了两个堆，完全忽略了“咪”堆上的斜通道是不落地的情况。以至于施工单位根据我们的设计图纸，设计施工顺序时，将嘛呢堆自西向东以“A、B、C、D、E、F”六个堆去排列，这一点在他们的报告中可以得知。

这一疏忽的结果是，设计图上明明白白将“咪”堆分为两堆，我却并没有要打通“咪”堆、需要涉及很大搬运量的印象，所以当寺院方根据我们的设计图纸，希望我们将“咪”堆上的斜通道改为直通道时，连我自己都一时恍惚何以面对将出现的巨大的工程量变更。其实，方案图是按斜通道打通设计的。

如何处理“咪”问题，只有重新将“新堆”回归老堆的范畴。老的嘛呢六堆曾经自西向东排列有六个大小不等的独立堆，与六字真言数字相对应（就是我们绘制的现状总图的标注情况），“文革”时期最西面一堆（即“唵”堆）被拆毁了，嘛呢石被随意外运，作房屋或道路基础用。而目前老堆最西侧的新堆，是20世纪80年代后，人们在原失毁的“唵”堆位置上重新堆起的一堆，这一“新堆”从格局渊源上应属于老堆的一部分。

回归老六堆格局的想法，由于新、老堆之间阻隔的建筑已被拆除（当时并不知道），有了现实可行性，我们以此为依据，调整嘛呢堆整修方案，放弃对“咪”堆进行划分的做法，既恢复原老六堆的历史格局，而填充“咪”堆上斜通道的要求，也为嘛呢石提供更多的码放空间，节省下来的工程量正好可以转换成对新运来的嘛呢石的归整需求。我们的这一调整，立刻得到寺院及各方的认可。

同时随着工程的进展，寺院方又提出加大南侧转经廊挑檐和将二层僧房改为一层点灯房等要求。对这些非主要的附属建筑，我们综合考虑现实的使用需求，同意做一些调整，包括重新修复房式塔时将假编麻改为真编麻的做法，基本都还是在我们通常价值认识的范畴。

即便如此，我们对嘛呢堆的活态认识仍然没有到达彻悟的境界。

直到第四次去施工现场，我发现方案设计要求保留的转经廊与转经道非一次建成的随意关系，因为堆和转经通道的重新归整以及转经廊的翻修，若整修后仍要表现出的原来的随意关系已很生硬不自然，于是能否补救的想法随即闪现，而补救的做法无外乎是将转经廊位于转经道交接端部所有戛然而止的端部做法改成完整的收尾做法。这意味着我们要放弃原转经廊随意建造、缺少设计的粗陋格调。

再次因为具体问题而反观我们对嘛呢堆的整体归整要求，反观我们一步步在被动前提下做出的种种调整，回顾几次在施工现场因出现矛盾而产生的纠结，又因解决问题而引发的不断思考，对现有嘛呢堆是在不断变化的过程中逐步扩大和不断塑形的认识越来越清晰。再综合分析寺院方关于嘛呢堆整修方案的意见，其实他们从未对我们施工图的新六堆格局提出异议，再把寺院方将斜弯道取直落地、进一步明确“老堆（其实是部分老堆）”自成六堆格局的建议和曾经提出的重新建造六座嘛呢塔的建议放在一起去理解，原来寺院方对于老堆与新堆的关系认定其实并不是我们想象的那样一成不变，包括对于六个堆的理解，他们并没有固定于原有老堆，而只是灵活地附会着六字真言的六堆概念。以不变应万变，其中六堆的概念始终是贯穿的。堆的体量增长有人为的因素，而堆的形态也离不开人为修饰的作用。如发现带基座的边界做法时，它们已被包围在现有的边界墙内，这些信息都反映了嘛呢堆的发展过程，人们对于堆的管理不仅有使其稳定，还带有美化的追求。“随意的关系”今后随时还可以再出现，随着日后的管理、修缮，“随意的关系”也会被更圆满的视觉效果替代。就像围绕嘛呢堆周边先后建造的经堂和佛塔，人们在布局、建造他们时，宗教意图和景观造就都是不乏存在的。

认识上的转变，影响到看问题的视角，当我们把大的关系看清楚的时候，之前一切纠结，在此刻豁然化解。我们主动提出对转经廊与转经道衔接部位的改进做法，也包括对三个大转经桶与转经廊的衔接处理做法。虽然在这个过程中我们没有采纳寺院方对三个大转经桶位置调整与转经廊取齐的意见，但通过一系列对转经廊与转经道衔接处理的改进，通过对三个大转经桶廊原位保留的意图说明，得到了寺院方的理解和认可。

同时我们鼓励和提倡在堆的归整手法中发挥他们的想象和创造，真正把堆的归整从工程做法回归于

图七　南侧转经廊端部修前状

图八　南侧转经廊端部修后状

图九　西南转角转经廊端部修前状

图一〇 西南转角转经廊端部修后状

当地信众发自内心的自愿行为，尽管这条建议相对滞后，但这条建议是我们在没有任何外在压力下主动提出的，它标志着我们对嘛呢堆活态性质的认识发生了质的变化。

震前嘛呢堆所具有的形态不是一次而就的，即使三百年前有举弓射箭之范围，嘛呢堆也是有一个小堆变大堆、自由堆变成人工堆的过程，其边界经过整理后又形成新的外围，再堆放、整理，又形成新的边界。虽然嘛呢石看似每天由信众们自由摆放，但堆形的塑造和边界墙面的装饰都是被人为不断加工和修饰的结果。就像位于西侧老堆旧址上的新堆，其边界墙在地震之后重新塑造时已出现错台形式。包括新开辟的新堆，在有条件的今天，边界墙底都砌筑了台座。

桑丁才仁先生译注的《甲那・道丹松曲帕旺传记》说："从遵循观世音的授记，拟做些利益他人之事，修建一个一矢之箭距离之嘛呢石，来世之众生看到它能生产出从恶趣中解脱之力量，到创建仪式中发现嘛呢石并视为嘛呢石之缘起，遂把伏藏的嘛呢石放在一个堆砌的石座上，继而举弓射箭划定嘛呢石东西方向范围，之后道丹又曰：'我的这个嘛呢石，将来会发展为彼处骑马持矛行走时，此处看不见之规模'，'在未来，我的嘛呢石将变成圣地太阳神城拉萨一样。此嘛呢石为无救星者之救星'。"上述文字，我理解核心意思有三：其一，嘛呢石之意义，给人以"从恶趣中解脱之力量"；其二，嘛呢有明确的缘起之地和初创范围，佛教讲究因缘关系，初创对场地范围的划定，有以规模求得效果的意图；其三，应该是道丹对嘛呢石发展的愿景或企盼。虽然从中没有明确初起六堆的概念，但后人把"伏藏石"六字真言放到"一矢之箭距离之嘛呢石"的布局中，应是用堆的形式附会大嘛呢石的概念。以此三点衡量现有的嘛呢堆存在和周边嘛呢堆的发展，虽然既有老堆已偏离缘起地向西移动了几十米，但基本传承自初创场地，且发展趋势也切合初创时愿景，嘛呢堆对信仰者始终都充满着"从恶趣中解脱之力量"。认识嘛呢堆的活态文化遗产性质，不仅仅要从嘛呢石的缘起和初创意图去解析，也要从其发展与历史关联去理解。

回想在施工过程中所有的矛盾、困惑、协调、接受、认可，甚至最终分歧各方之间获得的默契，我们发现尽管当初曾经历许多不解和困惑，承受过很大的压力和为难，但也正是这些问题，促进了我们对嘛呢堆的活态特性的认识，使我们在寻找设计依据的途径中，打开了一扇可以用心去感悟的通道，使我们有可能在最终的设计要求中，观照到嘛呢堆的历史由来，关照到对嘛呢堆的弘扬愿景，使嘛呢堆和其周边转经廊的归整朝着更有整体感、庄严感的方向，正是这些认识上的进步，使嘛呢堆的整修工程渗透了对嘛呢堆活态属性的追求，方才有维系，有诉求，有更加庄严的面貌呈现。

我曾经询问在玉树住宿的房东老哥，他说转经、供奉嘛呢石是他们的生活常态，把嘛呢石放在哪堆并不在意，重要的是奉上这份心意，堆放的过程是信众自然的基本表达，而堆的塑型的过程相当于使这种表达更富有形式感和更神圣化。

可以持续生长，让活态的嘛呢堆在顺应信众意愿的期盼中重放异彩，成为我们最终对嘛呢堆把握的“修缮”理念。虽然在方案设计阶段我们的许多认识存在滞后和局限，但正是因为有了矛盾、抉择、调整的过程，反而让我们有机缘对嘛呢堆活态性质做进一步思考。

无论在哪，文物工作者都是为保护文化遗产服务的，多去理解和体会保护对象与地方传统文化和精神生活的内在关系，尊重保护对象的归属和在当地民众内心的独特地位，使维修设计方案真正要满足的不是设计者的主观意识，而是要符合保护对象的历史成就和发展需求。

从初见嘛呢堆的震撼，到维修设计时的局限，到我们逐步体会到嘛呢石、嘛呢堆与当地信众们的不可分离，活态的嘛呢堆才真正在我们内心建立起来，它让我们认识到保护嘛呢堆的真正意义在于尊重一种信仰、一种生活状态、一种充满美好的企盼和创造，这是嘛呢堆生长的社会基础，是保护具有历史根基的活态文化遗产的原动力所在。

一次从青海回北京的飞机上，巧遇一位僧人坐在我旁边。我问他：“你去过玉树嘉那嘛呢吗？”他说去过。我问：“你放嘛呢石吗？”他说放。我问：“你怎么想的？”他说石头是永恒的，去除烦恼，祈求吉祥。现在，在我们归整的嘛呢堆周边，新的嘛呢堆已在有秩序地生长起来，人们并没有在老堆上难以离舍，可又有谁会无视老堆的价值存在，谁又能说它们之间没有关联？统一的、浩大的、国家资助的整修工程，也是一次盛大的汉藏人民携手合作，使玉树新寨嘉那嘛呢呈现出更加庄严、神圣和充满魅力的姿态。

“在未来，我的嘛呢石将变成圣地太阳神城拉萨一样。”嘛呢石、嘛呢堆、嘛呢精神，唵嘛呢叭咪吽……转眼已过三百年。

中国文化遗产研究院　杨新

初稿成于2013年7月20日

改定于2015年1月

勘测、设计与施工图

一　嘛呢堆震后维修初步方案设计图（一）

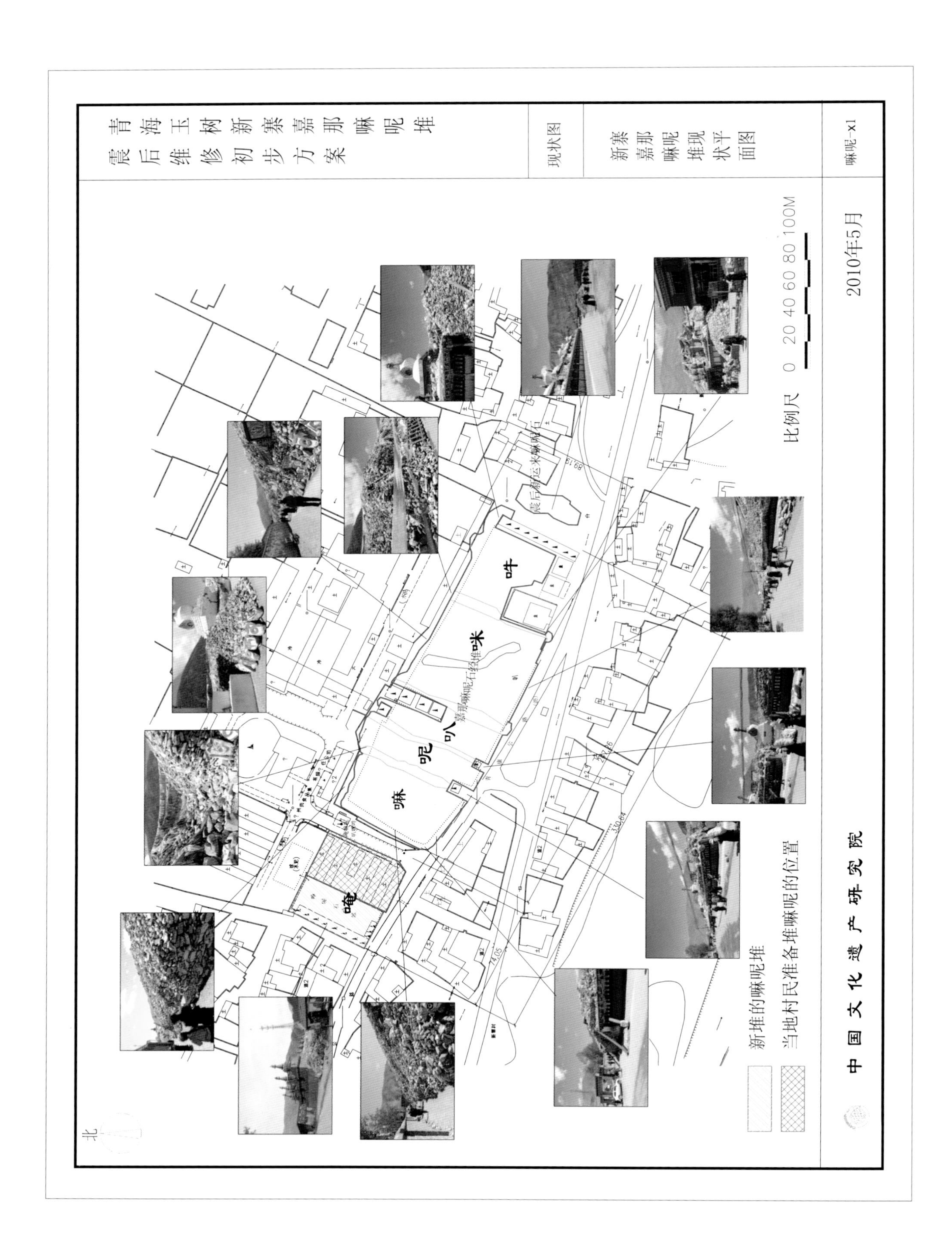

二　嘛呢堆震后维修初步方案设计图（二）

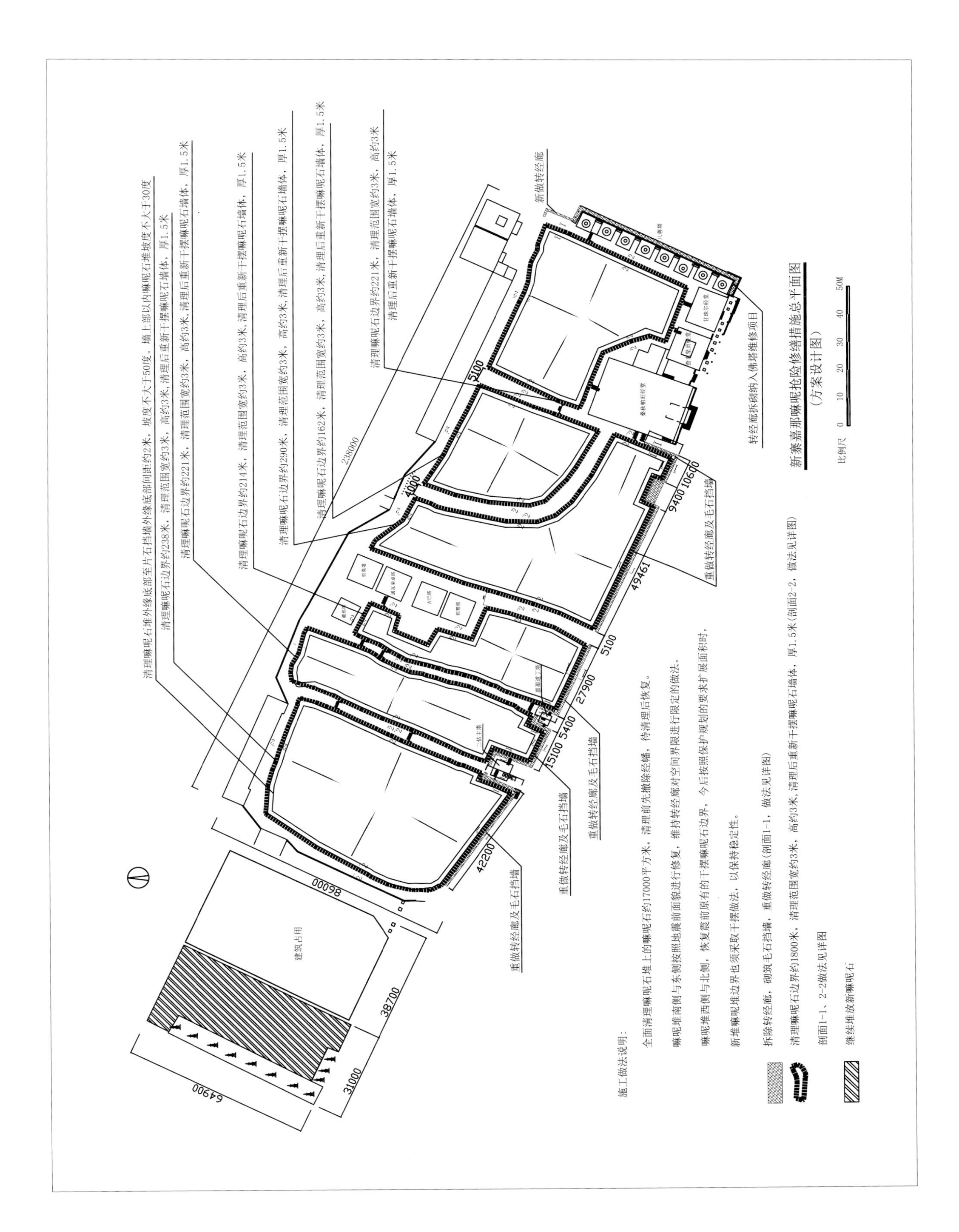

三　嘛呢堆抢险修缮措施总平面图

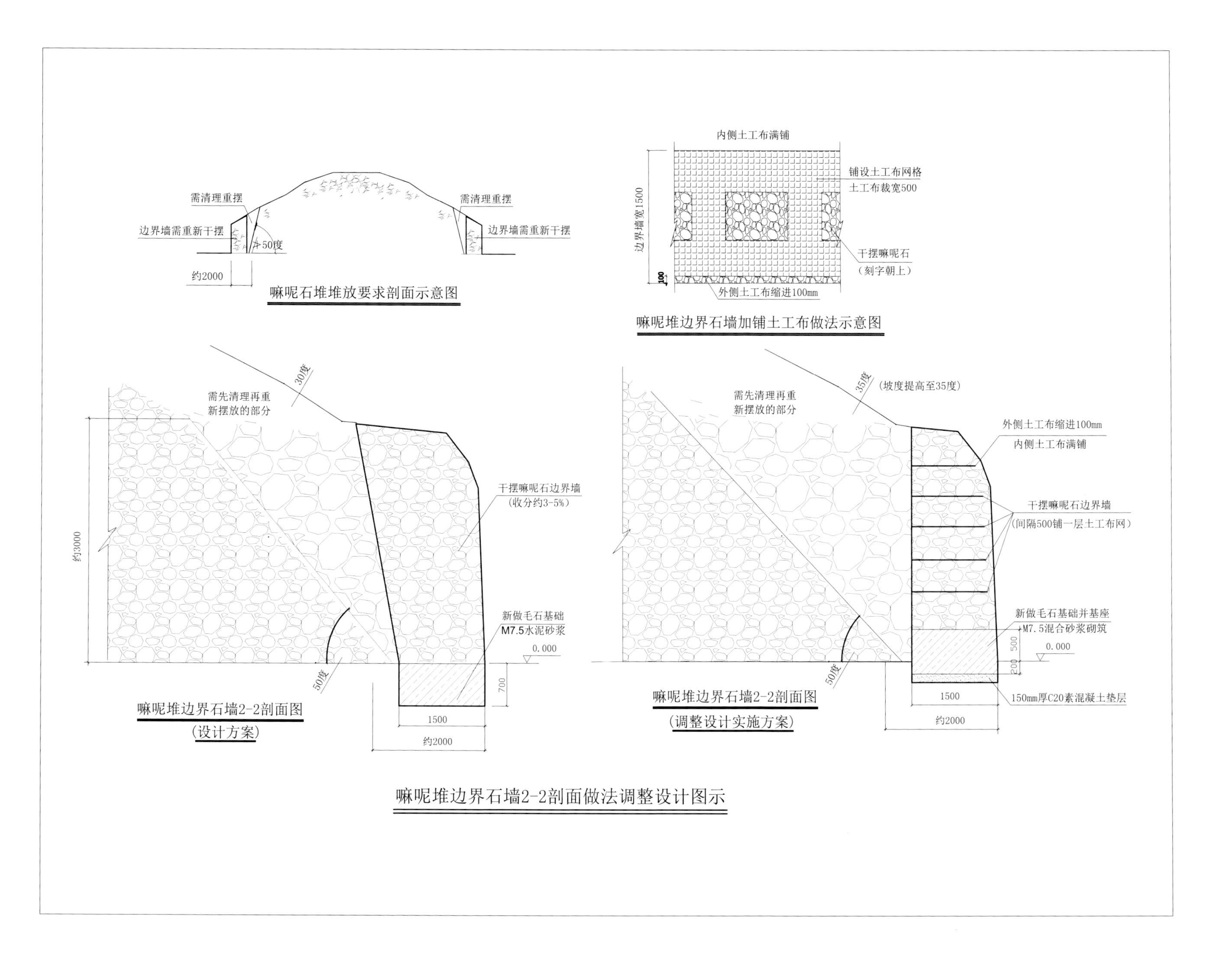

四　嘛呢堆边界原方案及调整设计图

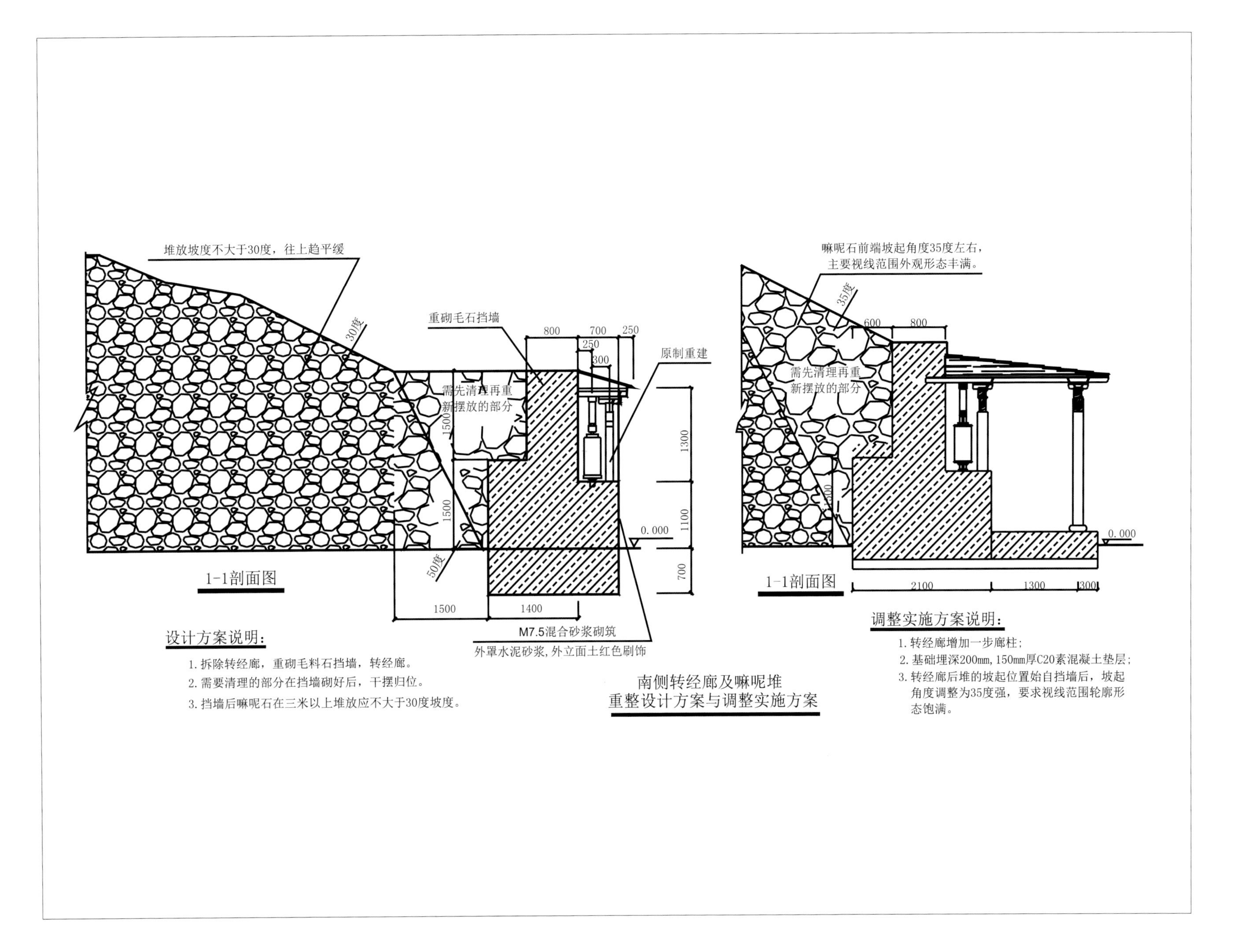

五　南侧转经廊及嘛呢堆重整方案与调整实施方案设计图

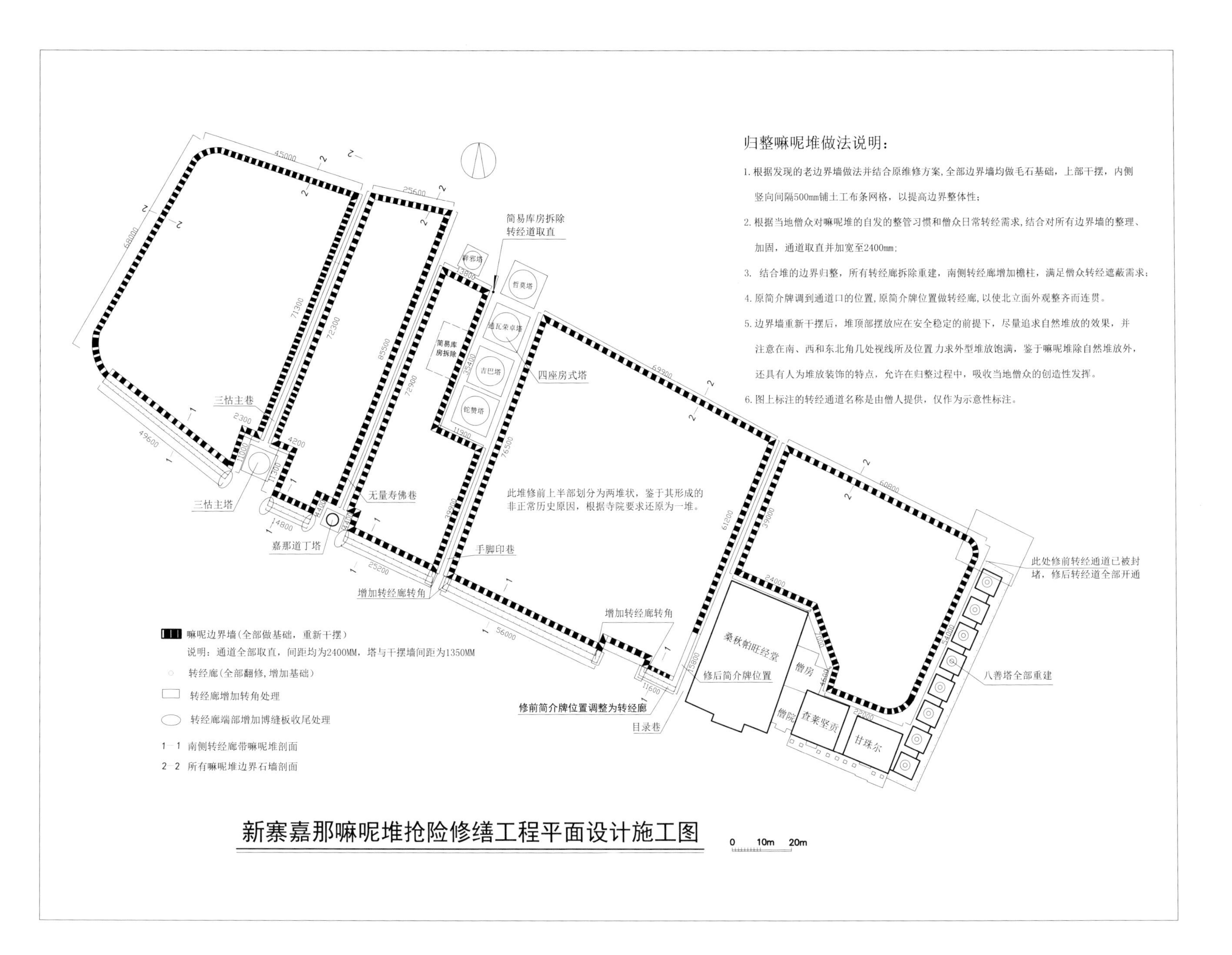

六　嘛呢堆抢险修缮工程平面设计施工图

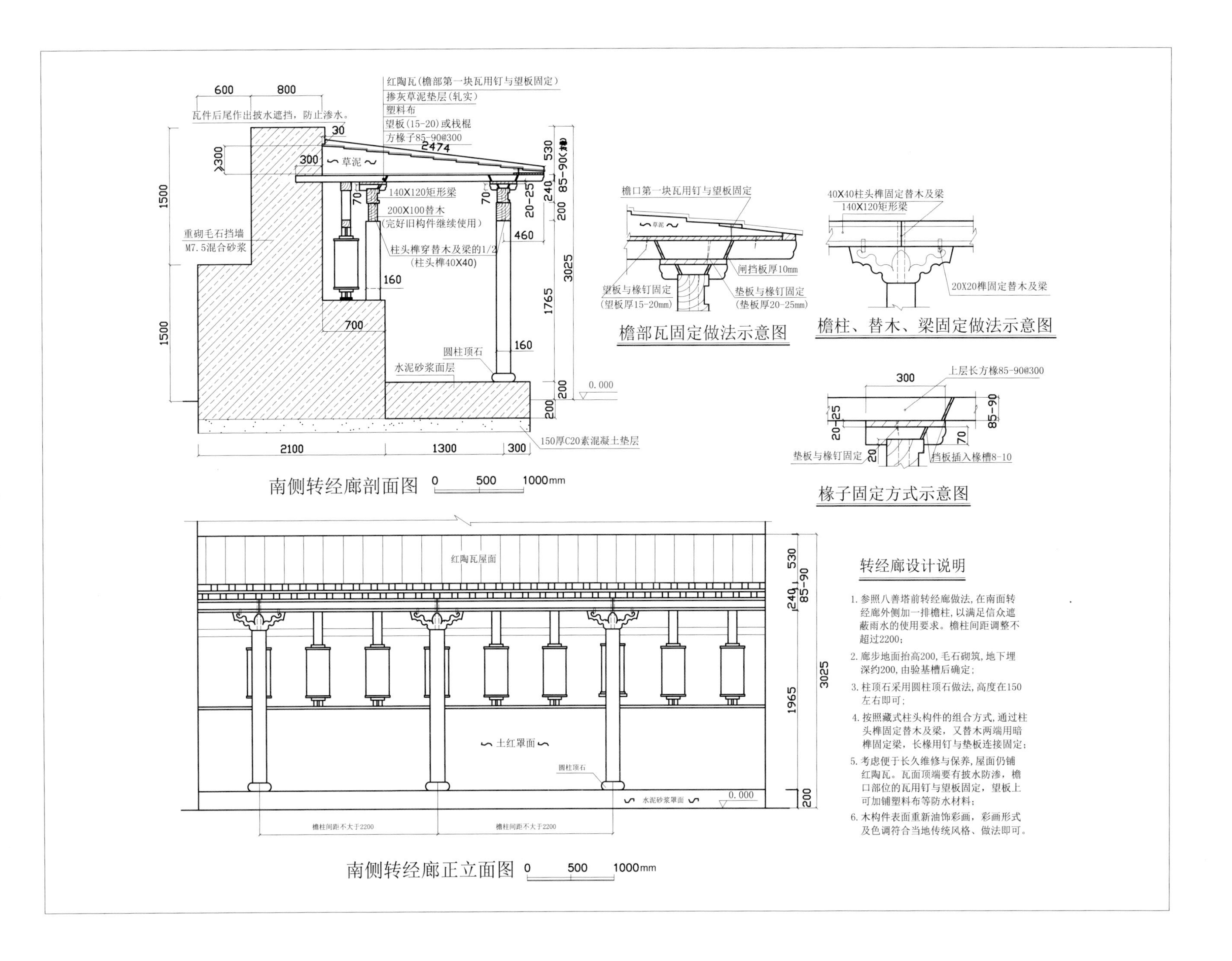

七　南侧转经廊维修设计图

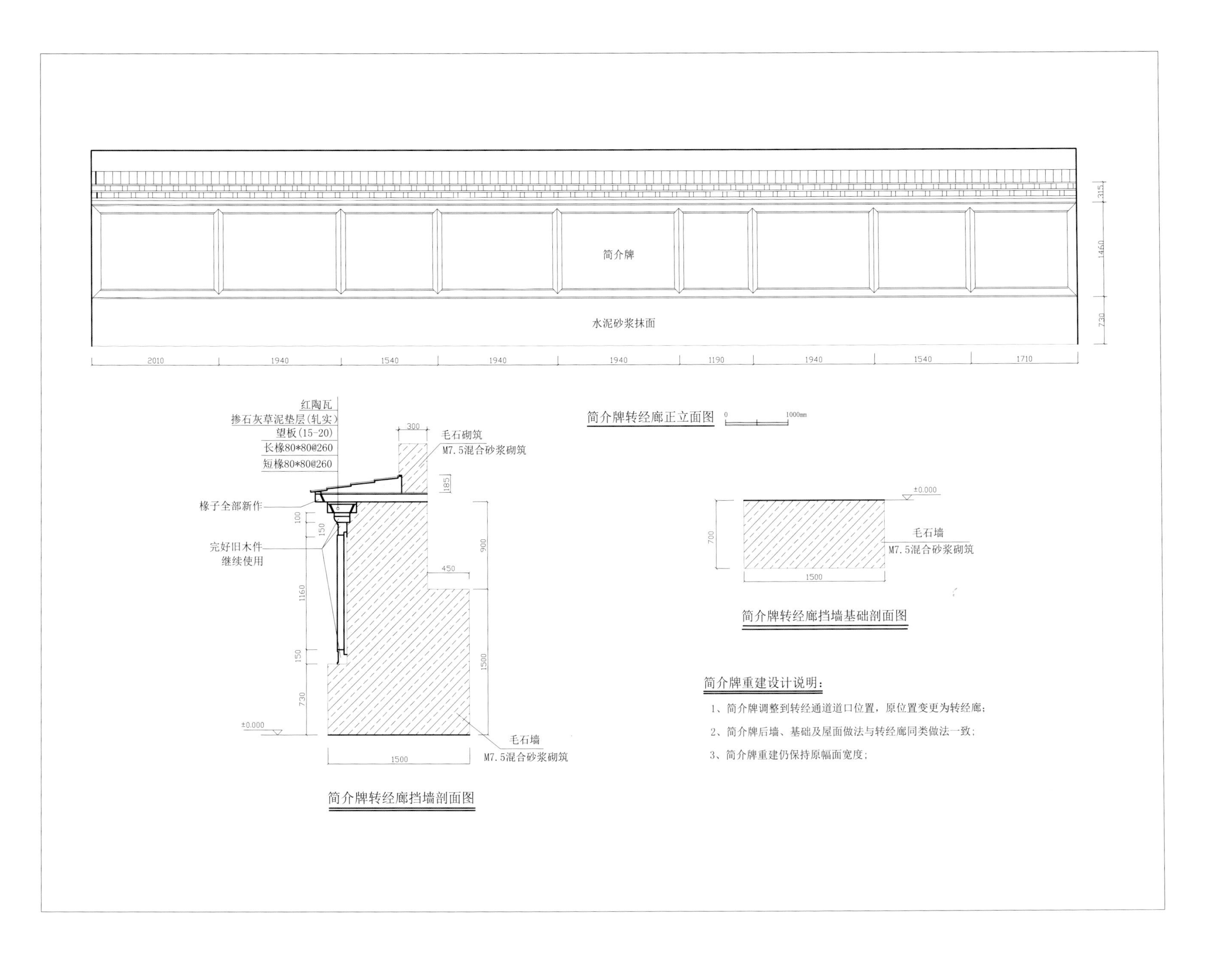
简介牌转经廊正立面图
简介牌
水泥砂浆抹面
简介牌转经廊挡墙基础剖面图
毛石墙
M7.5混合砂浆砌筑
简介牌转经廊挡墙剖面图
毛石砌筑
M7.5混合砂浆砌筑
简介牌重建设计说明:
1、简介牌调整到转经道道口位置，原位置变更为转经廊;
2、简介牌后墙、基础及屋面做法与转经廊同类做法一致;
3、简介牌重建仍保持原幅面宽度;
红陶瓦
掺石灰草泥垫层(轧实)
望板(15-20)
长椽80*80@260
短椽80*80@260
椽子全部新作
完好旧木件
继续使用

八　简介牌重建设计图

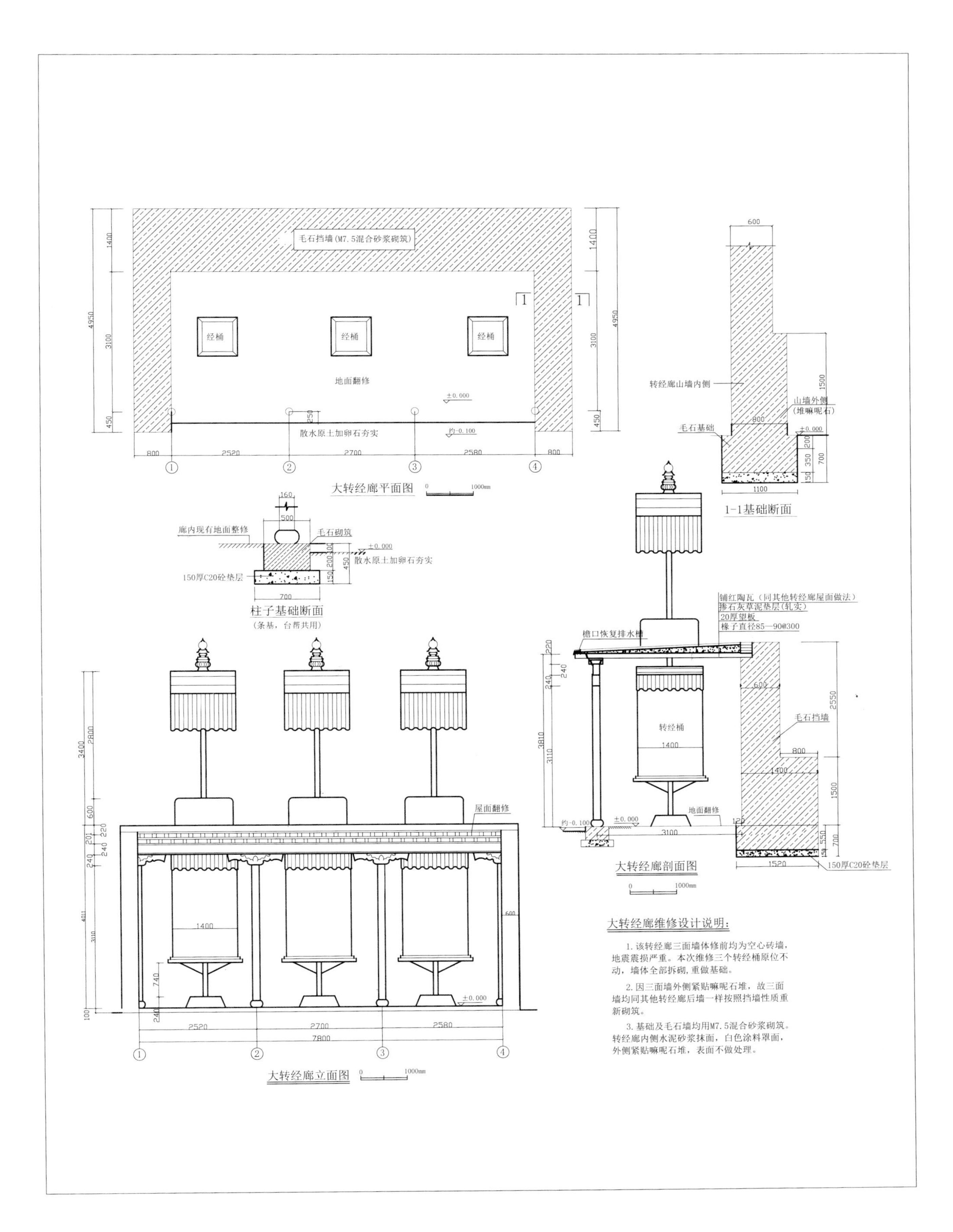
毛石挡墙（M7.5混合砂浆砌筑）
经桶
经桶
经桶
地面翻修
±0.000
散水原土加卵石夯实
约-0.100
1400
3100
4950
450
250
800
2520
2700
2580
800
1
2
3
4
大转经廊平面图
0
1000mm
600
转经廊山墙内侧
1500
山墙外侧
(堆嘛呢石)
800
毛石基础
±0.000
200
350
700
150
1100
1-1基础断面
160
500
廊内现有地面整修
毛石砌筑
±0.000
散水原土加卵石夯实
100
200
450
150
150厚C20砼垫层
700
柱子基础断面
（条基，台帮共用）
铺红陶瓦（同其他转经廊屋面做法）
掺石灰草泥垫层(轧实)
20厚望板
椽子直径85—90@300
檐口恢复排水槽
220
240
3810
3110
600
2550
毛石挡墙
转经桶
1400
800
1400
1500
约-0.100
±0.000
地面翻修
120
3100
550
700
150
1520
150厚C20砼垫层
大转经廊剖面图
0
1000mm
屋面翻修
3400
2800
600
220
201
240
240
1400
4011
3110
740
±0.000
100
240
600
2520
2700
2580
7800
1
2
3
4
大转经廊立面图
0
1000mm
大转经廊维修设计说明：
1. 该转经廊三面墙体修前均为空心砖墙，地震震损严重。本次维修三个转经桶原位不动，墙体全部拆砌，重做基础。
2. 因三面墙外侧紧贴嘛呢石堆，故三面墙均同其他转经廊后墙一样按照挡墙性质重新砌筑。
3. 基础及毛石墙均用M7.5混合砂浆砌筑。转经廊内侧水泥砂浆抹面，白色涂料罩面，外侧紧贴嘛呢石堆，表面不做处理。

九　大转经廊维修设计图

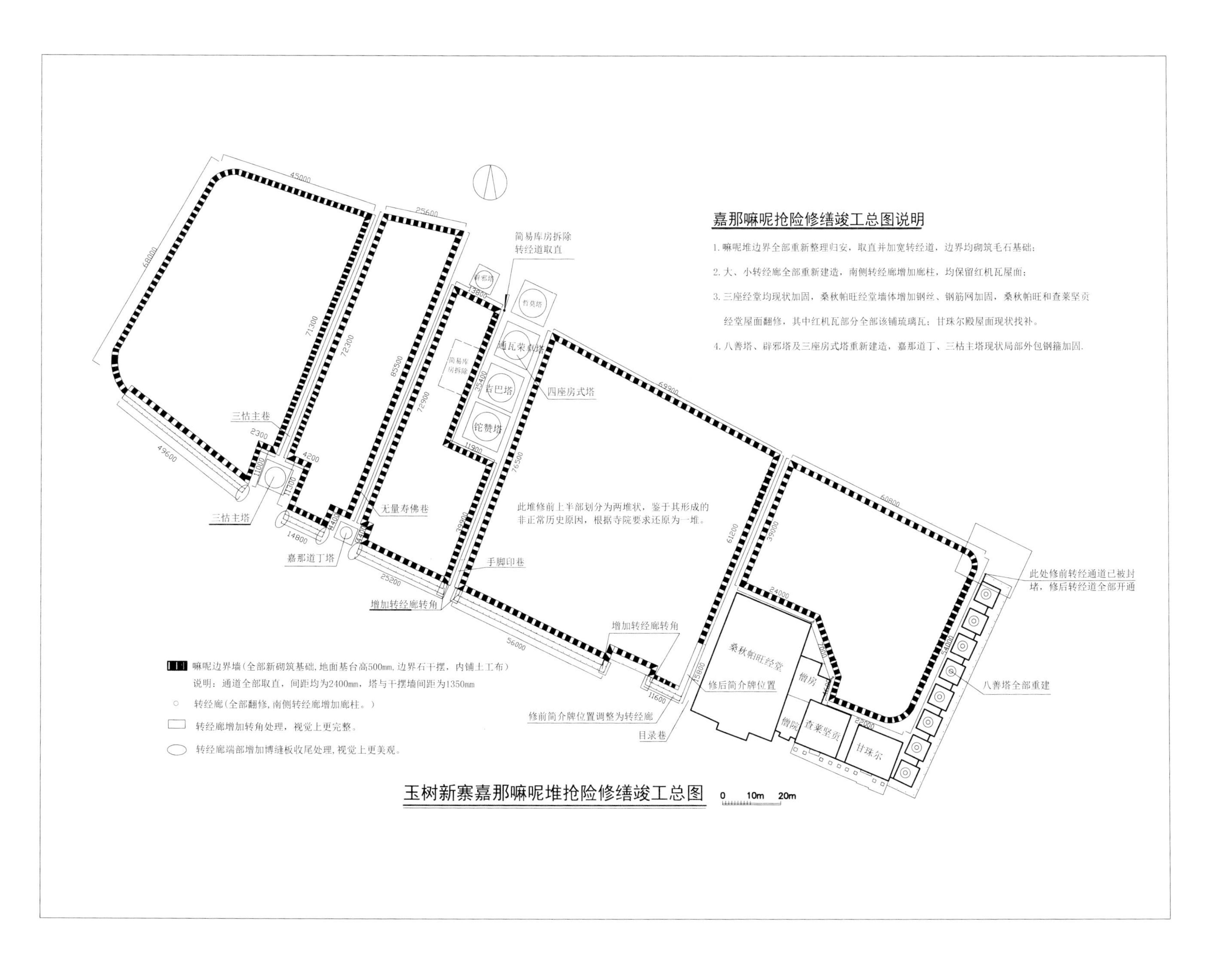

一〇　嘛呢堆抢险修缮竣工总图

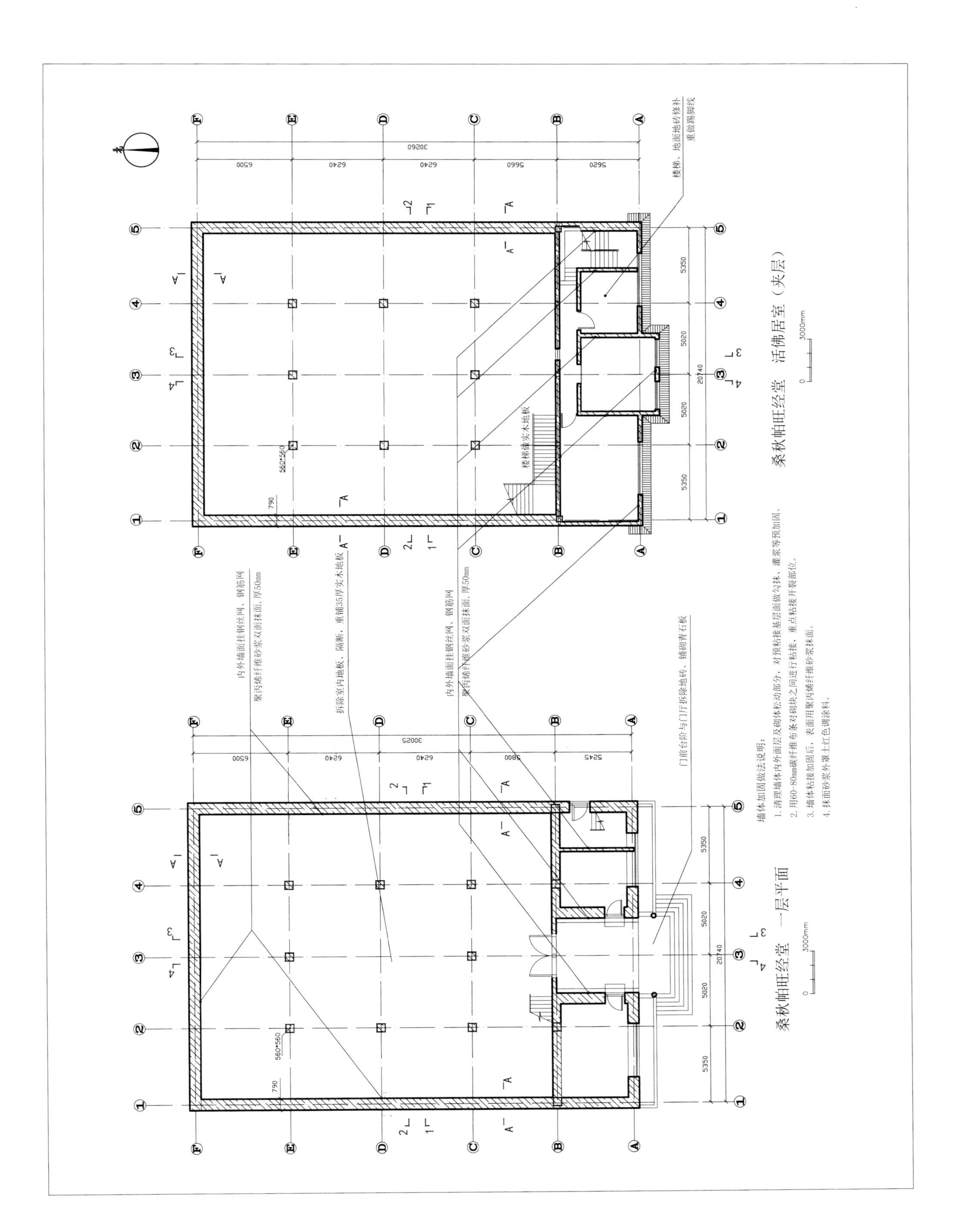

一一　桑秋帕旺经堂一层、二层平面图

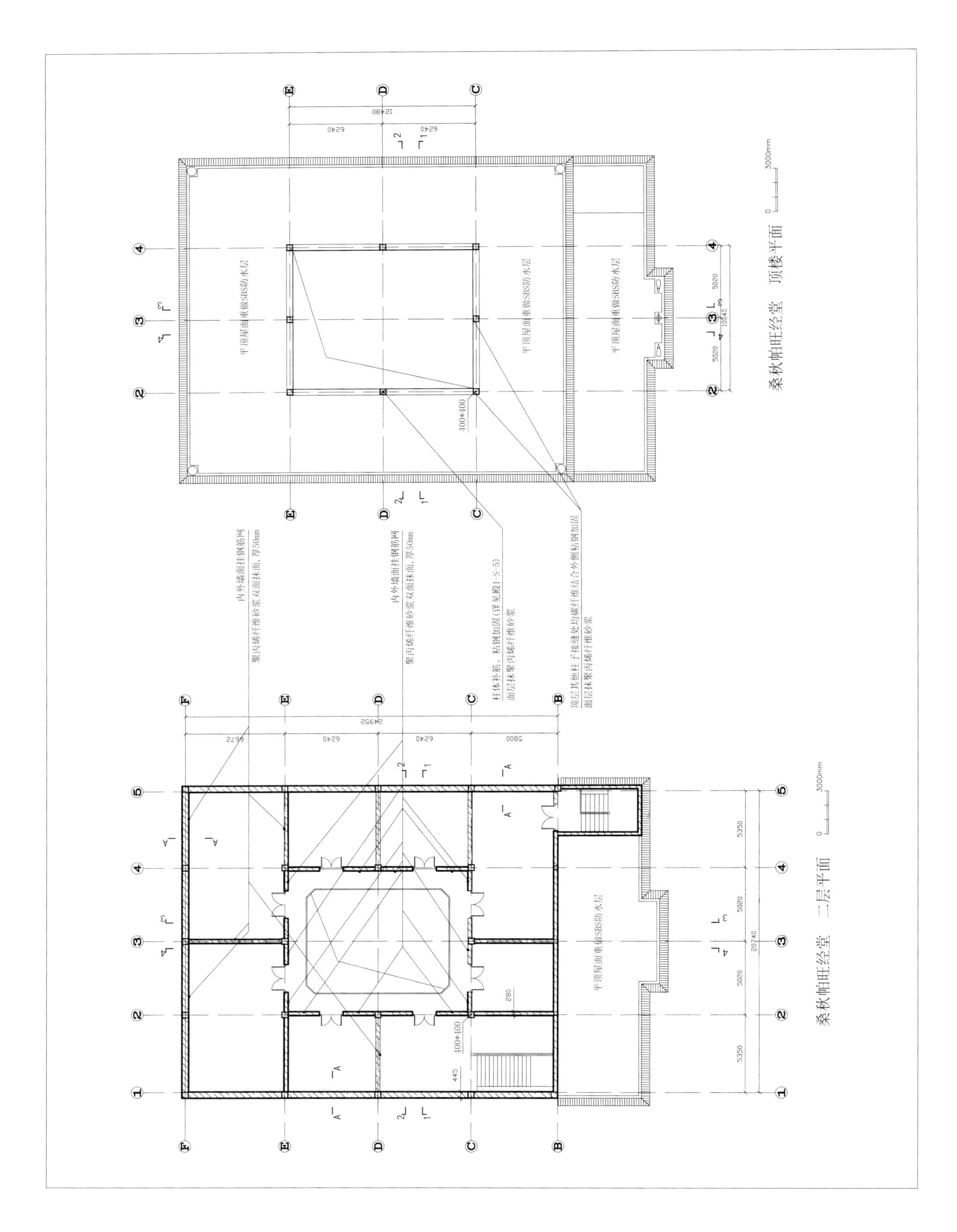

一二　桑秋帕旺经堂二层、顶层平面图

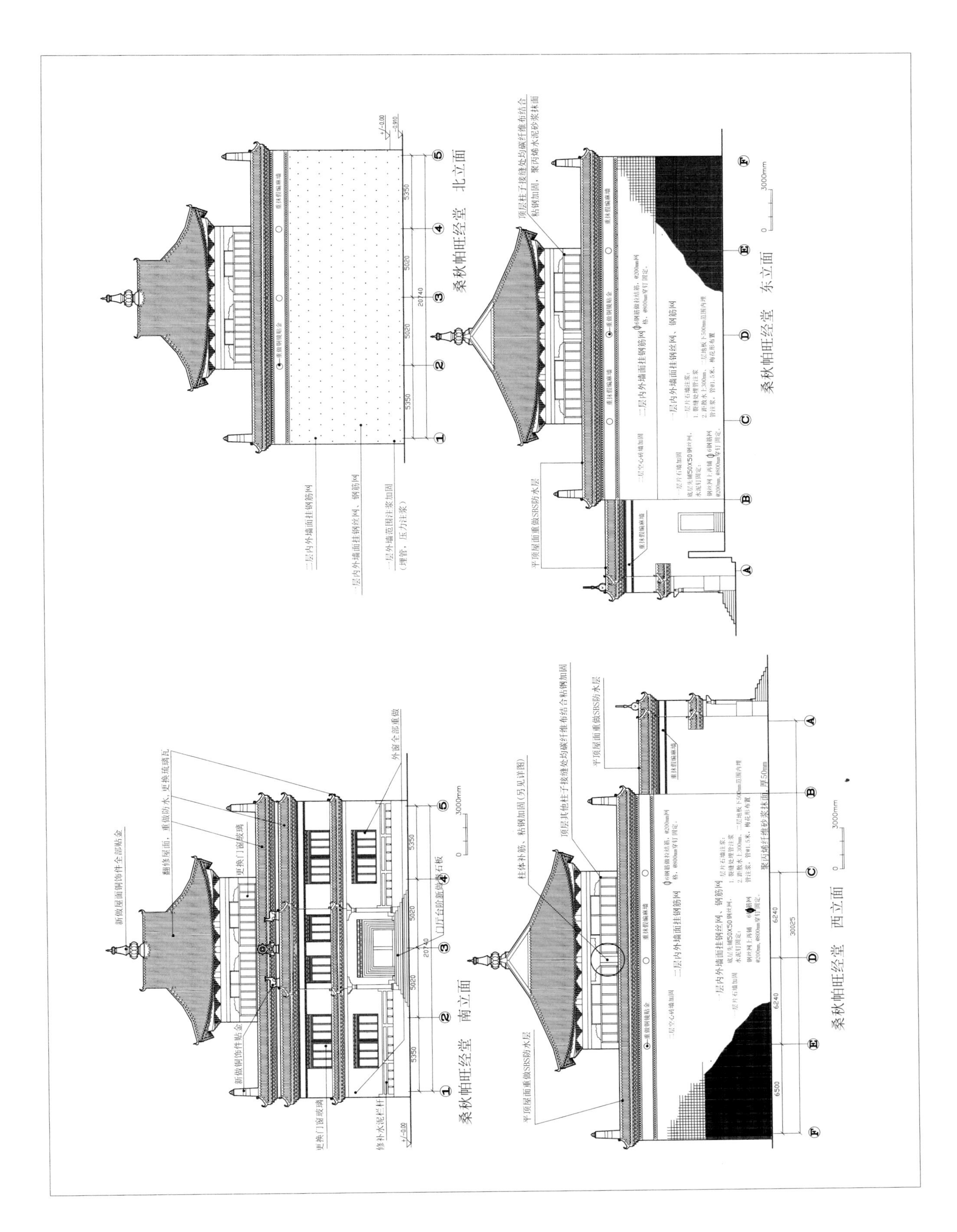

一三　桑秋帕旺经堂立面图

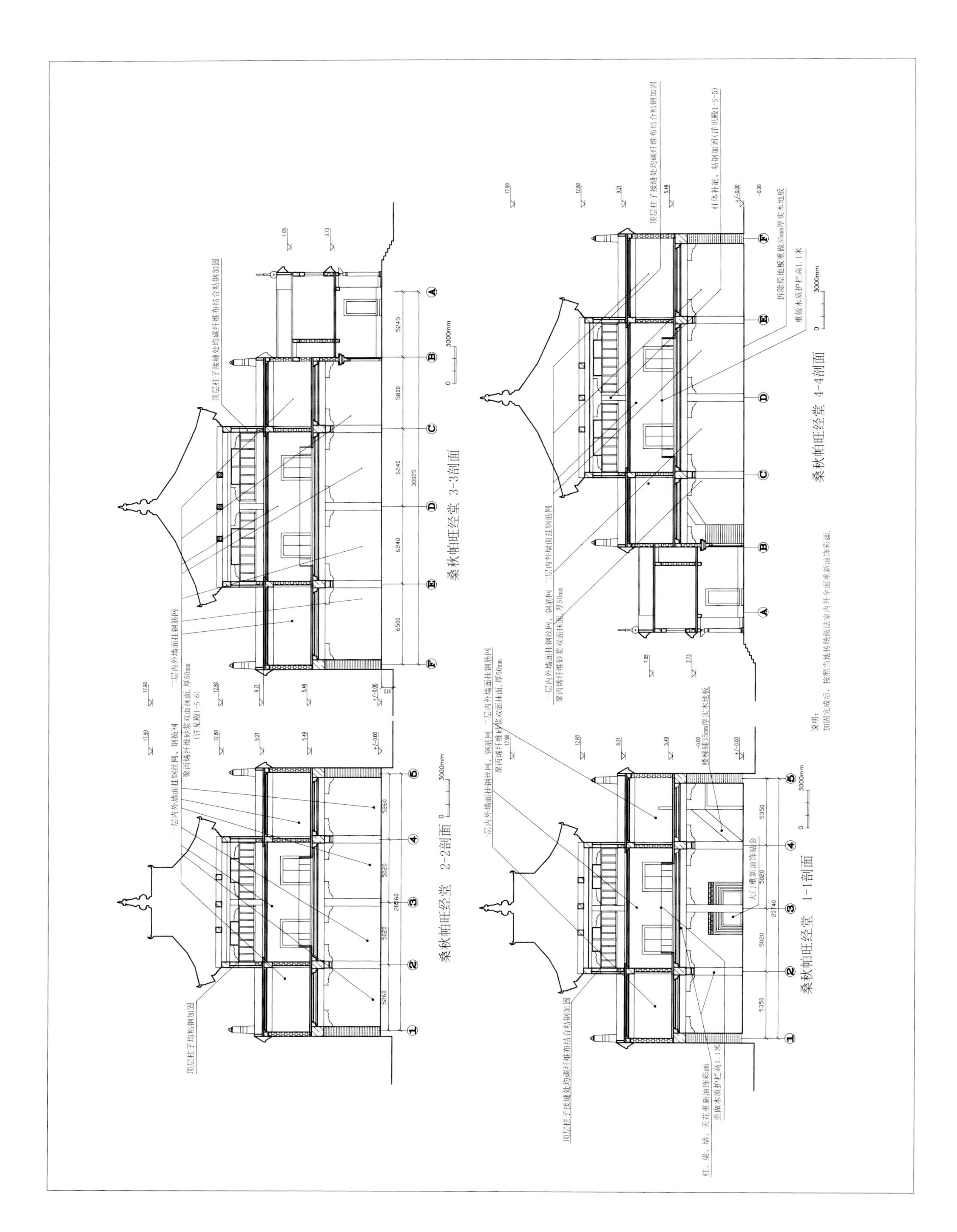

一四　桑秋帕旺经堂剖面图

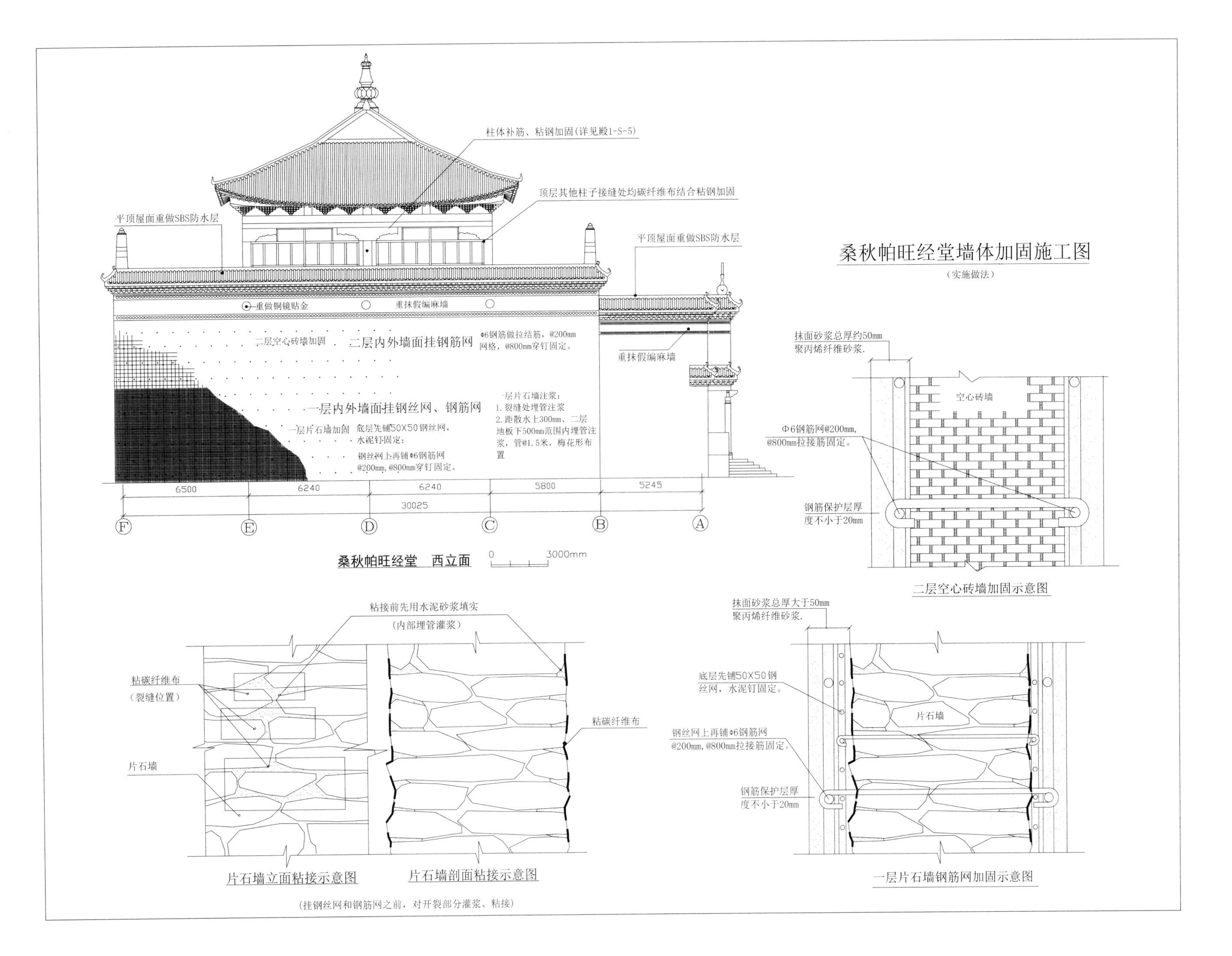

一五　桑秋帕旺经堂墙体加固做法示意图

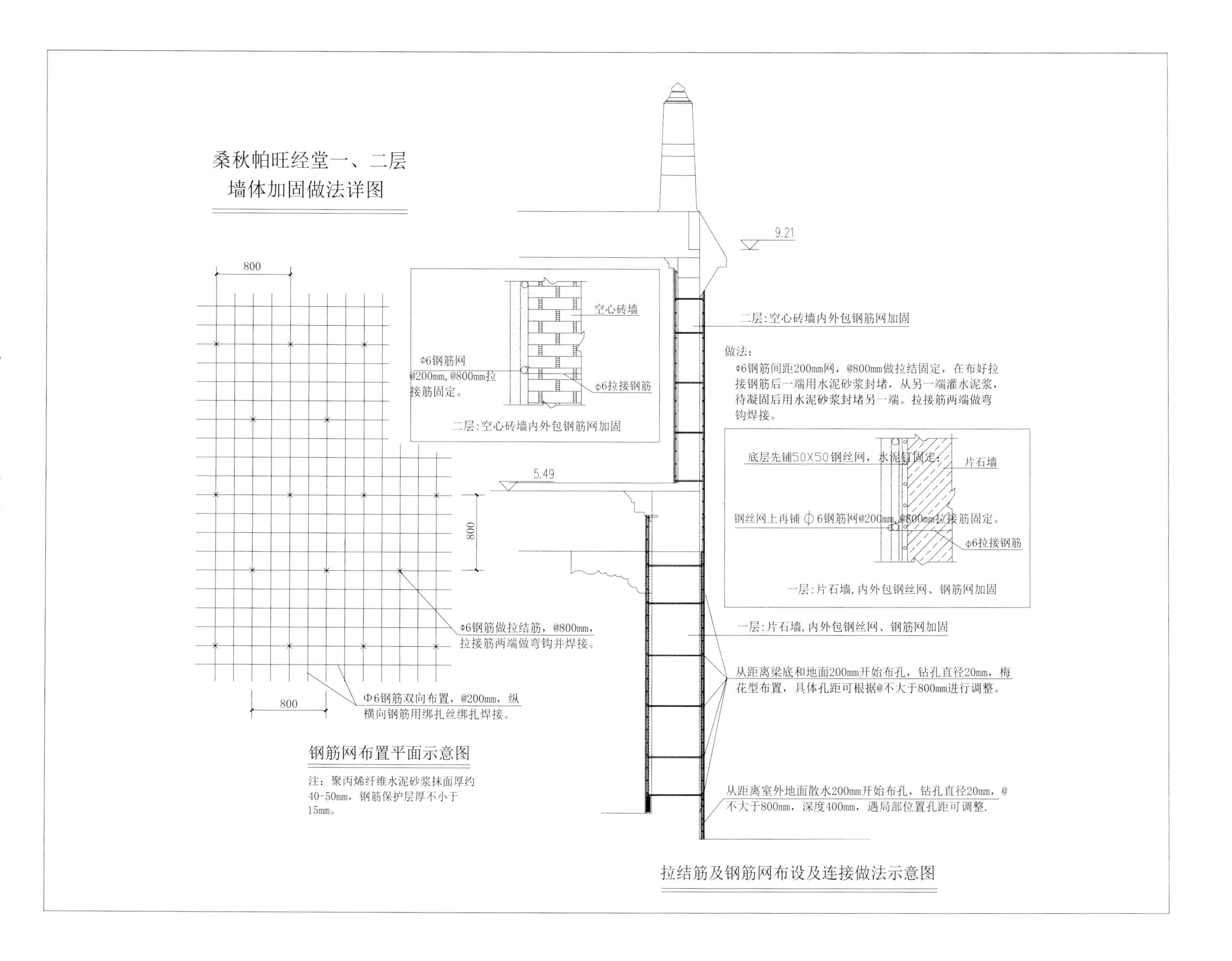

一六　桑秋帕旺经堂墙体加固做法详图

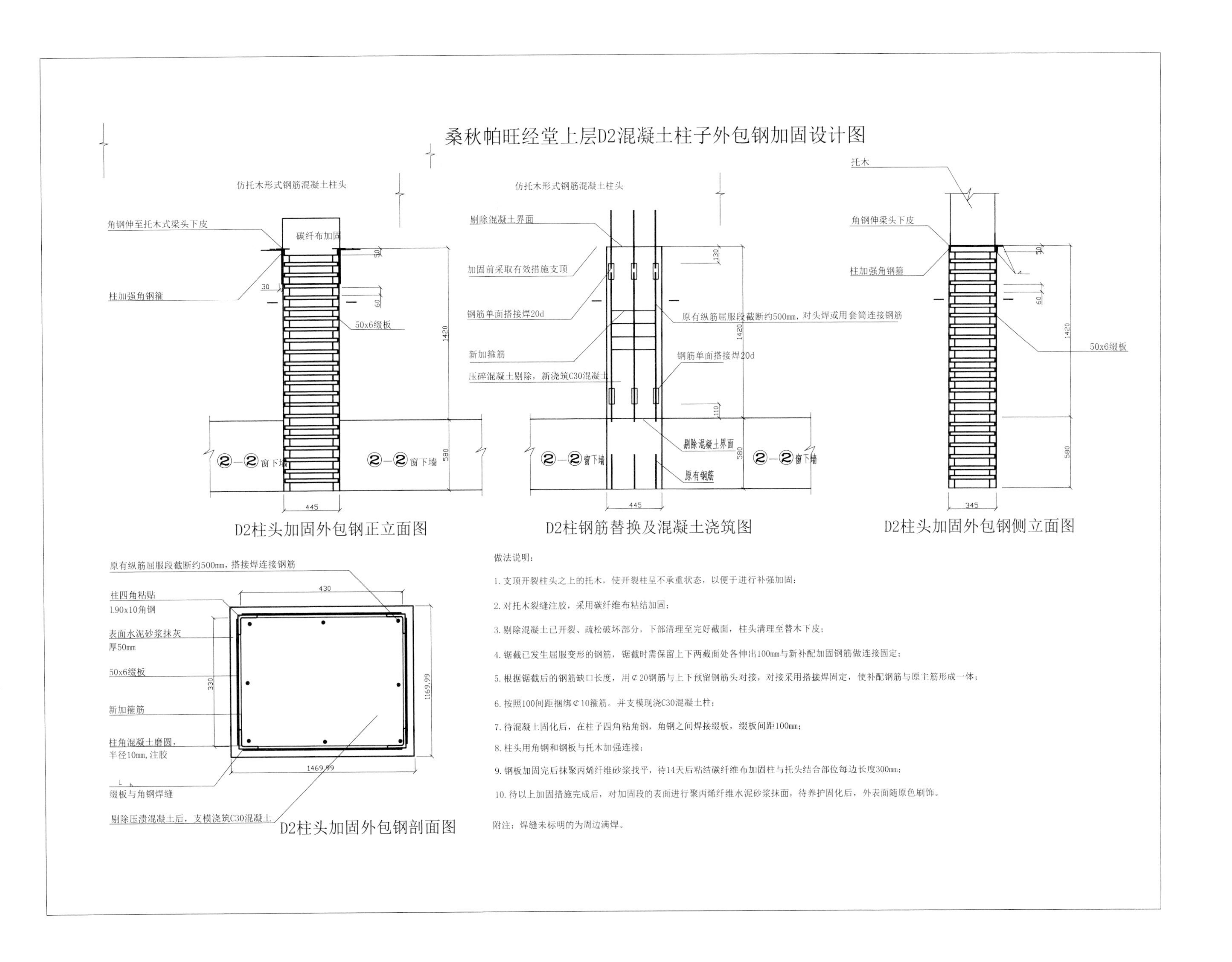

一七　桑秋帕旺经堂混凝土柱子加固设计图

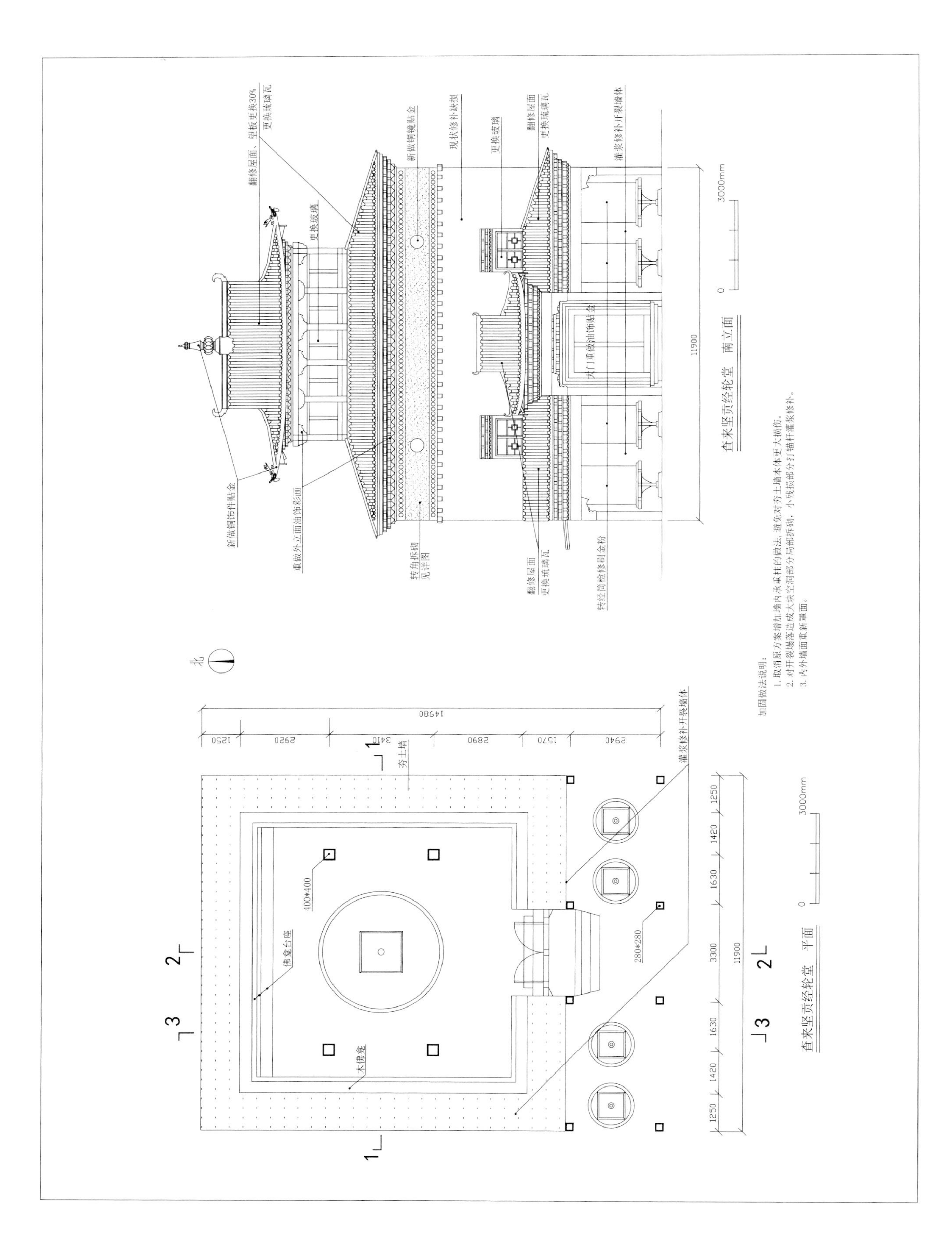

一八　查来坚贡经轮堂平、立面图

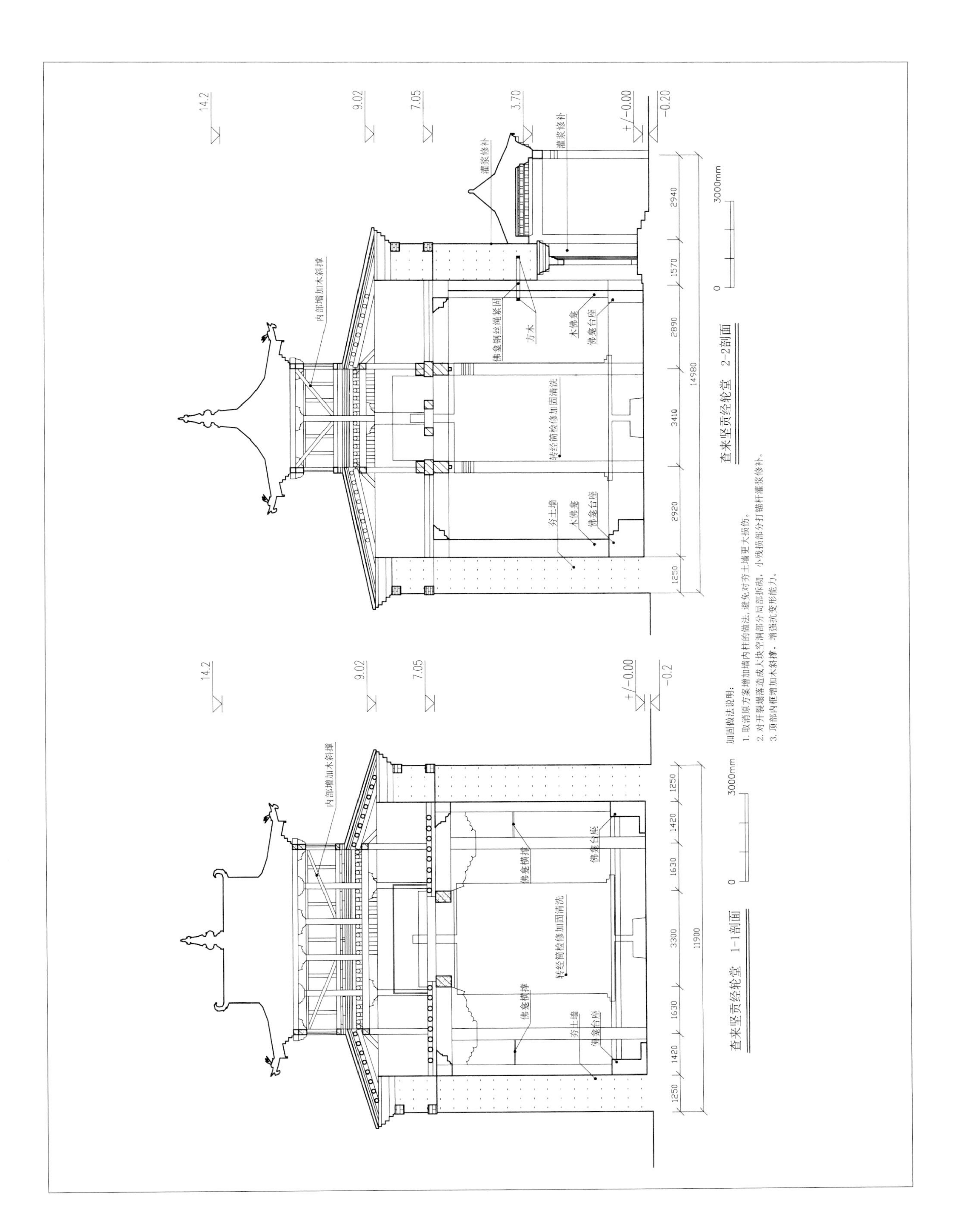

一九　查来坚贡经轮堂1-1、2-2剖面图

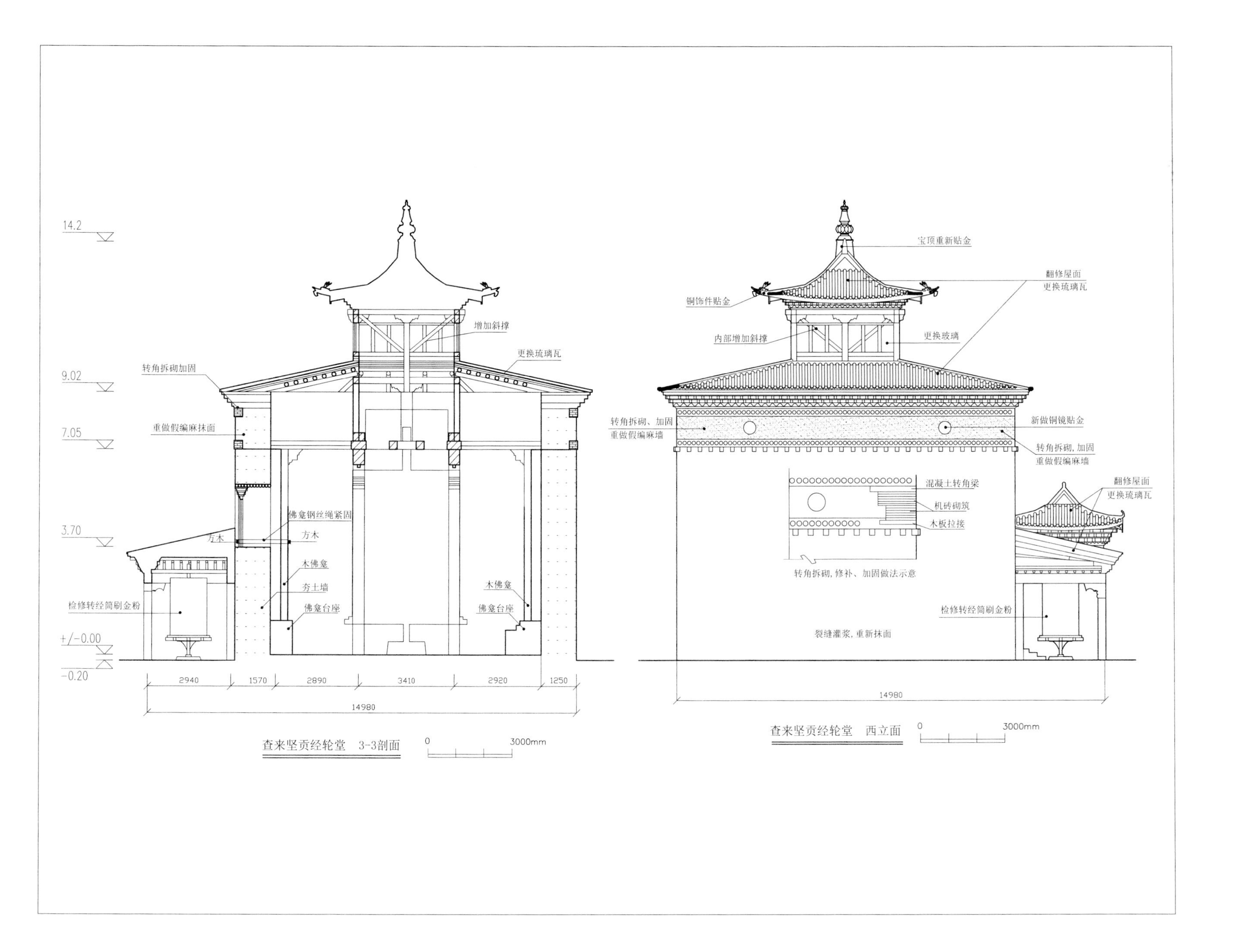

二〇 查来坚贡经轮堂3-3剖面图

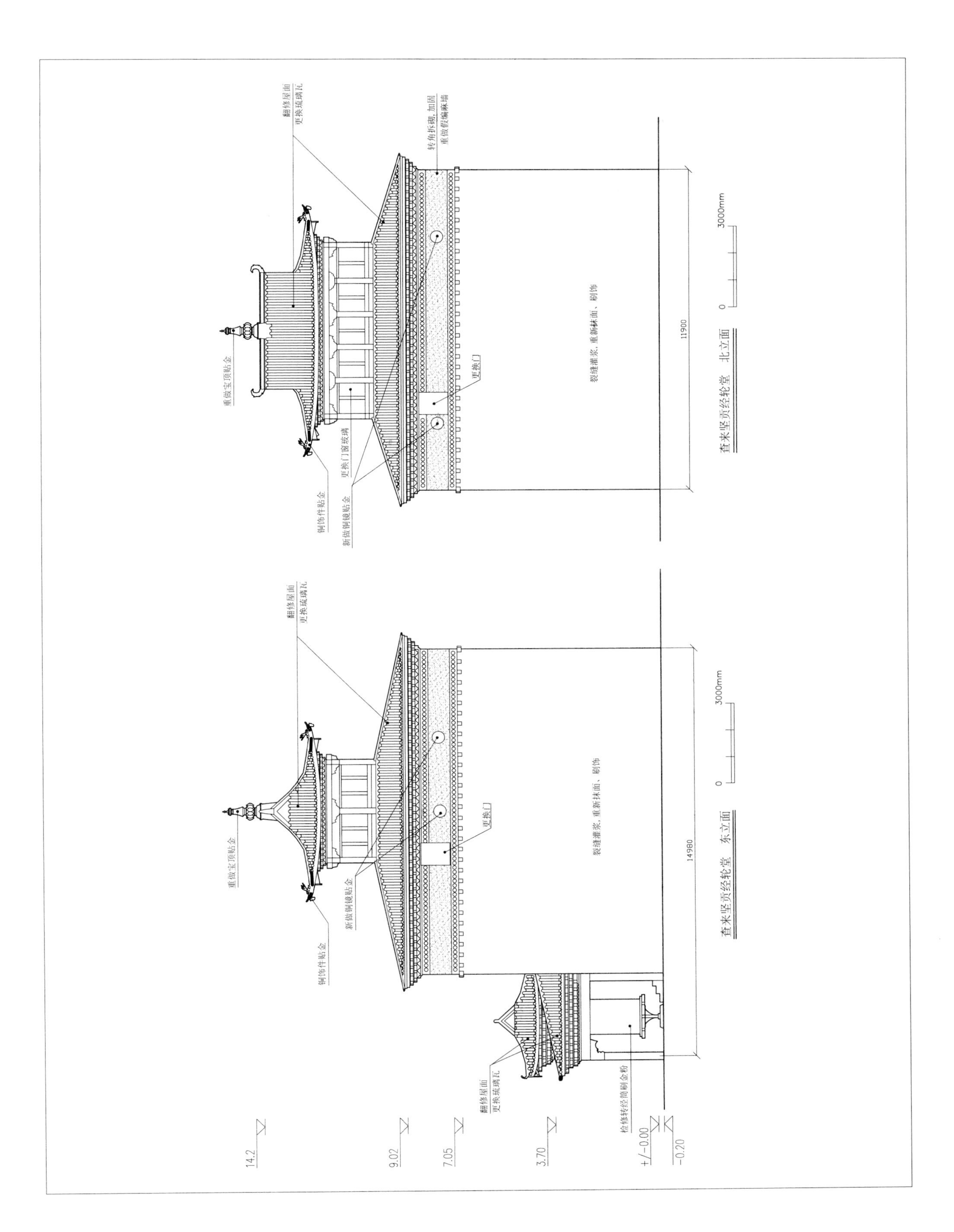

二一　查来坚贡经轮堂东、北立面图

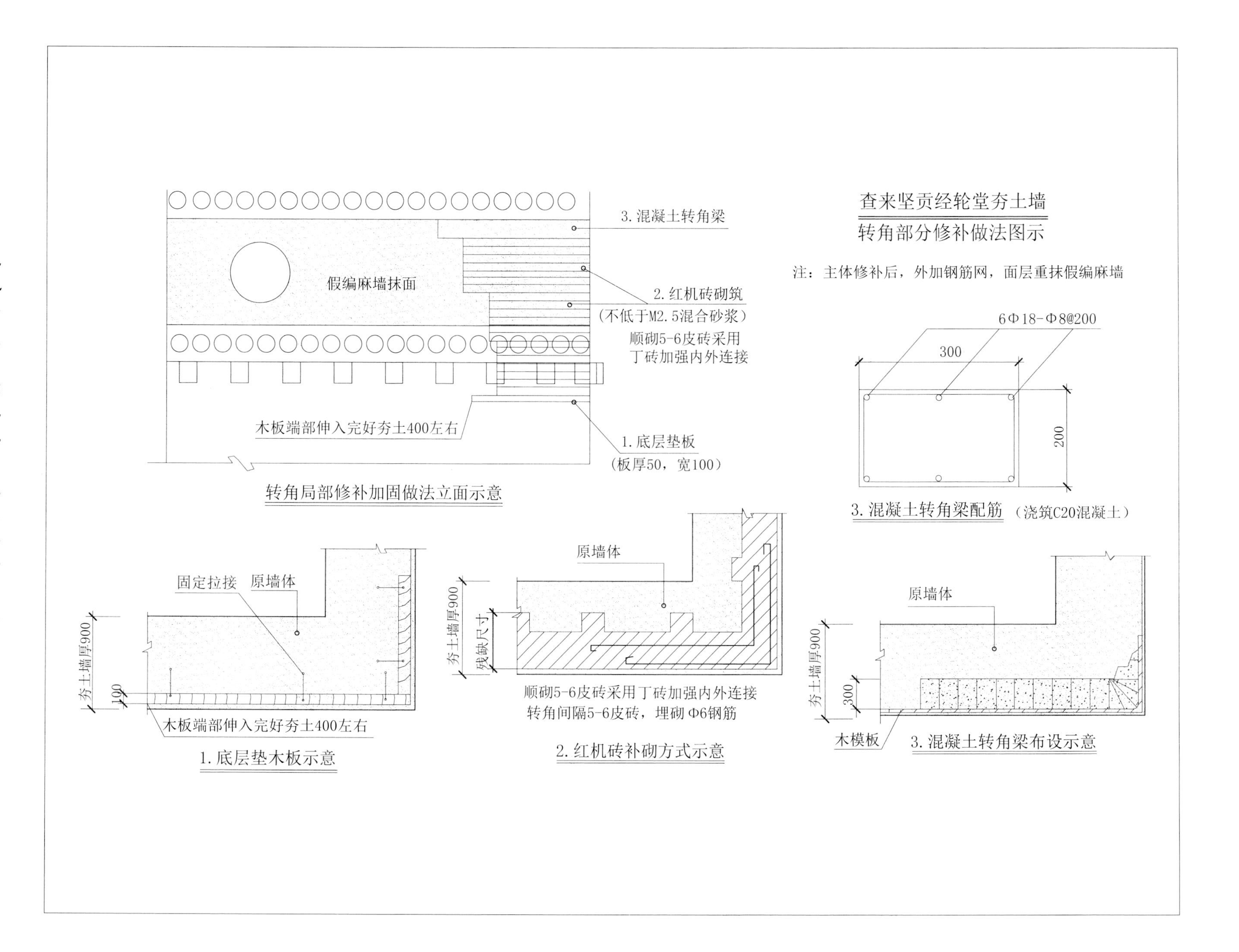

二二 查来坚贡经轮堂夯土墙转角部分修补加固示意图

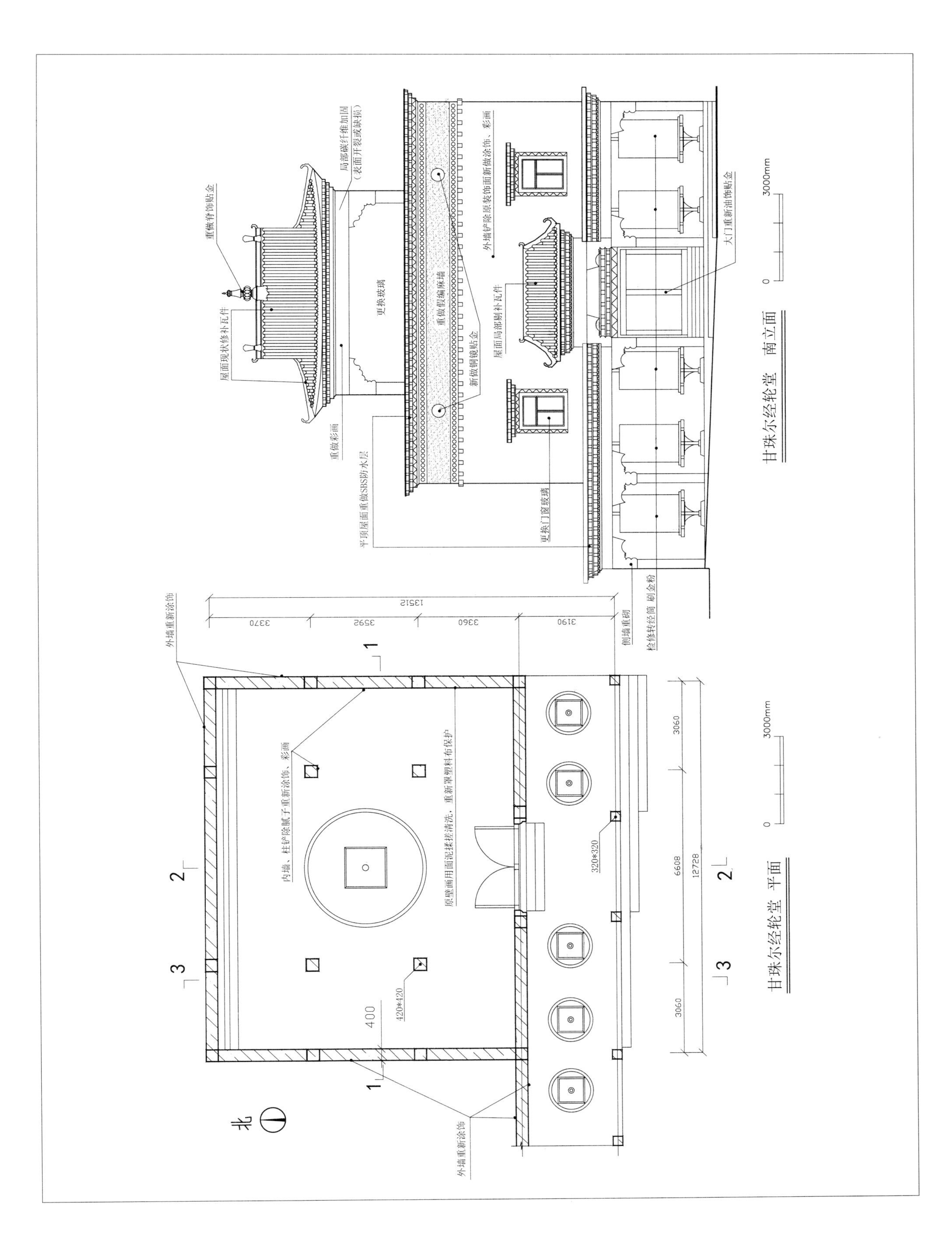

二三 甘珠尔经轮堂平、立面图

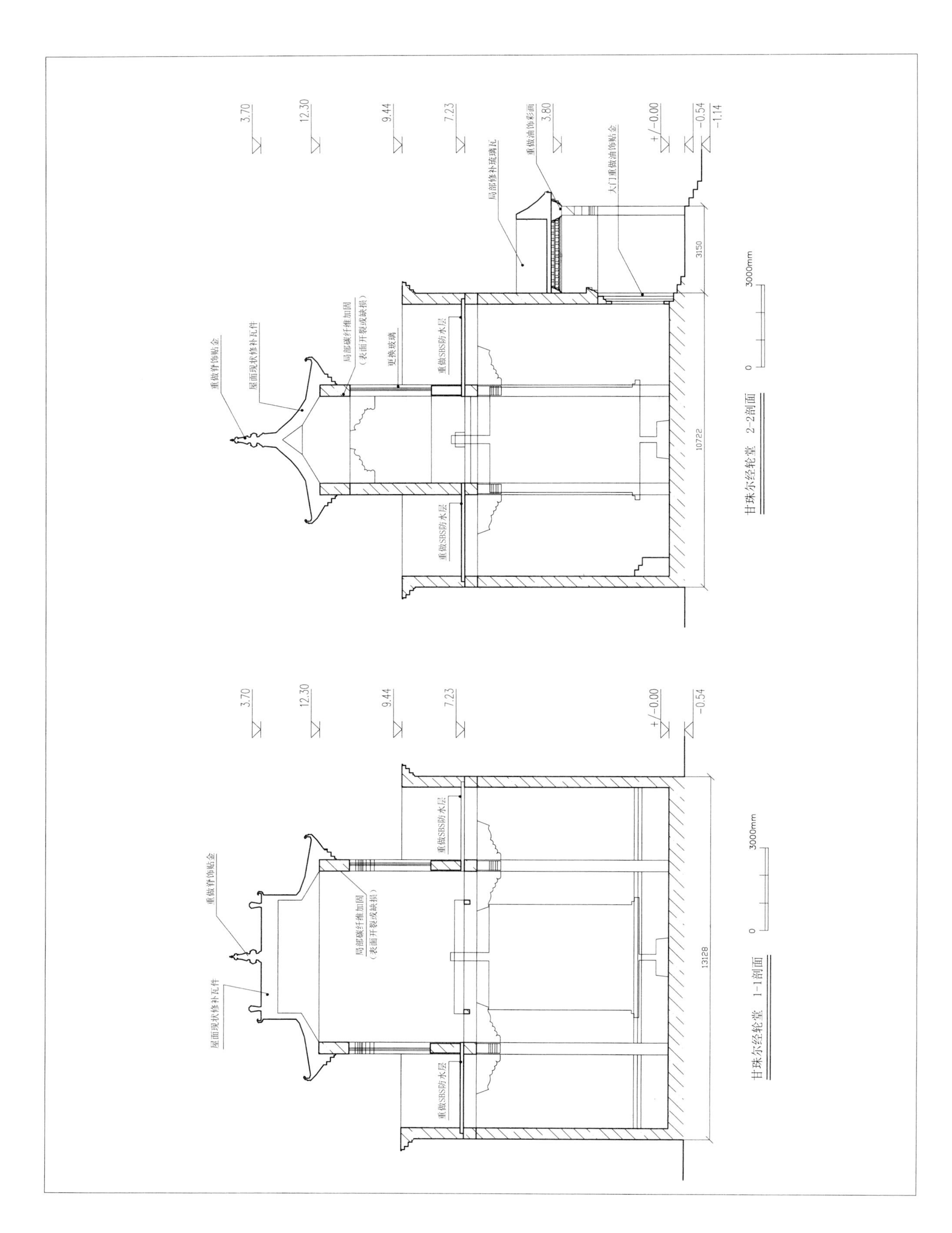

二四　甘珠尔经轮堂 1-1、2-2 剖面图

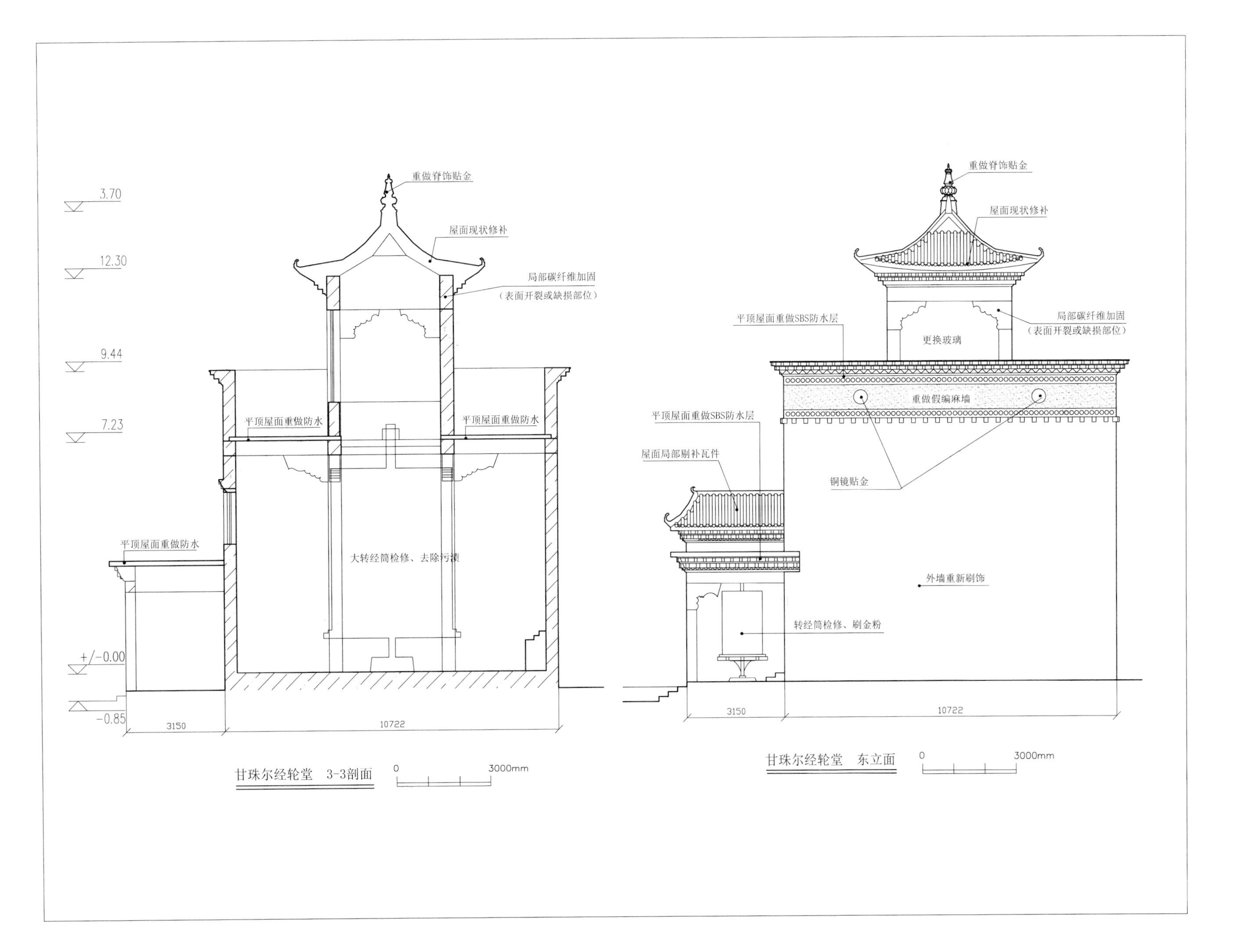

二五　甘珠尔经轮堂 3-3 剖面、东立面图

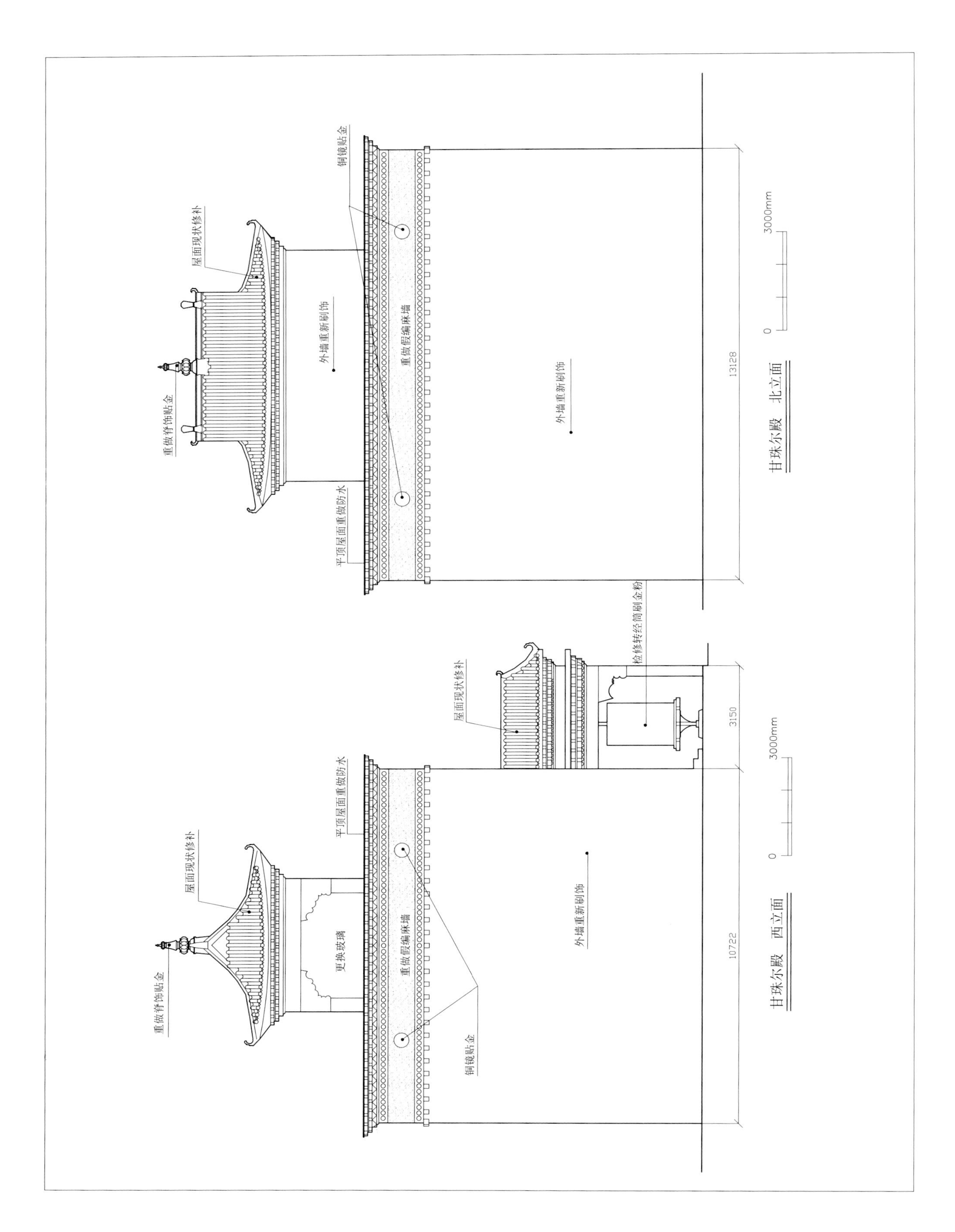

二六　甘珠尔经轮堂西、北立面图

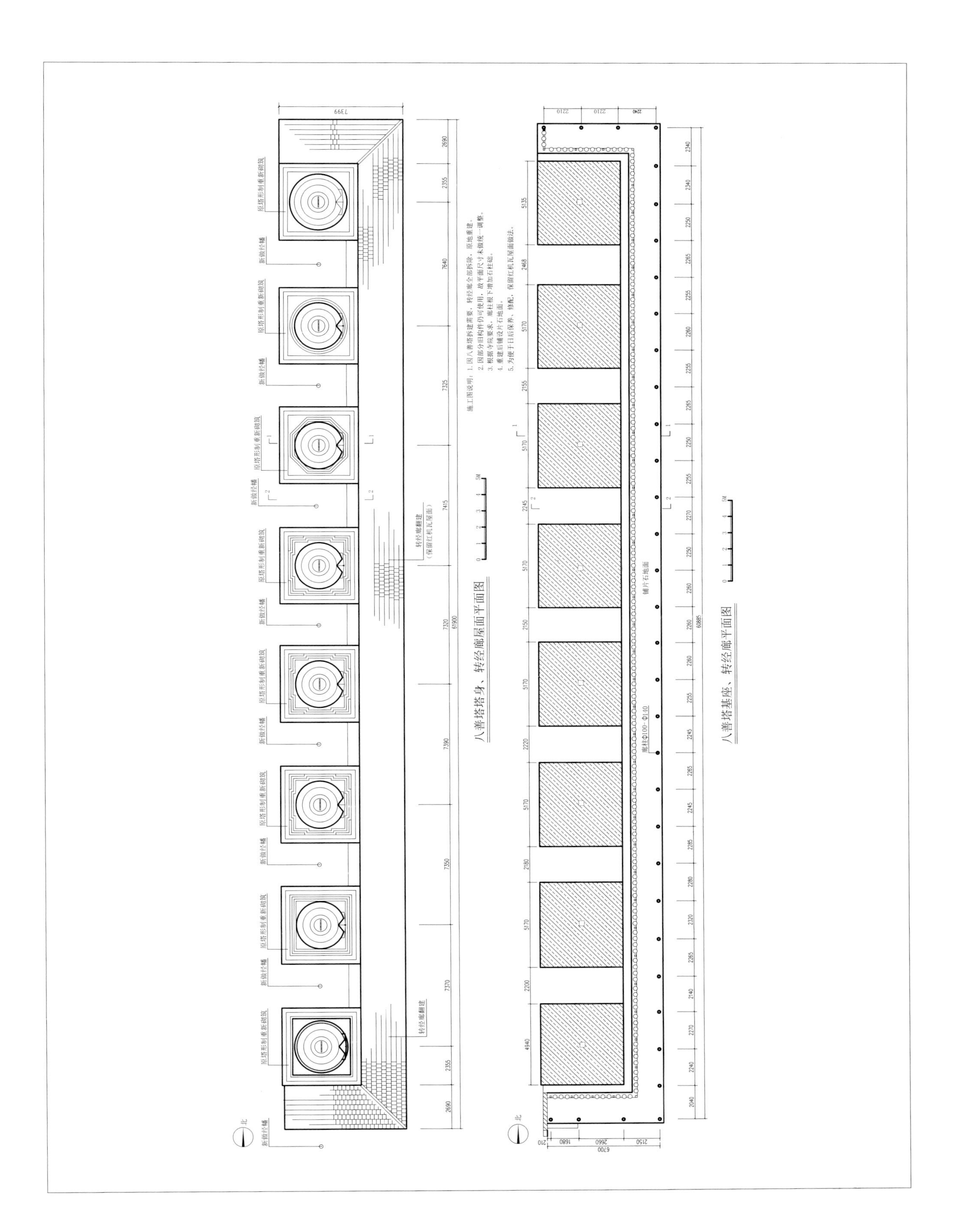

二七　八善塔平面图

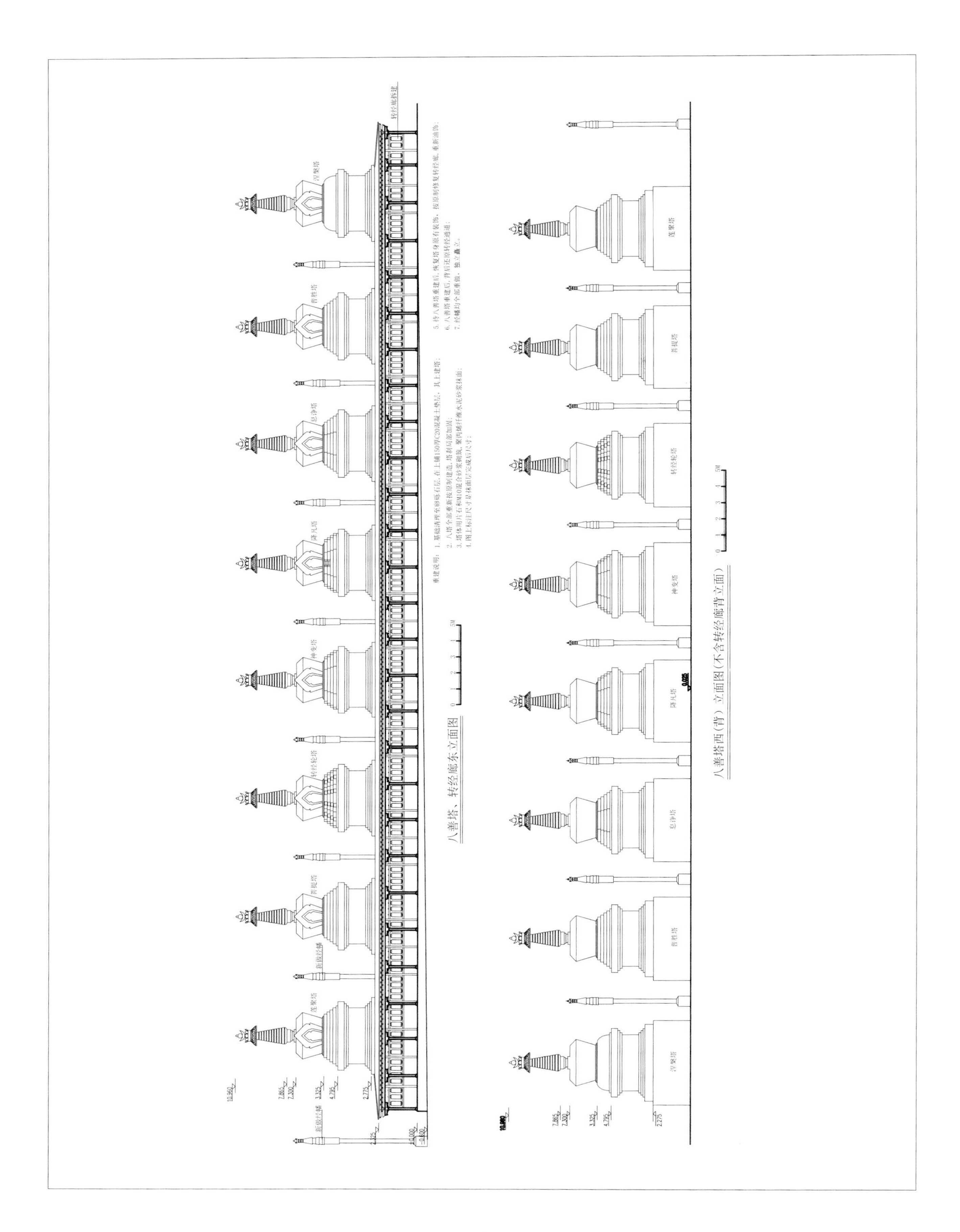
八善塔、转经廊东立面图
八善塔西(背)立面图(不含转经廊背立面)
涅槃塔
尊胜塔
息诤塔
降凡塔
神变塔
转经轮塔
菩提塔
莲聚塔
新做经幡

二八　八善塔立面图

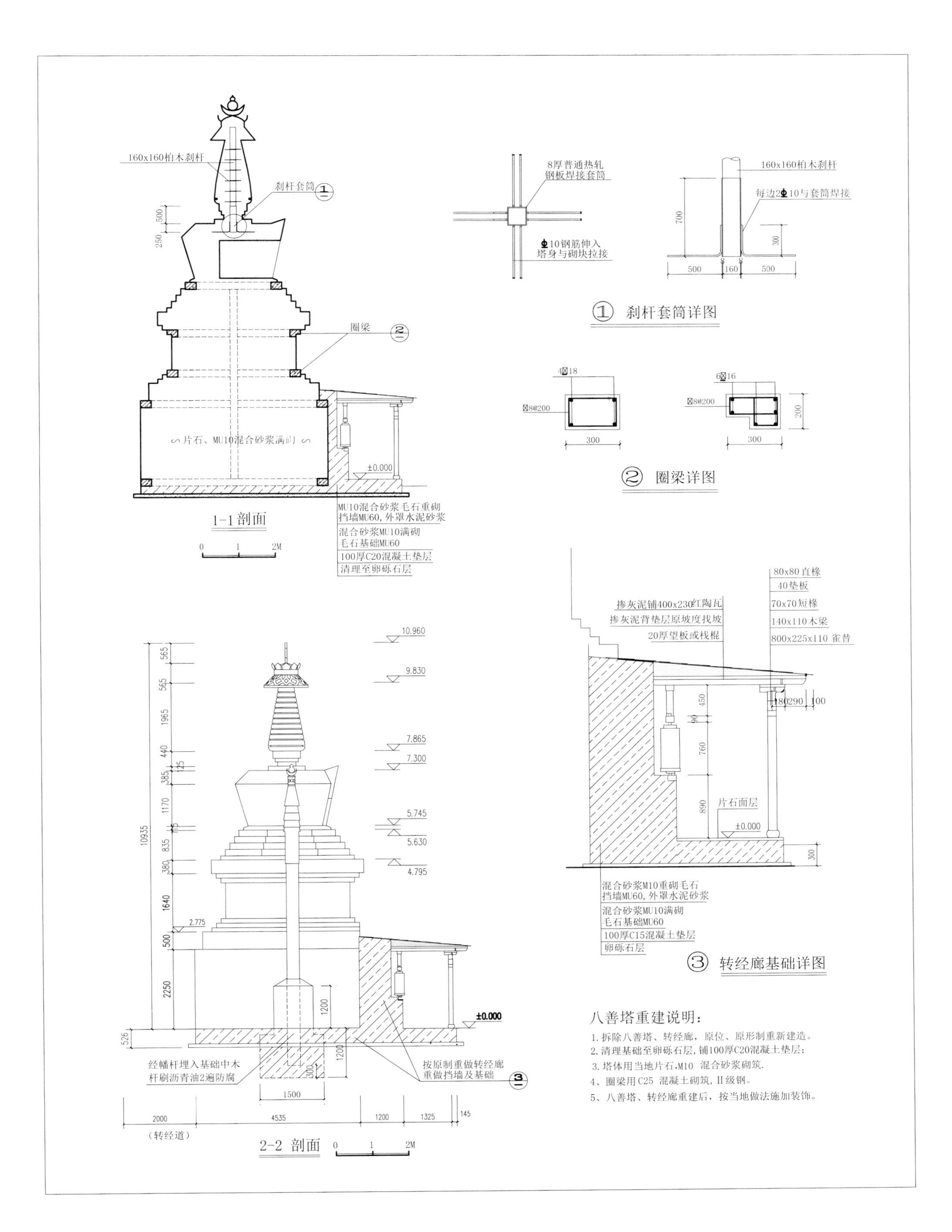
160x160柏木刹杆
刹杆套筒
圈梁
片石、MU10混合砂浆满砌
±0.000
MU10混合砂浆毛石重砌
挡墙MU60，外罩水泥砂浆
混合砂浆MU10满砌
毛石基础MU60
100厚C20混凝土垫层
清理至卵砾石层
1-1剖面
8厚普通热轧
钢板焊接套筒
10钢筋伸入
塔身与砌块拉接
160x160柏木刹杆
每边2 10与套筒焊接
① 刹杆套筒详图
② 圈梁详图
掺灰泥铺400x230红陶瓦
掺灰泥背垫层原坡度找坡
20厚望板或栈棍
80x80直椽
40垫板
70x70短椽
140x110木梁
800x225x110 雀替
片石面层
混合砂浆M10重砌毛石
挡墙MU60，外罩水泥砂浆
混合砂浆MU10满砌
毛石基础MU60
100厚C15混凝土垫层
卵砾石层
③ 转经廊基础详图
经幡杆埋入基础中木
杆刷沥青油2遍防腐
按原制重做转经廊
重做挡墙及基础
（转经道）
2-2 剖面
八善塔重建说明：
1. 拆除八善塔、转经廊，原位、原形制重新建造。
2. 清理基础至卵砾石层，铺100厚C20混凝土垫层；
3. 塔体用当地片石，M10 混合砂浆砌筑.
4、圈梁用C25 混凝土砌筑，II级钢。
5、八善塔、转经廊重建后，按当地做法施加装饰。

二九　八善塔剖面图

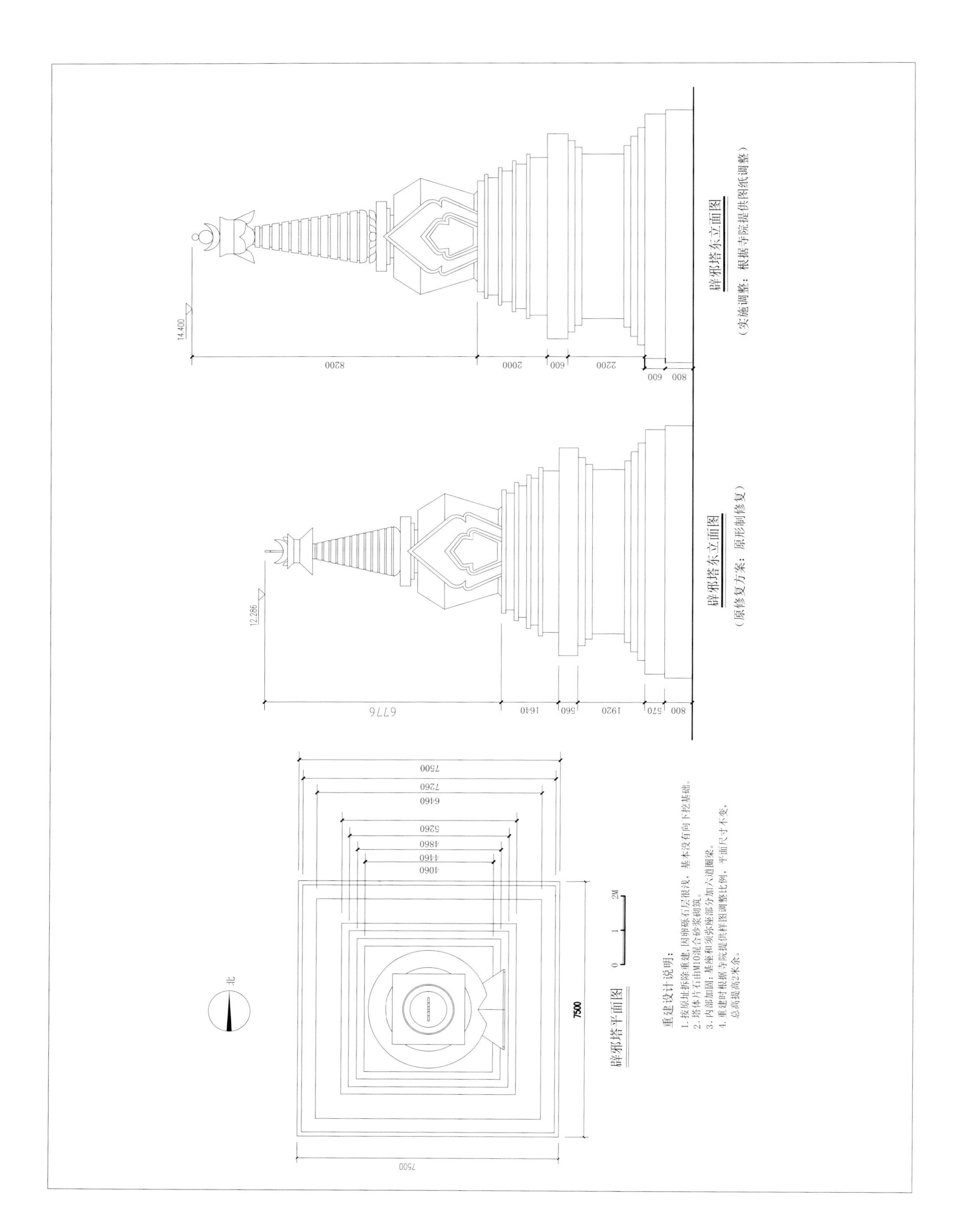

三〇　辟邪塔维修方案及调整设计图

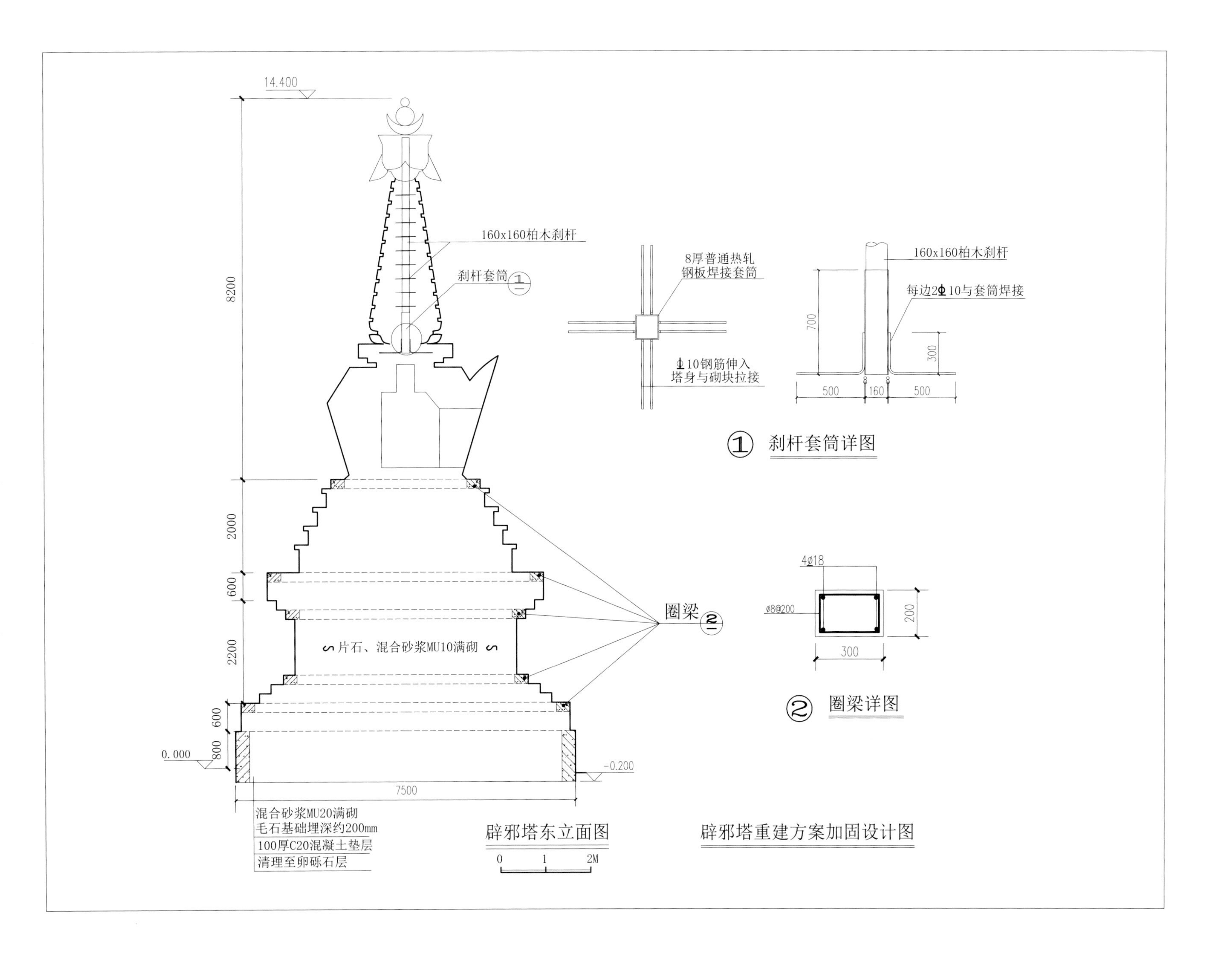

三一　辟邪塔重建方案加固设计图

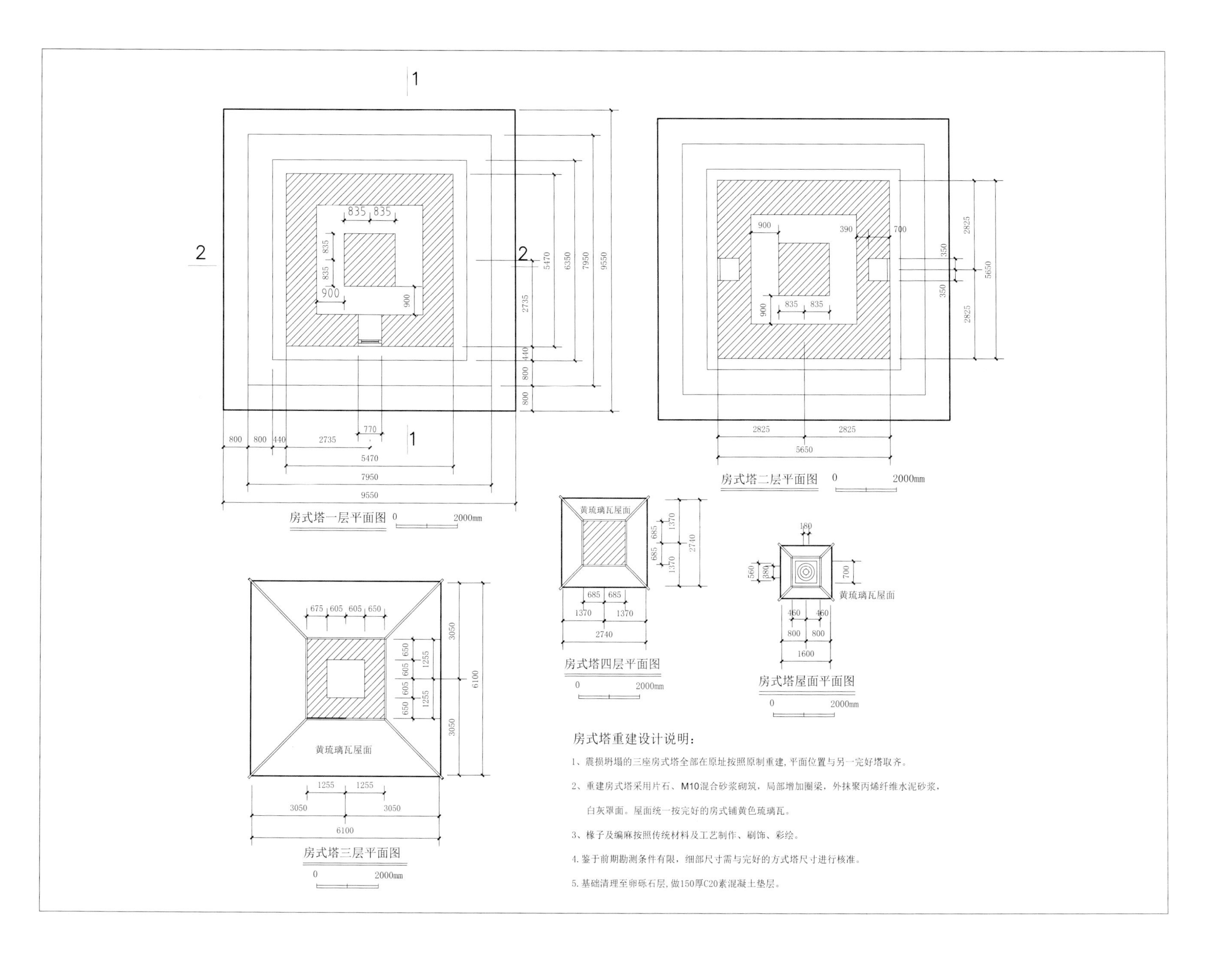
房式塔一层平面图
0 2000mm
房式塔二层平面图
0 2000mm
黄琉璃瓦屋面
房式塔三层平面图
0 2000mm
黄琉璃瓦屋面
房式塔四层平面图
0 2000mm
黄琉璃瓦屋面
房式塔屋面平面图
0 2000mm
房式塔重建设计说明:
1、震损坍塌的三座房式塔全部在原址按照原制重建，平面位置与另一完好塔取齐。
2、重建房式塔采用片石、M10混合砂浆砌筑，局部增加圈梁，外抹聚丙烯纤维水泥砂浆，
白灰罩面。屋面统一按完好的房式铺黄色琉璃瓦。
3、椽子及编麻按照传统材料及工艺制作、刷饰、彩绘。
4. 鉴于前期勘测条件有限，细部尺寸需与完好的方式塔尺寸进行核准。
5. 基础清理至卵砾石层，做150厚C20素混凝土垫层。

三二　房式塔平面图

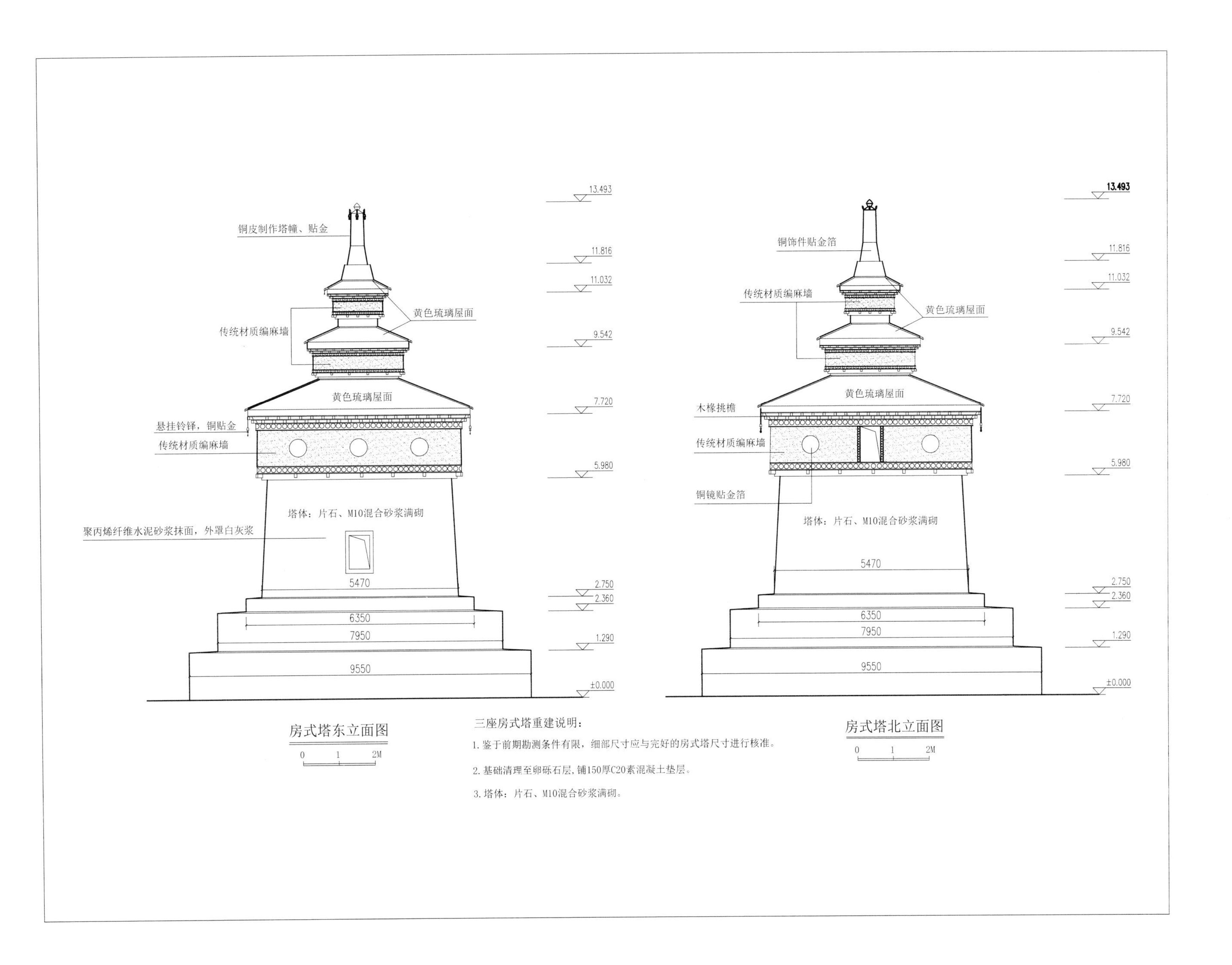
13.493
铜皮制作塔幢、贴金
11.816
11.032
黄色琉璃屋面
传统材质编麻墙
9.542
黄色琉璃屋面
7.720
悬挂铃铎，铜贴金
传统材质编麻墙
5.980
塔体：片石、M10混合砂浆满砌
聚丙烯纤维水泥砂浆抹面，外罩白灰浆
5470
2.750
2.360
6350
7950
1.290
9550
±0.000
房式塔东立面图
0 1 2M
铜饰件贴金箔
传统材质编麻墙
黄色琉璃屋面
黄色琉璃屋面
木椽挑檐
传统材质编麻墙
铜镜贴金箔
塔体：片石、M10混合砂浆满砌
房式塔北立面图
三座房式塔重建说明：
1. 鉴于前期勘测条件有限，细部尺寸应与完好的房式塔尺寸进行核准。
2. 基础清理至卵砾石层，铺150厚C20素混凝土垫层。
3. 塔体：片石、M10混合砂浆满砌。

三三　房式塔立面图

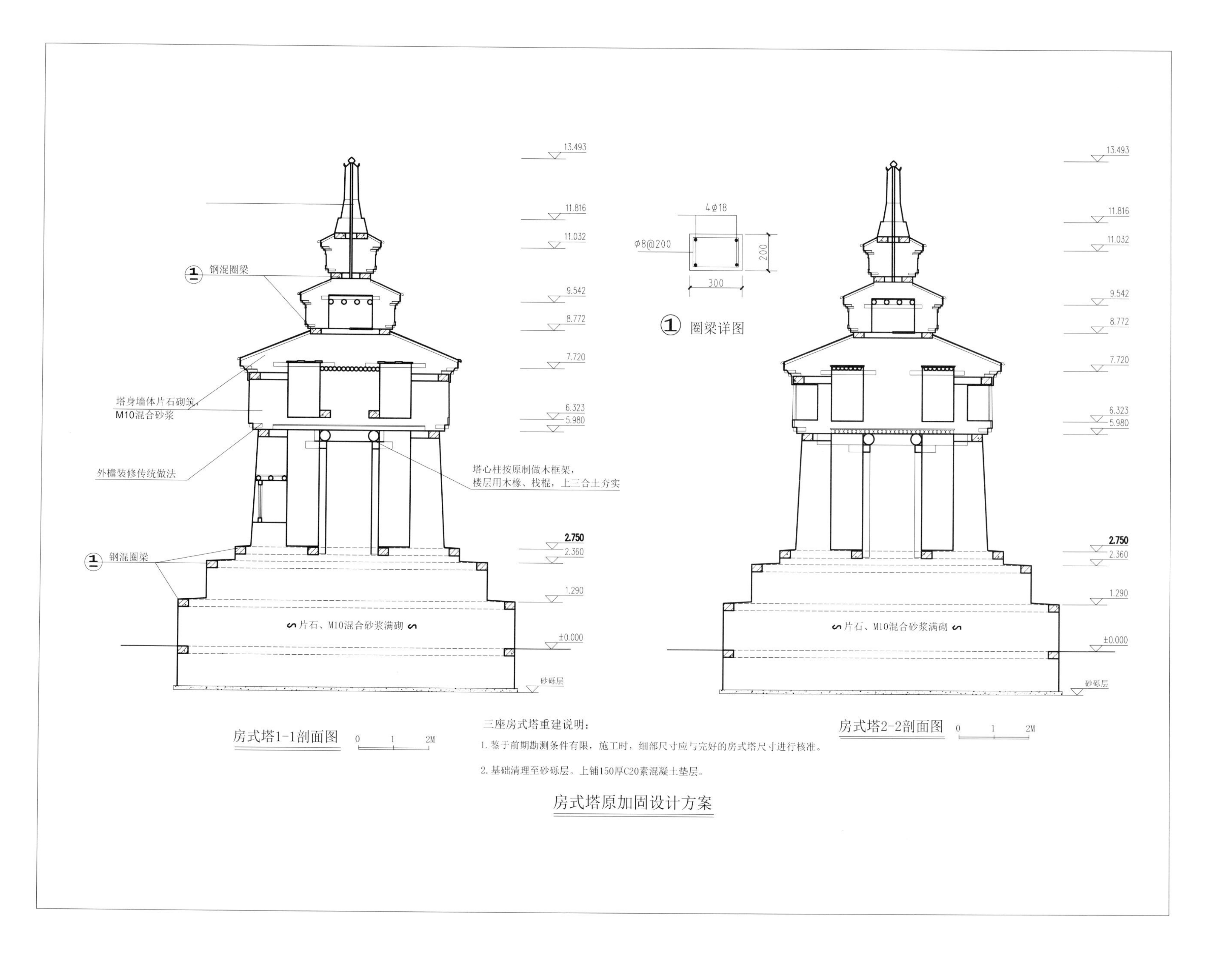

三四　房式塔原加固设计图

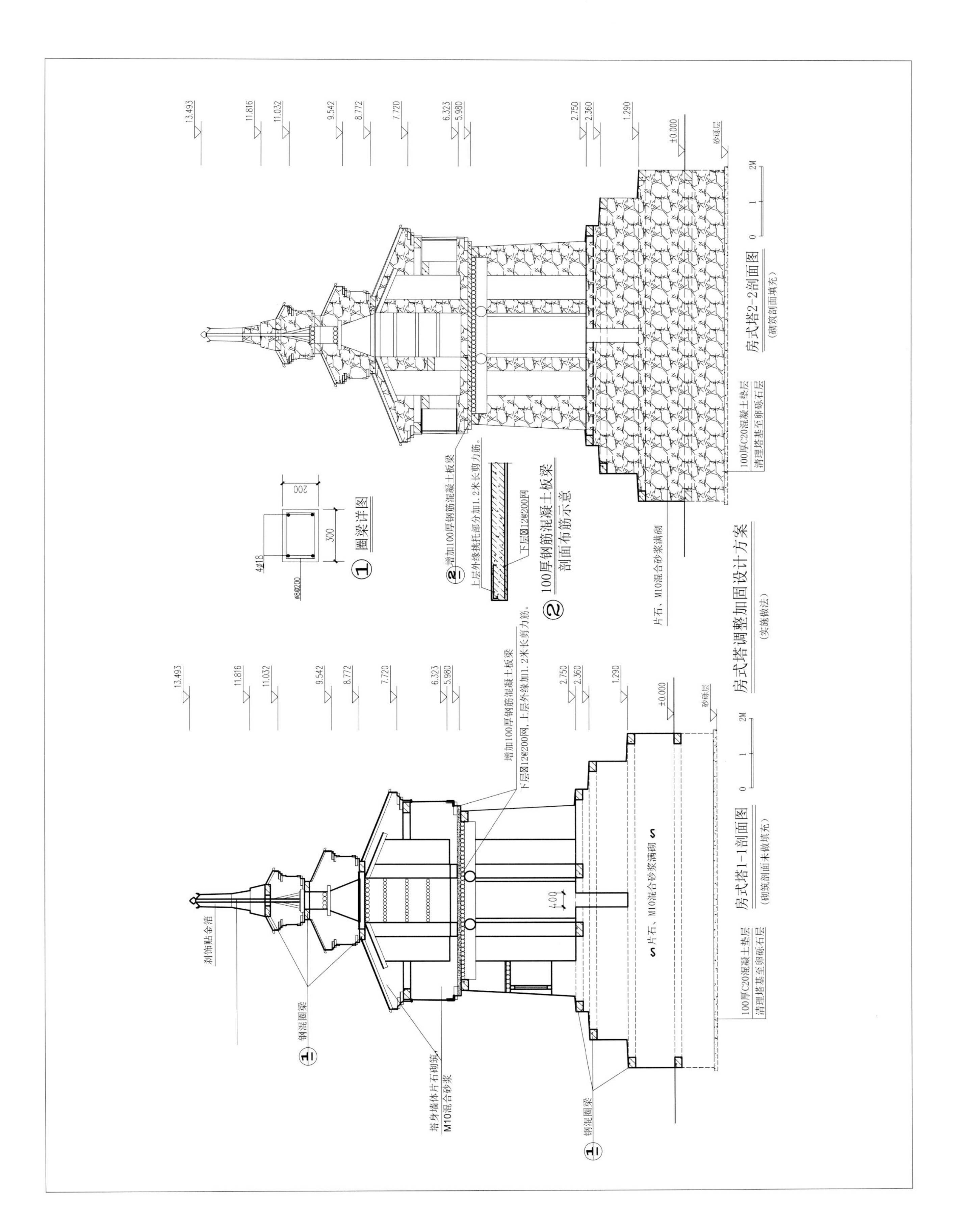

三五　房式塔调整加固设计图

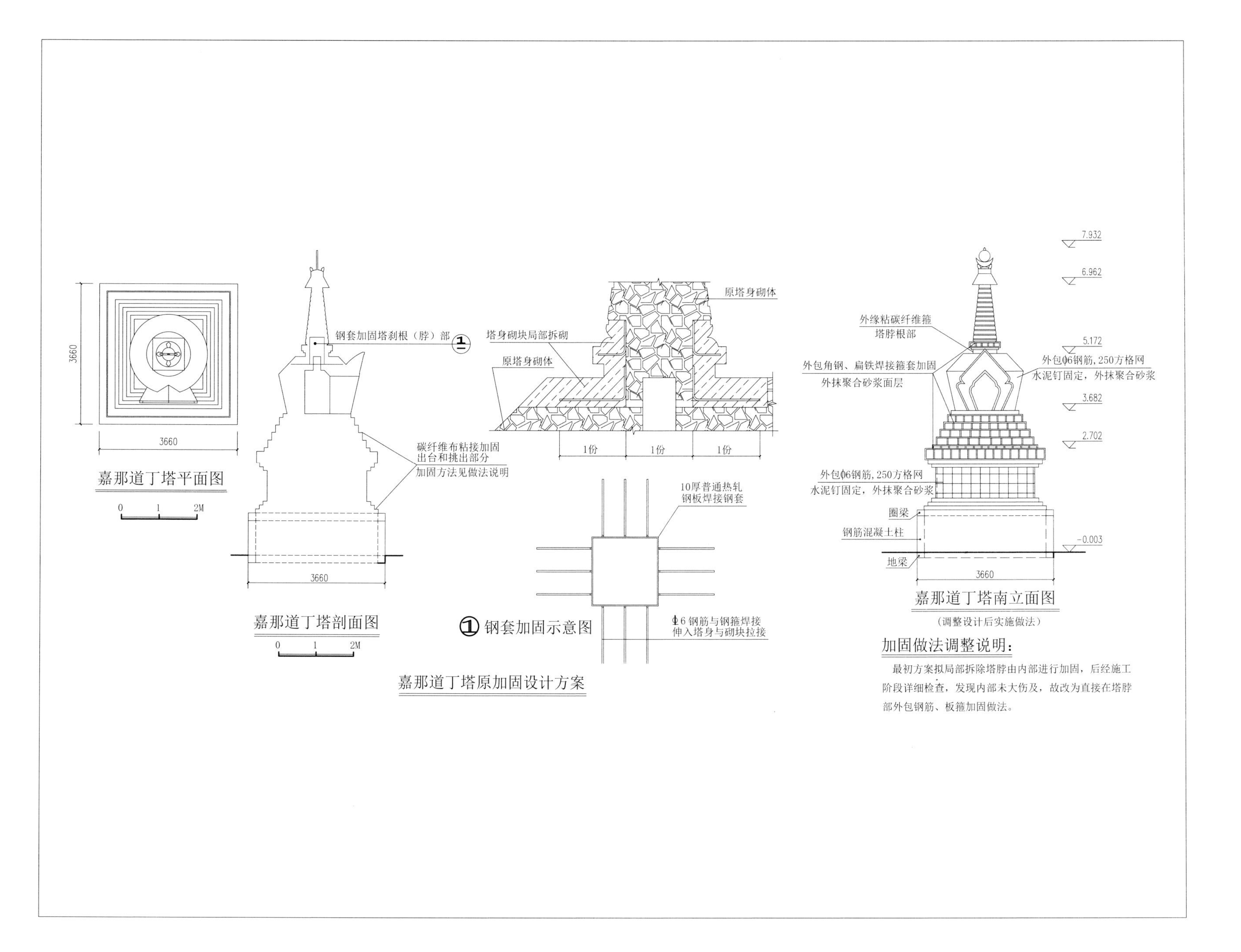

三六　嘉那道丁塔平面、剖面、南立面图

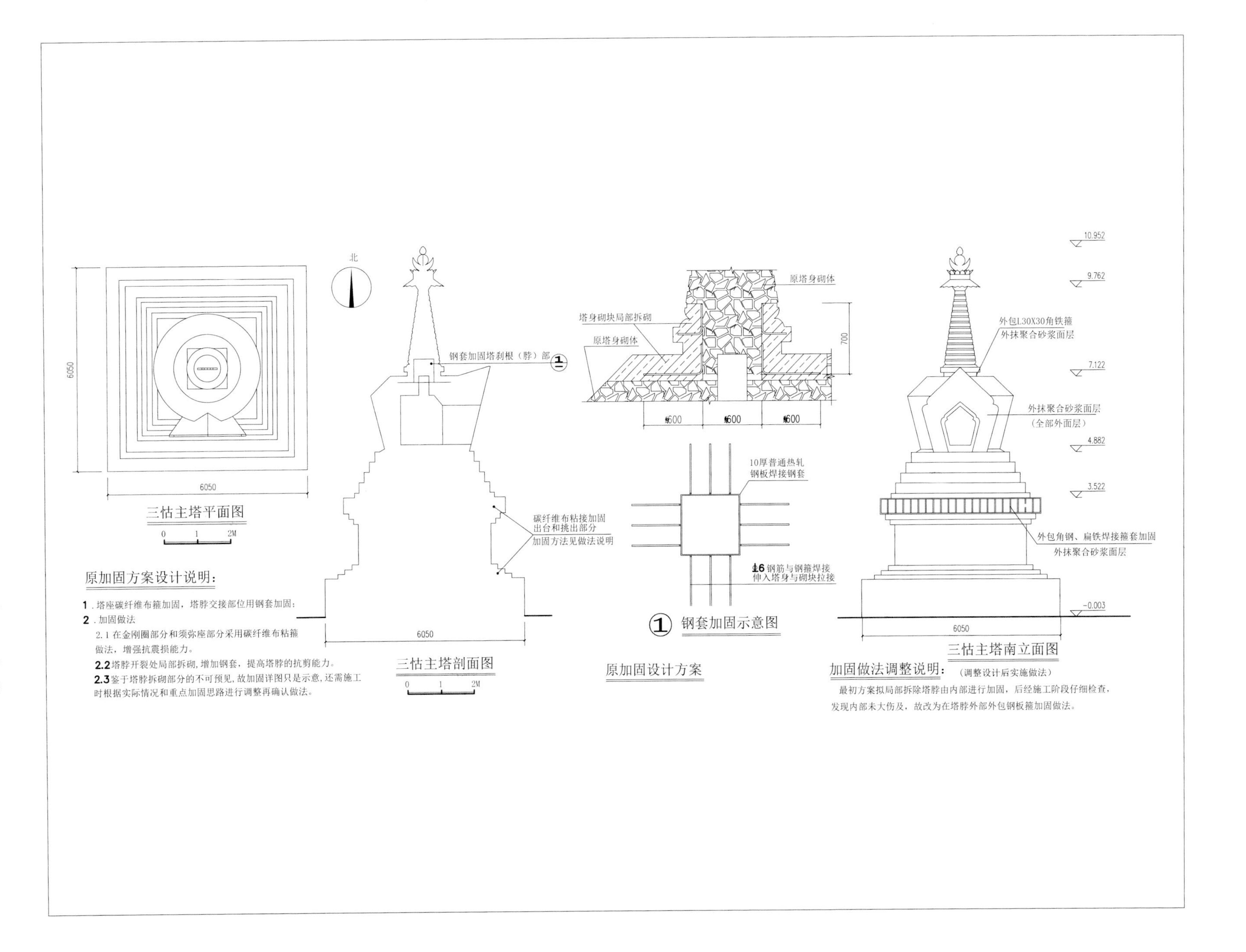

三七　三怙主塔平面、剖面、南立面图

图版

玉树嘉那嘛呢地震前全景

震前嘉那嘛呢

震前八善塔

震前嘉那嘛呢

震前嘉那嘛呢

地震前的嘉那嘛呢

图版二

2010年5月14日玉树新寨嘉那嘛呢抢险抗震项目启动仪式——青海省文化厅曹萍厅长代表省政府讲话

董保华副局长代表国家文物局讲话

朱晓东书记代表中国文化遗产研究院讲话

项目启动与开工仪式

2011 年 7 月 26 日玉树新寨嘉那嘛呢抢险抗震工程开工典礼

青海省文化厅冯兴禄副厅长致辞

项目启动与开工仪式

2011年7月26日玉树新寨嘉那嘛呢抢险抗震工程开工前结古寺僧人诵经

项目启动与开工仪式

嘛呢石清理中：人工加塔吊

嘛呢堆整修中

图版六

嘛呢石清理中：人工加塔吊

嘛呢堆整修中

嘛呢石清理中：人工加塔吊

嘛呢堆整修中

嘛呢石清理中：人工加塔吊

嘛呢堆整修中

嘛呢石清理中：人工搬运与测量

嘛呢堆整修中

嘛呢石清理中：人工加塔吊

嘛呢堆整修中

设计方与各方人员沟通、交流嘛呢重新堆放相关问题

嘛呢堆整修中

设计方与各方人员沟通、交流嘛呢重新堆放相关问题

嘛呢堆整修中

设计方现场复核、权衡、统筹、调整各个地段嘛呢边界的设计要求

嘛呢堆整修中

图版一四

设计方、甲方与施工方现场复核、权衡、统筹、调整各个地段嘛呢边界的设计要求

嘛呢堆整修中

嘛呢边界内部间隔铺设土工布做法

嘛呢堆整修中

图版一六

嘛呢边界内部间隔铺设土工布做法

嘛呢堆整修中

刻记本次工程时间

嘛呢堆整修中

图版一八

嘛呢石清理与摆放

嘛呢堆整修后

嘛呢堆边界墙上嵌放嘛呢石

嘛呢堆整修后

图版二〇

嘛呢堆边界墙上嵌放嘛呢石

嘛呢堆整修后

嘛呢堆边界墙上嵌放嘛呢石

嘛呢堆整修后

嘛呢堆边界墙上嵌放嘛呢石

嘛呢堆整修后

嘛呢堆边界墙上嵌放嘛呢石

嘛呢堆整修后

嘛呢堆边界墙上嵌放嘛呢石

嘛呢堆整修后

分歧、沟通、谅解、共识

嘛呢堆整修后

图版二六

转经廊拆前勘测

转经廊修复施工中

转经廊安装中

转经廊修复施工中

转经廊安装中

转经廊修复施工中

增加转角处理

转经廊修复施工中

设计现场跟踪指导

转经廊修复施工中

南面转经廊（修前）

南面转经廊增加廊柱（修后）

转经廊修前与修后

西南转角转经廊（修前）

西南转角转经廊（修后）

转经廊修前与修后

嘉那道丁塔位置（修前）

嘉那道丁塔位置（修后）

转经廊修前与修后

图版三四

三怙主塔位置（修前）

三怙主塔位置（修后）

转经廊修前与修后

转经廊修复后

施工围挡

桑秋帕旺经堂施工中

搬移佛像

桑秋帕旺经堂施工中

柱子加固前搭设局部承重架

桑秋帕旺经堂施工中

经堂施工中

设计人员核对设计文件

桑秋帕旺经堂施工中

混凝土柱子加固施工中

桑秋帕旺经堂施工中

钢筋网加固施工中

桑秋帕旺经堂施工中

图版四二

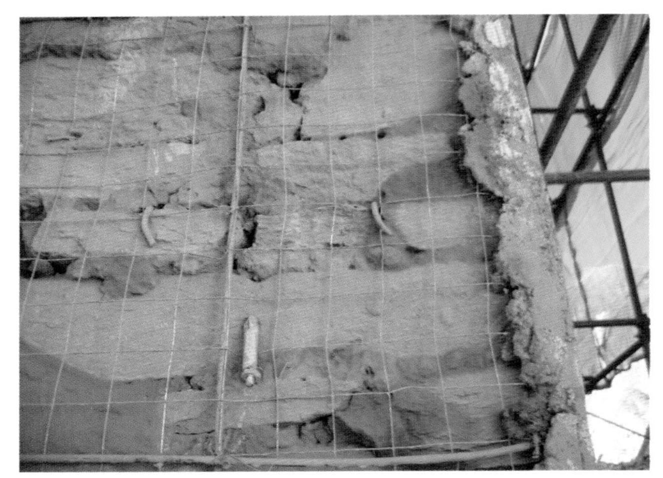

钢筋网加固施工中——昂文局长检查工程情况

桑秋帕旺经堂施工中

重新油饰彩绘

桑秋帕旺经堂施工中

重新油饰彩绘

桑秋帕旺经堂施工中

经堂施工中

北京市园林古建筑工程有限公司施工人员合影

桑秋帕旺经堂施工中

经堂开光庆典

桑秋帕旺经堂修后

查来坚贡经轮堂修前震损与维修围挡

查来坚贡经轮堂施工中

查来坚贡经轮堂施工中

转角加固

查来坚贡经轮堂施工中

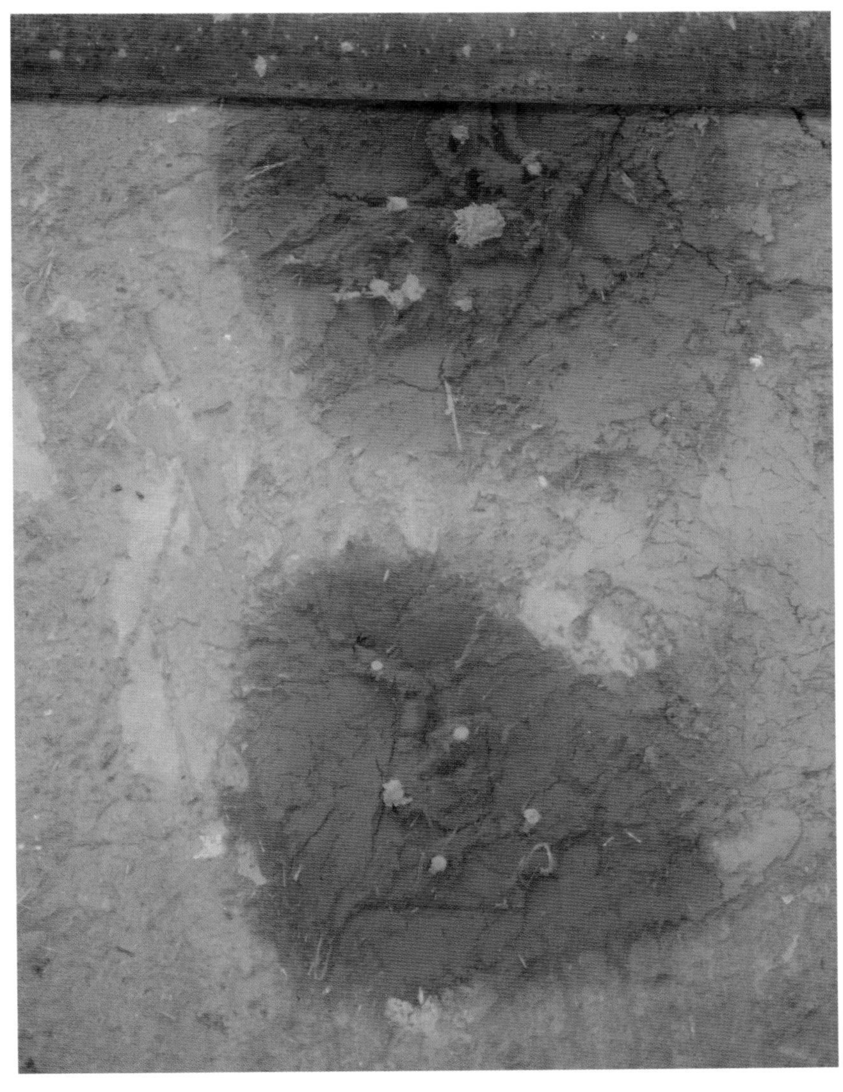

外墙局部修补

查来坚贡经轮堂施工中

施工中

换琉璃瓦面

查来坚贡经轮堂施工中

修前

修后

查来坚贡经轮堂修前与修后

图版五四

修前

修后

甘珠尔经轮堂修前与修后

墙体、屋面局部开裂破损修补及重新刷饰

甘珠尔经轮堂施工中

墙体、屋面局部开裂破损修补及重新刷饰

甘珠尔经轮堂施工中

墙体、屋面局部开裂破损修补及重新刷饰

甘珠尔经轮堂施工中

墙体、屋面局部开裂破损修补及重新刷饰

甘珠尔经轮堂施工中

八善塔施工中

八善塔施工中

八善塔施工中

八善塔施工中

八善塔施工中

八善塔施工中

八善塔施工中

寻找细沙

手验细沙

八善塔水泥雕刻

收集细沙

搬运细沙

过筛细沙

八善塔水泥雕刻

八善塔水泥雕刻

拍刻画纹饰谱子

按图谱雕刻

八善塔水泥雕刻

因要在水泥固化一定程度内完成雕刻，故需二人同时雕刻

水泥雕刻完成后，表面彩绘装饰

八善塔水泥雕刻

辟邪塔施工中

图版七二

辟邪塔施工中

调整局部尺寸

辟邪塔施工中

图版七四

房式塔修前与修后

房式塔——确认基础位置与标高

图版七六

房式塔施工中

房式塔施工中

房式塔施工中

房式塔施工中

房式塔施工中

房式塔施工中

编麻草原生状态

编麻砍伐后

房式塔施工中

编麻制作中

房式塔施工中

编麻加工安装

房式塔施工中

嘉那道丁塔维修中、维修后

嘉那道丁塔维修中

嘉那道丁塔维修中

嘉那道丁塔维修中

三怙主塔维修中

维修后

维修后

维修后

维修后

图版九四

维修后

地震前玉树新寨嘉那嘛呢全景（顶部经幡笼罩）

修后玉树新寨嘉那嘛呢全景

修前与修后全景

玉树抗震救灾文化遗产保护项目启动仪式后，国家文物局和省厅领导与项目参加者在宿营地合影

国家文物局董保华副局长项目启动仪式后与勘测人员探讨工作

现场工作

勘测坍落构件

现场工作

屋面勘测

纹饰记录

现场工作

现场测量与勘察记录

现场工作

玉树地震后，国家文物局与青海省文化厅领导赴现场考察灾情

国家文物局单霁翔局长部署抗震救灾工作

现场工作

侯卫东总工代表中国文化遗产研究院现场表态

青海省文化厅冯兴禄副厅长现场监管督查

工程检查与现场视察

青海省文物局董志强副局长现场监管督查

青海省文物局常务副局长郭红现场检查工作

工程检查与现场视察

青海省文化厅司才仁副厅长现场检查工作

青海省委书记强卫视察嘉那嘛呢施工现场

工程检查与现场视察

玉树州周洪源州长主持工程现场会

玉树州才玉副州长检查施工现场

工程检查与现场视察

玉树州文化局昂文局长检查施工现场

国家文物局童明康副局长等检查工地

工程检查与现场视察

国家文物局童明康副局长现场询问了解工程情况

国家文物局励小捷局长、顾玉才副局长、许言副司长现场检查工作

工程检查与现场视察

玉树州文化局拉毛向国家文物局励小捷局长、顾玉才副局长、关强司长等介绍工程情况

工程检查与现场视察

后 记

距离2010年第一次去玉树已三年时间了，记得玉树”4.14”地震一个月之后，前往玉树救灾的人很多，航班爆满，我们项目团队中部分人是乘汽车上去的。

5月14日项目启动仪式结束后，青海省文物局要求我们20号提交总体抢险修缮方案。一切都来不及适应，项目组成员就分头投入到紧张的测量和勘察工作中。参加这个项目的有我、永昕群、刘江、查群、于志飞，还有解放军总装备部工程设计研究总院的杨林春和孙崇华同志。

我们宿营在邱少云部队营地所在的省文物局临时搭建的帐篷中，由一对在当地开饭馆、幸免于难的四川小夫妻为大家做饭。我们每天徒步去现场，单程20余分钟，一天往返两次。刚刚地震后，天气变化无常，经常是上午阳光明媚，下午就起风或者下雨。白天我们在现场爬上爬下，晚上在帐篷里挑灯夜战。19日是提交整个设计文件的最后一个晚上，汇总、修改、编排、打印、预算，所有的人整夜没有合眼，那一夜大家最疲劳也最兴奋，最紧张的是刘江，因为他要在方案、图纸出来的基础上做预算，要框算一个经费盘子来支撑未来的项目，关键时刻他担当住了。20号一早，我们准时提交了包括预算在内的抢险修缮方案。查群特意从北京背来的打印机立了大功，永昕群发挥了结构工程师的专业特长，于志飞是刚参加工作的新同志，第一次上高原“操练”，悄无声息地埋头画图，让我初识了他的能力和水准。整个团队，缺一不可，显示了集体的力量。

返程机票特别紧张，正好临时空出几张机场预留的机票，提交方案后，我们马上赶赴机场。进入候机室时，大家还激动地凑在一起起哄、照相，可一登机舱，不一会就都酣然入睡了。

施工单位最辛苦。施工开展后，与施工单位除去电话沟通、邮件往来，我前后去过四次现场，每次来去匆匆。两个标段的施工队伍和监理一直在现场坚守。高原反应不说，施工条件之差，经常停电，还要跟市政、寺院及信众协调各种事宜，既要说服转经信众避免靠近施工现场以防不测，又要谨慎维系民族关系，友好相处，因为一点疏忽都可能引起误解或纠纷，导致工期延误。他们面对困境没少苦恼和困惑，他们也曾在资金紧缺的时候，感动于藏族同胞及时拎着钱袋提供的倾囊相助。他们用自己的真诚和努力换来了僧众们的友情、支持和赞许。一标段项目负责胥曙奎同志在嘛呢堆施工项目中勇于担当，技术员冯仕军、王文杰等同志积极与设计方沟通，并协助设计方完成后续工作，使一标段项目在重重困难中稳步推进，圆满完成。二标段项目负责姚宝琪同志，业务精通，积极为项目的实施献计献策。李英作为一名女同志，不怕吃苦，每天摸爬滚打在工地，沟通、协调各种事务，确保了二标段项目的保质保量。值得一提的还有监理杨飞帆同志，他带领一支由广东人组成的监理团队，他们克服了太多不习惯，在监理工作中敢于叫真，不怕红脸、急眼，坚守监理职责，为这个项目工程质量的把关做出了特别贡献。还有太多难以记名的参与者，为这个项目付出了他们的艰辛与汗水。

在施工过程中，省文物局相关领导轮流驻扎工地，冯厅长曾在玉树州担任领导，协调优势使他当仁不让地担当起协调主角，往返玉树不计其数。董志强副局长在身体极度不适的情况下，坚守玉树岗位，直至从机场直接送进医院抢救。还有省局的杨启山、张磊、张健、宋耀春等同志，施工期间一半的时间是在玉树度过的，他们为项目的正常推进做出了积极的协调和有效的监管。郭红副局长一上任就面临玉树抗震救灾的挑战，伴随几年的抗震救灾工程，她已熟悉业务，俨然一位叱咤风云的“女汉子”。司厅长上任后，几番现场检查，既有责任于身，也有玉树人的情怀。

玉树州文化局昂文局长经常来工地检查，并及时推广我们工程的一些经验。我们曾经因为分歧，在会上不欢而散，但当我们沟通获解后，让我看到了康巴汉子豪气之下的内心豁达与温暖。

在我们短暂的接触中，无论是甲方对乙方，还是与施工方和监理方，都能保持沟通顺畅，包括和寺院方从最初的互不理解到之后的共识和默契，使整个项目从2011年举步维艰，到2012年突飞猛进。2012年10月我第五次去现场时，即将告竣的巨型嘛呢以更加庄严的姿态展现在眼前，之前的一切纠结顿时消失殆尽，即兴之下，我与一、二标段的施工人员和监理人员来了个现场自拍，喜悦之情溢于言表。

特别要感谢国家文物局给中国文化遗产研究院这样一个机会，使我们在实践中体会文化遗产的活态价值所在。国家文物局童明康副局长、关强司长、许言副司长和刘洋、凌明处长等领导曾到工地视察指导，特别提出施工安全问题，为项目顺利开展起到了防患于未然的警示作用。

设计、监理和两个标段的施工负责人

回想承接项目之初，路途遥远不说，一堆石头和一群近代建筑，我的兴趣主要在几个加固做法的设计和实施上，直到施工交底出现认识分歧时，我才意识到这不是一个寻常的工程，不仅仅因为工程对象的特殊，要尝试一些加固技术，更多的是我们对保护对象的活态性质认识还很模糊，如何与当地同胞达成共识不是单纯技术层面可以解决的。

既然大家为嘉那嘛呢工程付出了很多心血，既然大家都对工程的结果感到很欣慰，既然这是一个难得的经历，我们为什么不能留点纪念和回味，这一闪念成为编纂这本工程报告的缘起。在此要特别感谢施工单位和监理单位的积极响应，感谢青海省文物局的积极促成。最后还要感谢给予这个项目支持与帮助的所有的人，没有大家的共同努力，就没有项目的今天。

2013 年 4 月 23 日，在飞往北京的飞机上巧遇玉树文化局昂文局长，他的真诚和热情让我们再次体会到只要大家心往一处想，没有什么困难是不可以克服的，又一次和藏族同胞携手并进的经历，一次难忘和幸福的经历。

再一次：

感谢施工与监理单位的积极配合和辛苦努力。

感谢玉树州文化局及相关部门的协调与帮助。

感谢结古寺寺院方的理解和认可。

感谢新寨藏族同胞给予我们的手足情谊。

感谢青海省文物局自始至终的现场监管。

感谢国家文物局领导的信任和支持。

感谢中国文化遗产研究院同事给予的团队合作，特别感谢总装备部的同志，每每都是召之即来，来则能战。

最后感谢青海省文化厅曹萍厅长作为建设方代表为这本工程报告作序，算是为这个工程画上了完美的句号。

杨新

2015 年 4 月